風成塵とレス

成瀬敏郎 著

朝倉書店

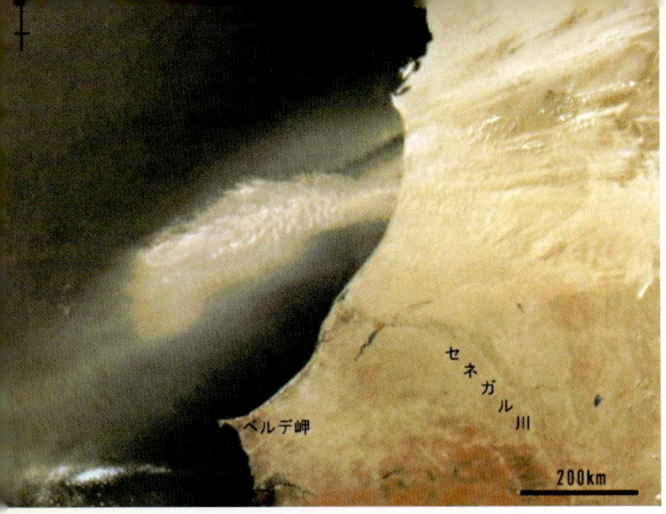

口絵1 北東貿易風ハルマッタンによって大西洋に運ばれるサハラ風成塵(写真1.1)

口絵2 中国安徽省五里棚の下蜀黄土(写真1.6)

口絵3 黄砂の輸送コースにあたる中国青海湖周辺の黄砂(写真3.2)

口絵4 宮古島の琉球石灰岩上の赤黄色土(写真5.

口絵 5　中国長春市黄土（L：黄土，S：古土壌；写真 4.1）

口絵 6　沖縄本島阿波，国頭段丘上の赤黄色土（写真 5.3）

口絵 7　北九州三苫海岸に見られるレス 5b 下の縞模様層（写真 6.4）

口絵 8　兵庫県加東市の高位段丘上に堆積する赤色土と黄色レス質土壌(写真 6.12)

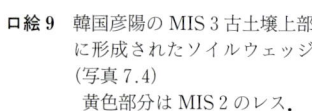

口絵 9　韓国彦陽の MIS 3 古土壌上部に形成されたソイルウェッジ(写真 7.4)
　　　　黄色部分は MIS 2 のレス．

口絵 10　中国黄土高原黄土(写真 8.2)
　　　　下部は紅色粘土．

まえがき

　地球の表面には分布を図示するのに十分な厚さを持ったものは少ないけれども，地表や海底を問わず風で運ばれた細粒物質（風成塵，eolian dust）が広域に分布している．とくに中緯度偏西風帯や沙漠の周辺には風成塵が厚く堆積しており，レス（loess），あるいは黄土と呼ばれている．この風成塵は沙漠や氷河から風で運ばれたものである．

　風成塵が研究の対象となったのは18世紀初頭からである．当時は風成塵に含まれる微化石の種類によって，その給源が明らかにされている．19世紀末になるとリヒトホーフェンが中国黄土の研究を行ったのをきっかけに，20世紀前半にレス研究が急速に進んだ．とくに1930年代に発生したアメリカ合衆国中西部の砂嵐地帯（ダストボウル，dust bowl）の被害は風成塵の研究に拍車をかけている．

　第二次大戦後，海洋底堆積物の研究が進んだおかげで，風成塵が陸上だけでなく海洋底にも広く分布することが知られるようになった．1960年代になると給源地から数千kmも離れた大洋中の島々にも風成塵が堆積することや，風成塵と気候変動との関係が本格的に研究され始めた．そして1980年代後半からは風成塵が高精度分解能の気候変動指示物として重要であることが認識されるようになった．

　私は，兵庫県社町に新設された兵庫教育大学に1981年4月に赴任したのをきっかけに，風成塵の研究を始めた．大学の創設目的の一つに学際的研究の推進が掲げられ，従来の専門領域の枠を超えた幅広い研究が要請されていたからである．

　兵庫教育大学に赴任する以前は，日本の古砂丘について研究を進めていたのであるが，その古砂丘には必ずといっていいほど褐色のシルト層が埋没していることに気がついた．そして1978年には日本最西端にある与那国島の地形調査をする機会が訪れた．同島の隆起サンゴ石灰岩の上には細粒な石英を多く含む赤黄色土が堆積しており，レスに似た鉱物組成であることに気がついたのであるが，こ

れがレスであることを証明するためには本格的な分析が必要であった．

　そんな折，1980 年に鳥取市で開かれたペドロジスト懇談会の巡検で岩手大学農学部の井上克弘先生と偶然，知り合うことができたのは幸運であった．井上先生に私の考えを説明すると快く共同研究を約束いただいた．その後の約 10 年間，日本，中国，韓国，トルコの風成塵・レスについて井上先生と共同研究を進めることができた．したがって，井上先生の存在なしには私の風成塵研究は成立しえなかったであろう．しかし残念なことに，井上先生は 1998 年 8 月 16 日に，54 歳という若さで病没された．ここに改めて井上先生に追悼の意と感謝の意を表したい．

　1990 年代には大阪大学の池谷元伺先生の研究室と共同で ESR 分析法の開発，北海道大学の小野有五先生，岡山理科大学の豊田　新先生，京都大学の竹村恵二先生をはじめ多くの方々と共同研究を進めることができた．そして研究の推進にあたっては，大阪大学の河野日出夫先生，韓国の金　萬亭先生，Kang-Min Yu 先生，慶　在福先生，京都大学の岡田篤正先生，熊本大学の横山勝三先生，大阪市立大学の吉川周作先生，九州大学の鹿島　薫先生，同志社大学の松藤和人先生，林田　明先生，東京都立大学の町田　洋名誉教授，横浜国立大学の太田陽子名誉教授，ダイヤモンドコンサルタントの桜本勇治氏，京都フィッショントラック株式会社の檀原　徹氏，福井県立大学の北川靖夫先生をはじめとする多くの方々に共同研究者として，あるいは指導を仰いだ．

　兵庫教育大学の実験設備，研究費ともに十分ではないので，これを補って個人の文部科学省科研費のほか，国際日本文化研究センターの安田喜憲先生，尾本恵市先生，北海道大学の小野有五先生，小泉　格先生，平川一臣先生，早稲田大学の故　大矢雅彦先生，中山正民先生，同志社大学の松藤和人先生，財団法人中近東文化センターアナトリア考古学研究所の大村幸弘所長の方々には研究グループに加えていただき，研究費について特別のご配慮をいただいた．

　以上のように兵庫教育大学に赴任してから，常に多くの共同研究者に恵まれ，多くの方々から研究費の配分をはじめ，研究へのアドバイス，現地調査などでお世話になった．とくに兵庫教育大学社会系と総合学習系の両大学院学生諸君には研究の推進に多大な協力をいただいた．さらに，2002 年からは同志社大学の松藤和人先生，林田　明先生，檀原　徹氏，黄　姫氏に野外調査で大変お世話になり，東アジアの黄土に関して飛躍的にデータが集まった．このほか，ここですべての方々のお名前を記すことはできないが，お世話になった皆様に感謝の気持ち

でいっぱいである．

　最後に自然地理学への道をひらいていただいた故 籠瀬良明横浜市立大学名誉教授をはじめとする先生方，広島大学文学部で大学院学生および助手であった時期にご指導いただいた吉田栄夫先生をはじめとする多くの先生方，兵庫教育大学に赴任してからお世話になった白井義彦先生（現 愛知学院大学）をはじめ，地理学研究室および地学研究室の先生方に心より感謝いたします．

　本書の出版にあたって，国際日本文化研究センターの安田喜憲先生に大変お世話になり，朝倉書店編集部の方々には原稿の検討・調整・校正など細心の注意をもって編集にあたってくださったことについて，心より感謝いたします．

　2006年6月

成 瀬 敏 郎

目　　次

1. 風成塵とレス ·· 1
   1.1 風　成　塵 ·· 1
   1.2 19世紀に始まった風成塵・レスの研究 ······················ 6
   1.3 氷河レスと沙漠レス ·· 8
   1.4 レス・古土壌と第四紀編年 ······································ 12

2. 風成塵の研究史 ··· 16
   2.1 1950年代までの研究 ··· 16
   2.2 1960年代の研究 ··· 17
   2.3 1970年代の研究 ··· 19
   2.4 1980年代の研究 ··· 21
   2.5 1990年代の研究 ··· 24
   2.6 2000年代の研究 ··· 28

3. 風成塵とレスの特徴 ··· 30
   3.1 風成塵・レスの粒径 ·· 30
   3.2 輸送距離と風成塵の粒径 ·· 32
   3.3 北米中西部レスの粒径 ··· 35
   3.4 風成塵の堆積速度 ··· 37
   3.5 レスの特性 ·· 40

4. 風成塵石英の同定——ESR分析と酸素同位体比分析 ········· 47
   4.1 ESR酸素空孔量分析 ·· 47
   4.2 現地性粗粒物質（30 μm 以上）の酸素空孔量 ············ 55
   4.3 風成塵起源の微細石英（20 μm 以下）測定値 ············ 56
   4.4 酸素空孔量の地域的な違い ······································· 57

4.5　酸素同位体比分析 …………………………………………………60

5. 南西諸島の赤黄色土と南九州の火山灰質レス …………………62
　5.1　南西諸島の赤黄色土と風成塵 …………………………………62
　5.2　琉球石灰岩の溶解量と島尻マージの厚さ ……………………64
　5.3　赤黄色土の化学的性質・粘土鉱物 ……………………………65
　5.4　赤黄色土に含まれる微細石英の酸素同位体比とESR酸素空孔量 ……67
　5.5　赤色土と黄色土の生成期 ………………………………………68
　5.6　喜界島，水天宮砂丘中のレス …………………………………70
　5.7　シラス台地上の火山灰質レス …………………………………71

6. 北九州，本州，北海道のレス ……………………………………74
　6.1　北九州のレス ……………………………………………………74
　6.2　本州・北海道のレス ……………………………………………79
　6.3　台地，石灰岩，山地・丘陵上のレス質土壌 …………………83
　6.4　火山灰層に埋没する火山灰質レス ……………………………86

7. 韓国のレス ……………………………………………………………89
　7.1　韓国レスの研究史 ………………………………………………89
　7.2　全谷里レス ………………………………………………………90
　7.3　韓国南東部のレス-古土壌 ……………………………………94
　7.4　洪川盆地のレス …………………………………………………100
　7.5　粒度分析およびESR酸素空孔量 ………………………………100

8. 中国黄土 ………………………………………………………………104
　8.1　黄土の編年 ………………………………………………………104
　8.2　長江流域の黄土 …………………………………………………111
　8.3　澧陽平野の地形発達史 …………………………………………114

9. 最終間氷期以降における風成塵堆積量の変化 …………………118
　9.1　風成塵堆積量の分析方法 ………………………………………118
　9.2　九州〜北海道のレスに記録された風成塵堆積量 ……………119

9.3　風成塵の堆積量と古環境変化 …………………………………121

10.　ボーリングコアに含まれる風成塵から見た MIS 3 以降のモンスーン変動
　　　………………………………………………………………………125
　　10.1　韓国済州島 ………………………………………………………126
　　10.2　岡山県細池湿原 …………………………………………………127
　　10.3　福島県矢の原湿原 ………………………………………………132
　　10.4　北海道剣淵盆地 …………………………………………………133
　　10.5　古モンスーン変動 ………………………………………………134

11.　文明の基盤となった風成塵とレス ……………………………………137
　　11.1　イスラエルのレス ………………………………………………137
　　11.2　トルコ，アナトリア高原のレス ………………………………143
　　11.3　沙漠レスの保全 …………………………………………………144
　　11.4　インド北西部のレス ……………………………………………147

12.　風成塵・レスと気候変動 ………………………………………………152
　　12.1　レスの堆積開始時期と気候変動 ………………………………152
　　12.2　気候変動の指標としての風成塵・レス ………………………154
　　12.3　風成塵・レスから見た MIS 2 と MIS 1 の古風系復元 ………157
　　12.4　沙漠・氷河の贈り物——風成塵・レス ………………………159

引用文献 …………………………………………………………………………163

索　　引 …………………………………………………………………………191

1
風成塵とレス

　風で運ばれる細粒物質を風成塵（ふうせいじん）と呼んでいる．その多くは近隣から運ばれたものであるが，なかには数千 km の距離を運ばれるものがある．1967 年に Delany ほかが大西洋のバルバドス島に設けた高さ 14 m の櫓上で赤褐色の風成塵を採取したことがある．この風成塵に含まれる淡水珪藻は，北アフリカの乾燥地域から運ばれてきたものであった．じつは，これより 2 年前に同じバルバドス島で宇宙塵の採取実験を行った Brownlow ほか（1965）は，採取装置に赤褐色の土壌粒子が混じっていることに気がついていたが，彼らはこの島のサンゴ石灰岩風化物が風で舞い上げられたものと考えていた．一方，太平洋では 1972 年に Clayton ほかがハワイ諸島の赤色土壌や海底堆積物に含まれる微細石英がアジア大陸から偏西風によって運ばれたものと考えた．ここでもすでに Wentworth ほか（1940）が石英を含まないハワイ玄武岩上の赤色土に微細石英が多く含まれていることを指摘していたのであるが，当時はアフリカ大陸やアジア大陸から数千 km も離れた島々に土壌粒子が運ばれるとはとても考えられなかったのである．

1.1 風　成　塵

　風成塵は，私たちになじみの深い黄砂（こうさ）をはじめ，大陸内部の乾燥地域や氷期に陸化した海底から飛来した細粒物質，海浜や河床から飛ぶ微砂，土壌粒子，火山灰，花粉，胞子類，プラントオパール，海塩などの自然物質や，自動車や工場からでる煤煙，都市の塵埃，放射性降下物などの人為物質からなる．ここでいう風成塵とは自然物質のうち火山灰や花粉，胞子類，プラントオパール，海塩を除いたものを指している．

　風成塵の学術用語には aeolian dust, tropospheric dust, atmospheric dust, aerosol, airborne dust, windblown dust（silt）などが使用されているが，現在は eolian dust が多く使われている．そして数千 km も運ばれる風成塵をとくに広域風成塵 long range transport eolian dust と呼ぶこともある．このほか給源地の名前を付けた Asian dust, African dust, Saharan dust, continental dust などが使われている．

この eolian dust を風成塵と和訳したのは佐藤（1969）である．佐藤は海底堆積物のうち，陸源物質である微細石英（1〜20 μm）を風成塵と呼び，その後，井上（1981），成瀬・井上（1982），式（1984）が風成細粒物質を風成塵とし，風成塵が堆積してできた地層をレスと呼んでいる．本書では風によって運ばれる細粒物質を風成塵と呼び，風成物質をとくに黄砂と呼ぶ場合は，タクラマカンやゴビなどの沙漠や黄土高原から偏西風によって韓国や日本に運ばれる MIS 1（海洋酸素同位体ステージ 1）の風成塵に限定して使用している．なお本書で使用する MIS 年代については，図 1.6 の中で Imbrie ほか（1984）による年代を記載しているので参照いただきたい．

世界では風成塵が堆積してできた層をレスと呼んでいるが，日本列島では流水物質や火山灰物質の混入が多いので，純粋なレスと呼べるものは少ない．このため，本書では古砂丘砂層の間に挟まれた風成塵層のように周りから流水物質が流れ込むことが少なく，しかも火山灰の混入が少なく，明らかに過去に堆積したものについてはこれをレスと呼ぶことにし，火山灰物質の混入が多い場合には火山灰質レスと呼ぶことにする．さらに更新世段丘，石灰岩台地，玄武岩台地などの上に堆積したレスについては，火山灰や風成砂などの被覆がなく，現在も地表にあって土壌生成作用が続いている場合には，これをレス質土壌，あるいは南西諸島の赤黄色土のように土壌名で呼ぶことにする．この呼称の妥当性については今後の検討に委ねたいと思う．

風成塵は多くの地域で観察されており，とくに沙漠の周辺ではごく普通に見られる現象である．なかでもサハラ沙漠から大西洋に吹く北東貿易風ハルマッタンや，南イタリアに吹く乾熱風シロッコによって運ばれる風成塵は，その代表的なものである（図 1.1）．

写真 1.1 は，モーリタニアのヌアクショット海岸から大西洋上に運ばれるサハラ風成塵である．大量の風成塵が，ハルマッタンによって 600 km 以上も運ばれる様子が鮮明に写っている．このほか，リビア沿岸から北へサハラ風成塵を運ぶ風「シロッコ」が地中海沿岸に「赤い雨」を降らせ，沿岸の石灰岩地域に分布するテラロッサの主母材になることが知られている（Macleod, 1980； Jackson ほか，1982）．南半球のニュージーランドでも，オーストラリア大陸から運ばれる風成塵が赤い色をしているために，しばしば赤い雨や雪が降る．

中国の沙漠では頻繁に黒風（ヘイフゥン），黒災（ヘイザアイ）と呼ばれる砂

1.1 風成塵

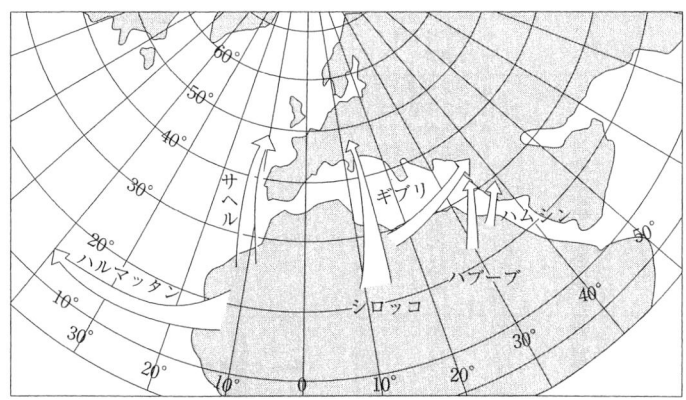

図 1.1 サハラ沙漠から吹き出す主な風 (Yaalon and Ganor, 1973)

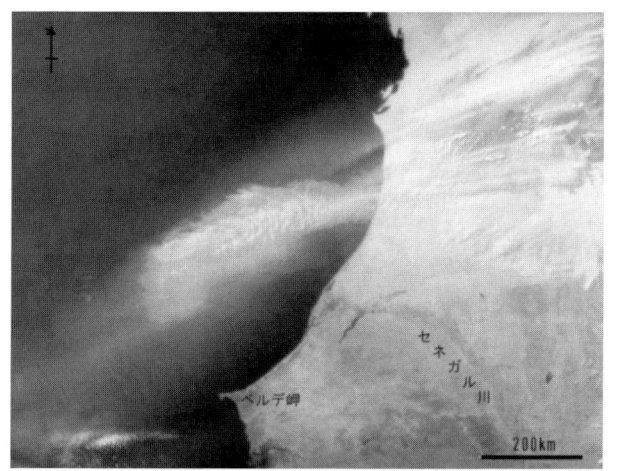

写真 1.1 北東貿易風ハルマッタンによって大西洋に運ばれるサハラ風成塵 (Kenwood, 1999;口絵1)
モーリタニアのヌアクショットから大西洋に運ばれる幅150 km,長さ600 kmの風成塵の帯が写っている.

嵐が発生する.風下に運ばれた風成塵は霾(マイ),雨土(イゥートゥー),雨沙(イゥーサー),黄風(ホゥアンフゥン)などと呼ばれ,こうした天気状態を砂塵暴(サーチェンボォ),揚塵(イアンチェン),浮塵(フーチェン)の3段階に分けている.このうち砂塵暴はとくに激しい黄砂現象を指している(鵜野,2002).

日本では春先から初夏にかけて,低気圧が通過した後の空が淡黄色に霞むこと

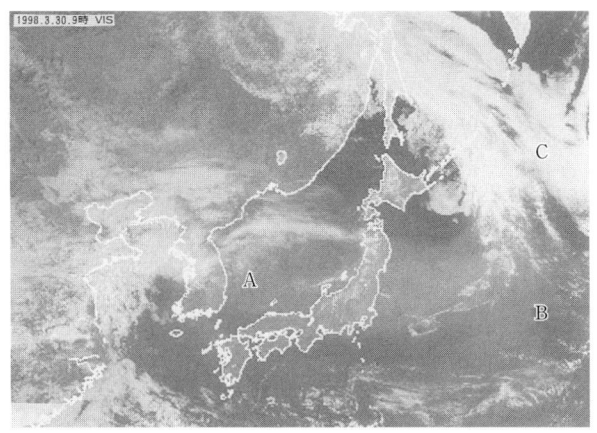

写真 1.2 1998 年 3 月 30 日の黄砂（Kenwood, 2000）
低気圧 C の通過後に，中国大陸から太平洋に向かって黄砂（A–B）が運ばれている．

がある．これはアジア大陸から黄砂が飛来したためで，この季節になると雨に混じって降った黄砂が窓ガラスや自動車を汚すことが多くなる．

黄砂は霾（ばい），霾（よな）ぐもり，南西諸島の種子島では灰西（はーにし），沖縄では赤霧（あかきー），石垣島では山霧（やまきー），与那国島では泥雨（どうるあみー）とか粉雨（ふんあみぃー）などと呼ばれている．写真 1.2 は，1998 年 3 月 30 日に低気圧が通過した後に，日本列島に飛来した黄砂の衛星写真である．このときの黄砂現象は，北緯 35°〜40°の間を東西に 2000 km 以上にもわたる帯状の可視域が認められる大規模なものであった．

黄砂は年間を通して日本列島に降っているが，観測された黄砂日は地域によって少し異なっている．例えば石垣島の観測では黄砂日は 12 月から翌 5 月までが多く，3 月にピークを迎える．長崎では 3 月〜5 月が多く，4 月にピークを迎える．兵庫県加東市で採取した風成塵の量は 4 月にピークが認められる（図 1.2）．ちなみに兵庫県南部では一年間に 4 トン/km² の黄砂が降っている．こうした違いは黄砂を運ぶ亜熱帯ジェット気流の北上コースを反映していると思われる．

アジア大陸から運ばれる風成塵は，日本列島を越えて遠くハワイ諸島に運ばれることが知られている．現在では，黄砂の輸送経路が衛星観測などによって確かめられているが，1971 年まではその実態が詳しく知られていなかった．

石英を含まないハワイ諸島の玄武岩上に発達する赤色土には微細な石英が多く含まれている．この微細石英はハワイ特有の亜熱帯気候下で特殊な化学作用によ

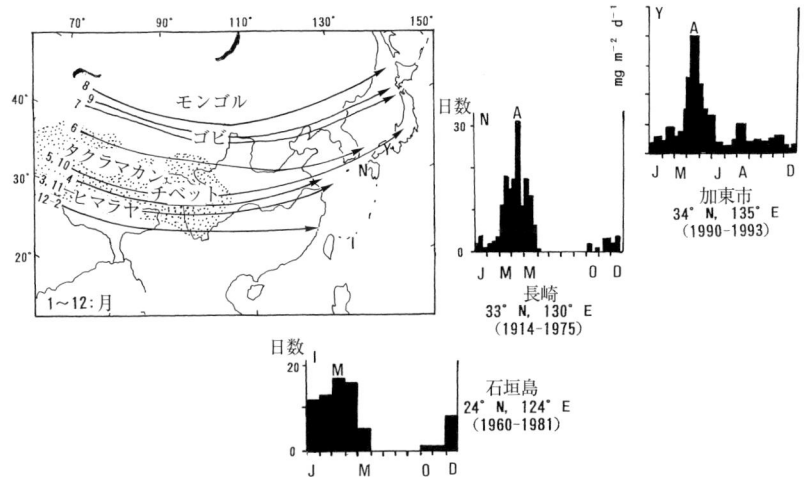

図 1.2 亜熱帯ジェット気流の月別コース，石垣島・長崎の黄砂日数，兵庫県加東市の風成塵堆積量（アルファベットは月）
長崎のデータは荒生（1979）による．なお，黄砂日数は目視観測による．

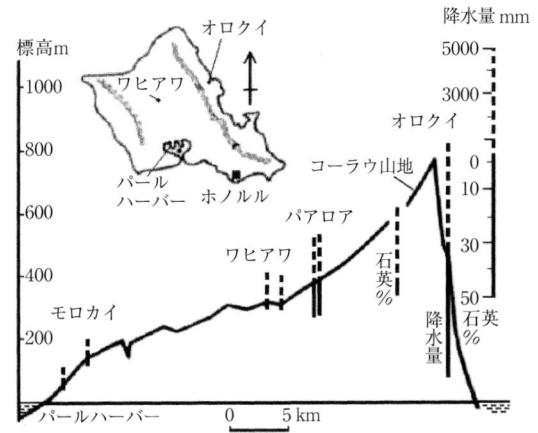

図 1.3 ハワイ，オアフ島の地形断面，年降水量，土壌中の石英含有率（Jackson ほか，1971）
実線は微細石英％，破線は年降水量を示す．降水量の多い地域の土壌ほど微細石英（1～10 μm）を多く含む．

って生じたものと考えられていた．しかし Jackson ほか（1971）はオアフ島の赤色土壌中の石英含有率が同島の雨量と一致する点に着目している．例えば，北

海岸に面したオロクイでは年降水量が 5000 mm で微細石英が 45％含まれるのに対し，同 2000 mm の中央部パアロアでは 13〜22％に減少し，さらに同 750 mm の南海岸モロカイでは 1.1〜1.6％にすぎないことを発見した（図1.3）．これによって，彼らはアジア大陸からオアフ島上空に運ばれた微細石英が雨に混じって降ってきたものと考え，雨量が多い地域ほど降下石英量が多いと考えたのである．この考えを支持するように，オアフ島の微細石英（1〜10 μm）が示す酸素同位体比が，周りの島々や海底から採取された微細石英の値とほぼ同じ 17.6‰であり，アジア大陸の石英の値とほぼ一致したのである．

1.2　19 世紀に始まった風成塵・レスの研究

1833 年 1 月 16 日，イギリスの調査船ビーグル号でサハラ沖合を航海中の Darwin（1845）は視界が 1 マイルほどしか利かない「靄」に出会い，船上に降った赤褐色の非石灰質風成塵を採取している．1838 年 3 月にはサハラ沖合 330〜380 マイル（北緯 17°43′〜21°10′，西経 22°14′〜25°54′）を航海中の Lieut. James が南西風に運ばれた風成塵を採取している．

これらの風成塵を調べた Ehrenberg（1847）は淡水産の *Polygastrica* やプラントオパールがアフリカから飛来したものであること，サハラ風成塵が北東大西洋底に堆積していることなどを明らかにした．このほか，Udden（1898）は風成塵の顕微鏡観察を行ない，Hermann（1903）は 1854〜1871 年の間に大西洋に飛来した風成塵リストを作成するなど，19 世紀になると航海中に靄に遭遇した記録や風成塵によって黄濁した海水の記録などが数多くなった．南半球のオセアニアでも Brittlebank（1897）が風成塵の混じった赤雨を報告している．

一方，レス（löss）はライン地溝帯に分布する細粒のシルト質土を指す．このレスが研究対象になったのは 1820 年代で，学術用語としての löss は Leonhard（1824）によって最初に使われた．彼はハイデルベルグ近くのライン河谷に堆積する未固結でシルトサイズ（2〜20 μm）の土壌をレスと定義した．

今日，私たちが使用している英語表記の loess は Lyell（1834）によって命名されたものであるが，じつのところ Lyell はライン地方や北米のレスを水成堆積物と考えていたのである．レス風成説は 23 年後に Virlet-d'Aoust（1857）によって提唱されたが，本格的な風成説が誕生するのは Richthofen（1877）の中国黄土研究による．その結果，19 世紀終末から本格的な風成レス研究がヨーロッパ，南・北アメリカ大陸，中国，ニュージーランドで進むようになった．

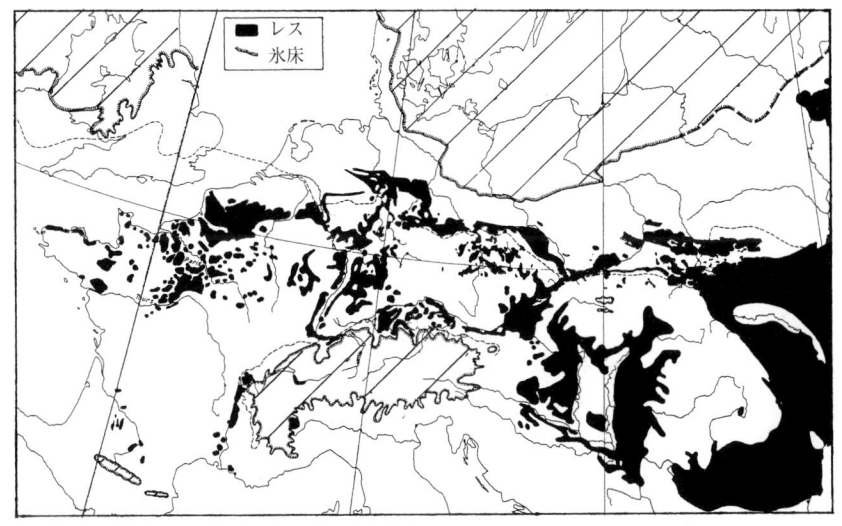

図1.4　ヨーロッパのレス分布（Grahmann, 1932）

　例えば，北米のミシシッピー流域に分布するレスは，氷河で生産された岩粉が流水で運ばれて下流域に堆積した後，風によって再堆積した物質と考えられていた（Chamberlin, 1897）．しかし，1940年代に Holmes（1944）などによって風成物質と考えられるようになった．南半球では Orbigny（1842）によるアルゼンチンのパンパレスの研究が行われ，20世紀初めの本格的な研究に引き継がれている．ニュージーランド南島のレスは Haast（1878）などによって研究が始まっている．

　このように19世紀後半に始まったレス研究は20世紀に入ると急速に進展するようになった．そして1930年代にはレスが陸地面積の10%近くも分布すること，レスが第四紀を特徴づける堆積物であることなどが明らかにされるようになった．当時の研究成果を代表するものに Grahmann（1932）によるヨーロッパレスの分布図（図1.4）や Scheidig（1934）による世界のレス分布図があり，両図とも今日の知見とあまり変わらない高い精度を誇っている．

　その後，氷河起源のほかに沙漠起源のレスが存在すること，海底にもレスが広く分布すること，1980年代にはレスが気候変動を高分解能で記録していることなどが知られるようになった．

　一方，レスの間に挟まっている古土壌に関する研究は，19世紀後半から氷河

1 風成塵とレス

写真 1.3 中国黄土高原の馬蘭黄土（MIS 2-4）と離石黄土（MIS 6-34）の間に埋没する古土壌 S 1（MIS 5, 頭の部分，色の濃い土壌層）

堆積物やレスが分布する地域で始まった．当時，ヨーロッパでは Penk and Bruckner（1909）などが，北米では Leverett（1898）などがレス編年にあたって数多くの古土壌を発見し，この時に命名されたヤーマス，サンガモンといった古土壌名は今日でも広く使用されている（写真 1.3）．

1.3 氷河レスと沙漠レス

レスは第四紀を特徴づける代表的な堆積物であり，寒冷気候または乾燥気候が卓越したことを示す物質であるとされる．氷河末端から広がる扇状地（アウトウォッシュ）や沙漠の表層から舞い上がった風成塵は偏西風や貿易風にのって風下に運ばれ，やがて重力や雨などの凝結核，雪などの氷晶核となって地表に落下する．そして植生に覆われた陸地に堆積したものをレス・黄土と呼び，中国黄土高原のように厚さが 300 m に達するところもあれば，日本列島のように給源から遠く離れ，しかも多雨で土壌侵食を受けやすい地域ではごく薄い地域もある．こうした地域では火山灰，砂丘砂，土石流物質などによって被覆されてはじめて長

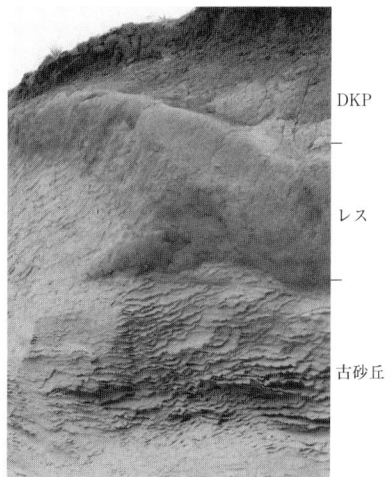

写真 1.4　北九州三苫海岸，古砂丘に挟まれる 2 層のレス
下部のレス 5 d の上に Ata，上部のレス 5 b の上に Aso-4 が堆積する．両レス間の風成砂層にレスと風成砂の縞模様が見られる．

写真 1.5　鳥取砂丘の古砂丘砂層と DKP（大山倉吉軽石）の間に堆積するレス

期間保存される．

　例えば，北九州の三苫海岸には古砂丘砂に被覆された複数のレスが見られる（写真 1.4）．鳥取砂丘（写真 1.5）では古砂丘上に堆積したレスが約 5 万年前に降灰した DKP（大山倉吉軽石）に覆われて残っている．一方，海底や湖沼底にはそのまま残ることが多い．一般に，給源から遠く離れた地域では風成塵の堆積量が少ないので，風成塵単独では地層を形成するのに十分ではない．したがって現地物質が増量剤となってはじめて成層する．

　レスは一般に温暖で湿潤な気候・植生下で生成した古土壌と互層をなす（写真 1.6）．古土壌は粘土物質を多く含み，帯磁率が高い．色調は褐色〜赤褐色を呈し，腐植を含む場合には黒みがかっており，レス-古土壌層序は第四紀の気候変動を記録する重要な指標と考えられている．

　風成塵は主に氷河末端の扇状地や沙漠から供給され，貿易風や偏西風の風下に運ばれ，陸上や海底に広域に堆積する（図 1.5）．このうち，氷河によって生産された風成塵が堆積したものを氷河レスと呼び，沙漠で生産されたものを沙漠レスと呼んでいる．Smalley and Vita-Finzi (1968) はそれぞれ cold-periglacial loess と hot-desert loess と名付けている．

写真1.6 中国安徽省五里棚の下蜀黄土（口絵2）
濃色層が古土壌，淡色層が黄土．最下部の古土壌がS5（MIS 13-15），最上部の古土壌がS1（MIS 5）．

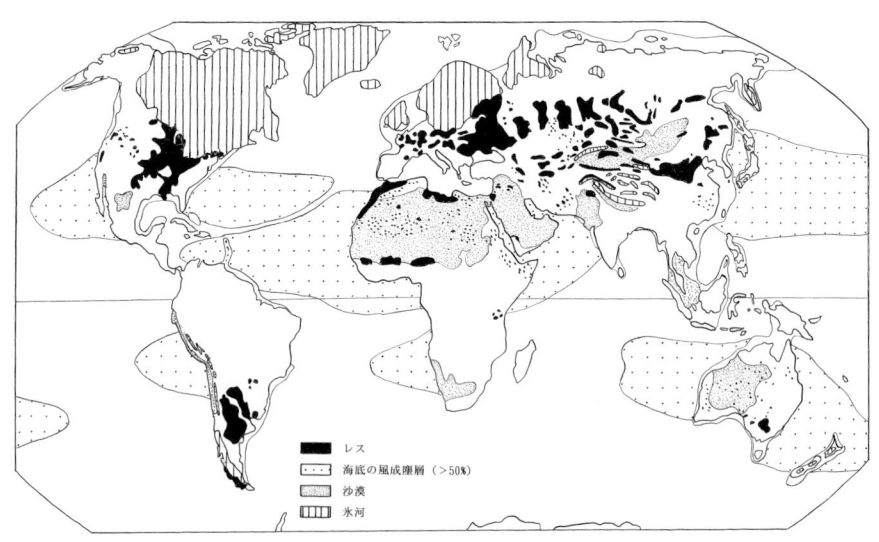

図1.5 MIS 2におけるレス，沙漠，氷河，海底風成塵層の分布

a. 氷河レス

氷河は，それ自体の重みでゆっくりと谷を流れ下る際に氷河の研磨作用によって多量の岩粉を生産する．岩粉は氷河の下を流れる融氷水に混じって氷河末端まで運ばれ，扇状地（アウトウォッシュ）に堆積する．岩粉を含んだ融氷水はミル

写真 1.7　ニュージーランド南島，サザンアルプスの氷河

写真 1.8　ニュージーランド南島，ワイタキ川上流のミルクウォーター
河川水が氷河から運ばれた岩粉で白濁している．

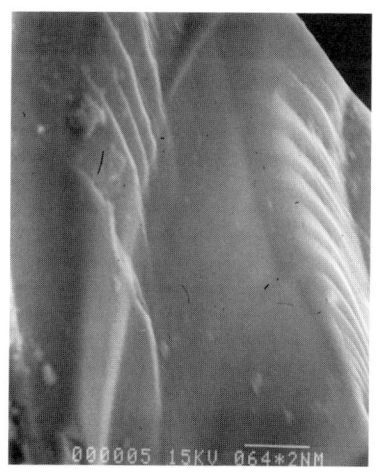

写真 1.9　氷河堆積物に含まれる石英粒表面の貝殻状構造
氷河の破砕作用でできた貝殻状の破断面が見られる．

クウォーターと呼ばれ，白く濁っている（写真 1.7；写真 1.8）．このほか周氷河気候下で凍結風化作用 frost weathering によっても岩粉が生ずる．いずれも石英粒子は破砕によってできた貝殻状構造が特徴である（写真 1.9）．

　氷河末端の扇状地に堆積した岩粉は周氷河気候特有の強い偏西風によって上空に舞い上げられ，風成塵となって東方に運ばれて風下に広範囲に堆積する．これが氷河レスと呼ばれるものである．

氷河レスは氷期に大規模な氷河が発達したヨーロッパや北アメリカ中央部，シベリア，南米，ニュージーランドなどの緯度20°〜60°に分布している．氷河レスは主に氷期に堆積するが，氷河が現存するアラスカなどではいまでも盛んにレスが堆積している（Péwé, 1951）．そしてウクライナ地方，北米のグレートプレーンズ，南米のパンパなどに発達するチェルノーゼム，プレーリー土，パンパ土などの肥沃な黒土は偏西風が運んだ氷河レスが母材となっている．レスの給源に石灰岩が広く分布している地域ではカルシウム分が多く含まれるほか，南米ではアンデス山脈の火山から噴出した火山灰物質がレスに多く含まれている．

b. 沙漠レス

沙漠から運ばれる風成塵が堆積したものを沙漠レスと呼んでいる．沙漠では露岩が日中に熱せられ，夜間は冷却され，しかも紫外線が強いために物理的風化が進みやすく，岩は短期間に風化する．風化してできた砂は，さらに硫酸ナトリウムなどによる塩類風化によって破砕されて細粒化し，シルトや粘土の大きさになる．こうしてできたシルトや粘土が上空に舞い上げられ，偏西風や貿易風によって広域に運ばれる．

沙漠レスは，世界最大の沙漠であるサハラ北方の地中海沿岸や南部のサヘル地方などに広く分布する．そのほかアラビア半島，イラン，アフガニスタン，パキスタン，インド，中央アジアの沙漠周辺にも堆積している．

東アジアでは，内陸沙漠の風下にあたる黄土高原をはじめ中国東部一帯に黄土が分布する．さらにアジア大陸の風下にあたる地域には，内陸沙漠やチベット高原をはじめ，氷期に陸化した東シナ海や黄海などの海底から運ばれた風成塵が台湾，南西諸島，九州，本州，四国，北海道をはじめ，韓国にも広域に堆積している（成瀬・井上，1982；成瀬ほか，1985a；井上・成瀬，1990）．ただし黄土の場合，氷期にチベット高原や天山山脈に発達した氷河からもたらされた氷河レスが沙漠レスに加わっている点で，他地域の沙漠レスとは多少性格を異にしている．

インド南東部にもデカン高原から飛来した風成塵が堆積しているほか，南半球ではオーストラリア大陸沙漠の周囲に分布している．

1.4 レス・古土壌と第四紀編年

氷河レスや沙漠レスは陸上だけでなく，偏西風や貿易風によってさらに遠く運ばれ，海洋底にも広範囲に分布する．なかでも北太平洋海底にはアジア大陸起源

の風成塵が，北大西洋海底にサハラ沙漠起源の風成塵が広域に堆積している．

中央アジアやヨーロッパでレスの堆積が始まったのは 260～78 万年前であり，中国では 260 万年前からである (Pécsi, 1995). 両地域の堆積が始まった年代はやや異なっているが，レス-古土壌と古気候の編年はほぼ共通している（図 1.6)．このような世界的な時代対比は 1970 年代から始まった古地磁気編年や帯磁率の研究によるところが大きい．

レスの堆積が氷期の気候と関係が深いことを初めて指摘したのは Soergel (1919) である．彼による氷礫土・段丘とレスの層序関係に着目したレス堆積時期の解明を契機として，世界各地でレス編年が進められるようになった．とくにヨーロッパにおいて，氷期-レスの堆積，間氷期-古土壌の生成という図式のもとに，レス-古土壌の組合せによる編年研究が 1960 年代に進んだ．

1970 年代になると，ヨーロッパレスの古地磁気測定が進むようになり，フランスやドイツのレスの多くが Brunhes/Matuyama にまでさかのぼることが明らかにされた．なかでもクレムスのレスと古土壌（図1.6③；写真1.10) が 170 万年前から 16 回にわたって堆積・生成を繰り返したことが明らかにされ (Kukla, 1975；Fink and Kukla, 1977)，ドニエプル川中・下域では約 260 万年前からレスが堆積を開始したことが特筆されよう (Veklich, 1979).

中央アジアではタジキスタンやウズベキスタンに厚さ 200 m 近いレスが堆積しており，タジキスタンの Chasmanigar（図1.6⑦）では 20 サイクルのレス-古土壌層序が確立され，過去 200 万年間に河床や扇状地からレスが供給され続けたと考えられている (Dodonov, 1979).

北米では Peoria, Farmdale, Roxana, Loveland, preLoveland といった有名な 5 枚のレスの古地磁気測定が行われ，古いものは Brunhes/Matuyama にまでさかのぼることが判明した．一例としてコロンビア高原に堆積する厚さ 75 m 以上のレスは 21 枚の古土壌を挟み，最古のレスは 78～100 万年前のものとされる (Busacca, 1991).

ニュージーランド北島では 1950 年代からレス編年が始まっている．初期の代表的な研究に Cowie (1964) によるマナワツレスの編年研究があり，彼は火山灰を用いてレス編年を行っている．最近では Pillans and Wright (1990) が Mt. Egmont や Taupo 火山群の火山灰を鍵層にして 50 万年間に 11 層のレス-古土壌が堆積したことを明らかにしている（写真 1.11).

イスラエルではサハラ沙漠風成塵を母材にしたハムラレスが広く分布してい

14　　　　　　　　　　　　1　風成塵とレス

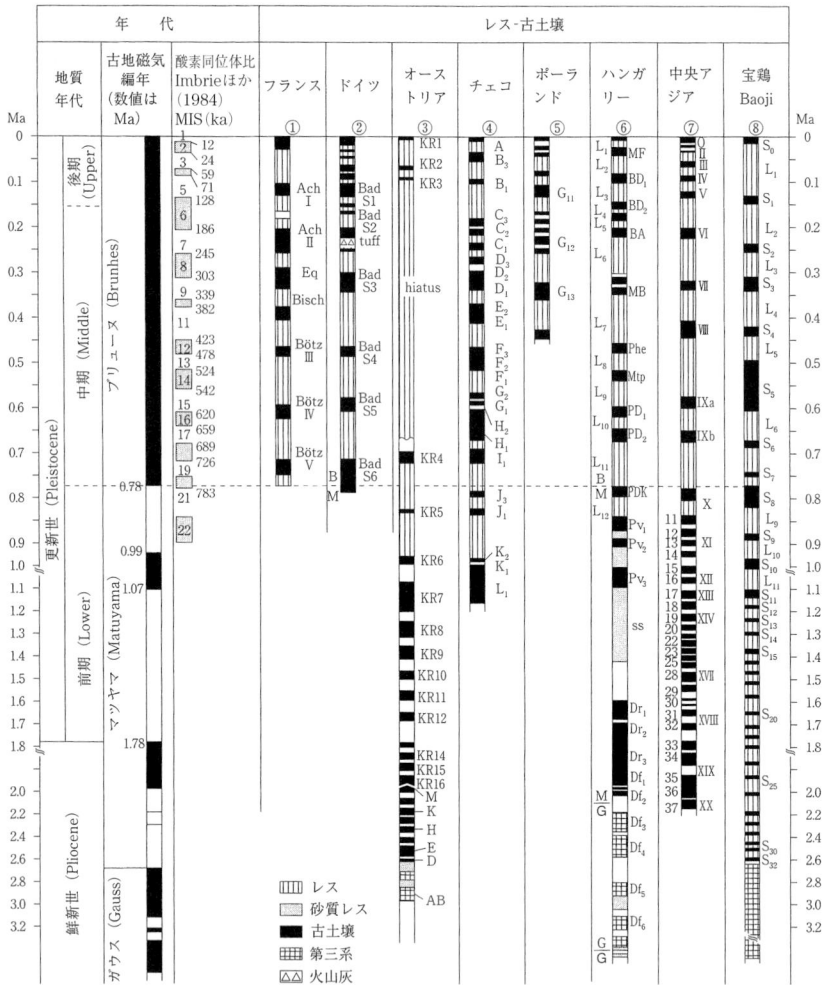

図1.6　ユーラシア大陸のレス編年（Pécsi, 1995を町田ほか，2003が年代尺度を改訂）
① Achenheim，② Bad Soden，③ Krems and Stranzendorf，④ Cerveny Kopec，⑤ Lublin plateau，
⑥ Paks and Dunaföldvár，⑦中央アジア，タジキスタン，Chasmanigar，⑧宝鶏 Baoji．Sは古土壌，
Lはレスを示す．

る．イスラエルを含めた地中海地域では，氷期にポーラーフロントが南下したために低気圧が頻繁に通過するようになった．低気圧に吹き込む南風によってサハラ沙漠から大量の風成塵が運ばれ，植生の繁茂する地表に堆積し，ハムラレスを形成したのである．一方，温暖な時期になるとイスラエルは中緯度高圧帯に入

写真 1.10　オーストリア，クレムスレス
世界のレンガ工場採土地には，このような露頭が随所に見られる．

写真 1.11　ニュージーランド南島，クライストチャーチ
レス層の間に MIS 5 の古土壌が埋没する．

り，乾燥気候が支配的になった．石灰岩が広く分布するイスラエルでは地下水に石灰分が多く含まれているので，地表から盛んに水分が蒸発する際に，石灰分が表層に集積して石灰質古土壌が生成された（成瀬，1995）．

　東アジアはモンスーン地域に属しているために気温が高く，降水量が多いために土壌侵食が発生しやすく，しかも風化作用が進むためにレス-古土壌層が保存されにくい．とくに日本や台湾では古い時期のレス-古土壌が残りにくい．しかし，テフラに覆われている場合には鳥取県倉吉市桜のように約30万年前からの火山灰質レスが残されていることもある（成瀬ほか，2005a）．

　韓国は，アジア大陸に近接しているためにレスが厚く，しかも比較的降水量が少ないために，各地に MIS 11 以降のレス-古土壌層が確認されている（Naruse ほか，2003）．とくに中西部では，きわめて赤く網紋状の模様が著しい MIS 11 の古土壌や，風化の進んだ MIS 12 のレスが発見されるなど，道路工事によってできた露頭においての新発見が相次いでいる．しかし，森林伐採や墓の築造によって表層の土壌が削り取られており，表層に近い MIS 2 のレスはごく薄いか，あるいは欠如していることが多い．

2
風成塵の研究史

　15世紀の大航海時代の幕開けとともにヨーロッパ世界が拡大し，各国の帆船がアフリカ西岸沖を通るようになった．それに伴ってこの海域で風成塵が立ち込めるもや「靄」がしばしば観測されるようになった．もともと西アフリカのベルデ岬諸島の海域は12世紀にエドリシ（Edrisi）によって暗い海（dark sea）と呼ばれたほど頻繁にサハラ風成塵が運ばれる海域であった（Game, 1964）．18世紀になると，やや下火になっていた世界周航探険が盛んになった．この時期の探険は学術的調査の性格を持ったものが多く，西欧各国から研究報告書が数多く出版されるようになった．Dobson（1781）による赤道～北緯30°付近の大西洋上を運ばれるサハラ風成塵の研究などもその一つである．このDobsonの研究から約210年後，グリーンランドや南極ボストークの氷床コアは風成塵が高分解能の気候変動の良い指示物であることを証明したのである．

2.1　1950年代までの研究

　第1章で述べたように，19世紀中葉においてDarwin（1845）の研究などによって風成塵の存在が世界に知られるようになり，同時にレス研究も進展するようになった．

　20世紀に入るとレス研究が急速に進展し，Grahmann（1932）のヨーロッパレス分布図やScheidig（1934）による世界のレス分布図に代表されるようにレスに関する知識が豊富になるとともに，世界各地の沙漠で発生する風成塵の報告も相次ぐようになった（Liversidge, 1902；Hand, 1934；Loewe, 1943；Oliver, 1945）．

　世界で最も頻繁に砂嵐が発生するサハラ沙漠周辺では，上ギニアにおいてBraby（1913）やHubert（1943）が風成塵物質の諸性質を報告し，Hills（1939）は氷河レスのほかに沙漠からもたらされるレスの重要性を指摘した．オセアニアではLiversidge（1902）やChapman and Grayson（1903）が風成塵の

混じった赤雨の分析を行い，南中央太平洋海底やタスマン海底に堆積する赤色物質が風成塵起源である可能性を示唆した．ニュージーランドではHaast (1878), Marshall (1903), Kidson and Gregory (1930), Gregory (1930) が，風成塵や風成塵が混じった赤雪について報告するなど，オーストラリア沙漠から運ばれる風成塵が注目されるようになった．このほか石英を含まないはずの玄武岩地域の土壌に含まれる微細石英が風成物質であることをFenner (1915) とCrocker (1946) が報告している．

1930年代にはアメリカ合衆国中西部で深刻な土壌風食ダストボウル（dust bowl）が発生した．U.S.Weather BureauやIowa Engineersがダストボウルの観測を行い，Winchell (1918), Alexander (1934), Hovde (1934), Page and Chapman (1934) などが合衆国西部の乾燥地域から運ばれた風成塵の量，鉱物組成，粒度組成，珪藻などについて多くの研究報告を行っている．

この頃，高山 (1920) が中国北部の黄砂を，小泉 (1934) が東アジアの黄砂を，松平 (1938) や淵 (1939) が日本列島に飛来した黄砂の分析を行なっている．このほか多田 (1941) は中国黄土の研究を進め，佐藤 (1940 a, b) はRichthofen の黄土に関する論文を和訳している．

1950年代になると，Péwé (1951) はアラスカの氾濫原で発生する砂嵐を手がかりに氷河レスの成因を考察し，沙漠レスに関してはRavikovitch (1953) がイスラエルのレスを，Butler (1956) がオーストラリアの泥質沙漠レスParnaの研究を行っている．このほか三宅ほか (1956), Isono ほか (1959) は雨や雪の核としての黄砂の重要性を指摘し，Laprade (1957) によるテキサス州における風成塵の粒径，形状，風系などに関する詳細な研究もこの年代の代表的な論文といえよう．

一方，海域の風成塵の研究も本格化し，海底堆積物に寄与する風成塵の研究がRadczewski (1939) によって報告され，Rex and Goldberg (1958) による海底堆積物の研究は1950年代の本格的な研究として評価が高い．

2.2 1960年代の研究

1960年代になると土壌母材や海底堆積物に寄与する風成塵の役割に関する研究が増加するようになった．

太平洋海域では，Griffin and Goldberg (1962) やGoldberg and Koid (1962) が北太平洋海底で $1 \sim 10$ m/10^6 年，南太平洋海底で 0.4 m/10^6 年の風成塵堆積速

度を試算したほか，大気中の風成塵の採取・分析を Bonatti and Arrhenius (1965) が北メキシコ沖で，Prospero and Bonatti (1969) が東部赤道太平洋で行っている．一方，風成塵の給源を解明するために Syers ほか (1969) や Rex ほか (1969) は太平洋海底堆積物やハワイ諸島の赤色土壌に含まれる微細石英の酸素同位体比を測定している．

　大西洋海域では Arrhenius (1963；1966) や Games (1964) が東大西洋上空の風成塵と海底堆積物を分析し，1967 年には Folger ほかがサハラ沖上空の風成塵に含まれる淡水珪藻やキビ型のプラントオパールを分析している．とくにサハラから 6000 km 以上も離れたバルバドス島へ運ばれる風成塵の存在とその性質について Delany ほか (1967)，Parkin ほか (1967)，Prospero (1968) の研究が注目を浴びるようになった．このほか Pitty (1968) がイギリスに降ったサハラ風成塵を報告している．

　サハラ周辺に堆積する沙漠レスに関しては Ginzbourg and Yaalon (1963)，Yaalon (1965)，Yaalon and Ginzbourg (1966)，Singer (1967) の研究があり，Davitaya (1969) はサハラ風成塵がアルベドを変化させて気候変動を引き起こす可能性について考察している．

　このほか，海底堆積物を精力的に研究した Griffin ほか (1968) や Windom (1969) は極地の雪原に降った風成塵を分析するとともに，風成塵物質が世界の海底に広域に分布することを示唆し，石英とイライトが主要鉱物であることを明らかにした．

　このように 1960 年代の研究の特徴は，沙漠に給源を持つ風成塵が本格的に分析されるようになったことである．しかし，60 年代の前半は，沙漠レスがレスとは考えられておらず，レスの可能性のある風成物質として扱われている．沙漠では風化作用によってシルトサイズ ($2\sim20\,\mu\mathrm{m}$) 以下の細粒物質が生じるとは考えられなかったからである．この点に関して，1968 年に Smalley and Vita-Finzi は沙漠の塩類風化によって細粒物質が生産されることを明らかにし，世界のレスを沙漠レス hot-desert loess と氷河レス cold-periglacial loess に分類している．

　日本では松井 (1964) が世界のレス-古土壌研究を展望し，古土壌研究の重要性を強調しているほか，新堀ほか (1964) は北九州海岸に分布する古砂丘砂を粗粒レス状砂と考えて各種の分析を行っている．一方，日本に飛来する黄砂を採取し，これを分析した結果が長谷川 (1967) や Arakawa (1969) によって報告さ

れ，加藤（1965）は火山灰土中に風成の非火山灰性鉱物が混入している可能性を指摘した．

2.3 1970年代の研究

　1970年代になると数千kmもの遠距離を運搬され，陸上や海底に堆積した風成塵の諸性質や，風成塵と気候変動の関係が明らかにされるようになった．なかでも Peterson and Junge（1971），Aston ほか（1973），Jackson ほか（1973）による世界全域に運ばれる風成塵についての研究，Windom（1975）による世界の海洋底に堆積する風成塵の研究，Goudie（1978）による乾燥地域の砂嵐がもたらす風成塵が地球環境に及ぼす重要性についての研究，などに代表されるように，1970年代において世界を視野に入れた風成塵の研究が増加し，とくに海洋底堆積物に寄与する風成塵の役割への認識が深まった．

　世界最大の風成塵発生地であるサハラ沙漠では貿易風やシロッコなどによって大量の風成塵が舞い上げられ，周辺地域に運ばれている．大西洋全域を扱ったサハラ風成塵に関する研究は Folger（1970）や Parkin ほか（1970）があり，カリブ海域では Prospero ほか（1970），バミューダ島では Bricker and Mackenzie（1971）の研究がある．また北アフリカ沖やイベリア半島沖では Chester and Johnson（1971），Chester ほか（1972）の研究，北大西洋やカリブ海では Prospero and Carlson（1972），Carlson and Prospero（1972），Parkin ほか（1972），Beltagy ほか（1972）などの研究がある．このほか Hoffman and Duce（1974），Lepple and Brine（1976），Prospero and Nees（1977），Jaenicke and Schutz（1978），Prospero（1979）がサハラ風成塵の分析を行っている．

　気候変動と風成塵の関係を扱ったものでは，北東大西洋の海底堆積物と大気中のサハラ風成塵との比較を行った Chester ほか（1979）の研究や，大西洋海底の石英含有量と気候変動の関係を明らかにした Kolla ほか（1979）の研究が光彩を放っている．

　サハラ風成塵は地中海や北西ヨーロッパ方面にも運ばれており，Joseph ほか（1973）はアフリカ大陸からアラビア半島に吹くハムシンが運ぶ風成塵が地表のアルベドに影響を与える事実を指摘し，Chester ほか（1977）が東地中海へ運搬される風成塵を，Prodi and Fea（1979）がイタリアへ運ばれる風成塵をそれぞれ採取し，分析している．イスラエルでは Katsnelson（1970），Yaalon and Ganor（1973），Yaalon and Dan（1974），Gal ほか（1974）などが同国の風成

塵の性質について報告している．このほかアメリカ合衆国から大西洋へ運ばれる風成塵を Windom and Chamberlin（1978）が報告している．

太平洋海域では，Ferguson ほか（1970）が北太平洋に運ばれる風成塵と海洋底堆積物について考察し，Jackson ほか（1971）はハワイオアフ島の赤色土に含まれる微細石英の量比が降水量の多寡によって異なること，微細石英がアジア大陸から偏西風によって運ばれたものであることを酸素同位体比分析によって明らかにした．さらに Dymond ほか（1974）はハワイオアフ島の土壌に含まれる雲母の年代を測定し，土壌母材が外来物質である可能性を示唆した．Glasby（1971）は南西太平洋堆積物への風成塵の寄与について，Mokma ほか（1972）は南太平洋への風成塵の寄与をそれぞれ明らかにするなど，太平洋海底に堆積する風成塵の化学分析が進められ，大陸から海洋への風成塵輸送の実態が解明されるようになった．

一方，風成塵石英の産地を明らかにするために酸素同位体比分析法が Rex ほか（1969），Clayton ほか（1972），Syers ほか（1972）によって開発された．北半球では微細石英（1〜10μm）の酸素同位体比が 16〜18‰（パーミル），南半球では 12〜15‰ であることが判明し，以後，風成塵同定に威力を発揮するようになった．

このほか Goldberg and Griffin（1970）と Kolla and Biscaye（1977）がインド洋海底堆積物に，Mullen ほか（1972）が北極海海底堆積物に寄与する風成塵の重要性を指摘し，Darby ほか（1974）は北極の海底堆積物に寄与する風成塵が年に 3.3〜14μg/cm² の速度で堆積すること，Rahn ほか（1977）は北極に輸送されるアジア風成塵の存在を明らかにした．

北米大陸に関しては Smith ほか（1970），Orgill and Sehmel（1976），Gillette ほか（1978）が砂嵐によって発生する風成塵の諸性質について報告している．南半球では Mokma ほか（1972）や Walker and Costin（1971）が南東オーストラリアの風成塵を，Butler（1974）がオーストラリアの風成塵やパルナレスについて報告している．

Smalley（1978）は，これまでレスの可能性のある物質とされていた沙漠レスをレスの範疇に含めたのをはじめ，Goudie ほか（1979）は沙漠における塩類風化によってシルトサイズの細粒物質が生産されることを指摘した．中国では Ing（1972）が衛星画像を用いた黄砂の輸送経路を考察している．

日本では浜崎（1972）が種子島の土壌母材に風成塵が混入している可能性につ

いて触れ，倉林（1972）が大山火山灰中の2：1型粘土鉱物が風成塵起源であることを指摘し，岡田（1973）は支笏降下軽石に挟在する非火山灰物質レスの存在を，阪口（1977）は風成塵研究の重要性を説いた．

日本列島に飛来する黄砂については，井上・吉田（1978）が盛岡市に降った赤雪に混じった黄砂を分析し，以後の風成塵研究への貴重な資料を提供した．さらに Ishizaka（1972），Aoki ほか（1974），溝端・真室（1978），石坂（1979），荒生ほか（1979）の研究が進められ，黄砂の性質，飛来量などに関する重要な発見が相次いだ．

2.4　1980年代の研究

1980年代になると70年代に芽生えていた気候変動と風成塵の関係がより明確にされるようになった．ヘブリュー大学の Yaalon はサハラ沙漠の周囲に分布する沙漠レスの研究を精力的に進め，風成塵が気候変動の指示物であることを示唆し，土壌母材に寄与する風成塵の重要性を指摘したほか，Goudie（1983）や Pye（1987）が世界の風成塵研究を展望するようになり，Catt（1988）は氷河レスと沙漠レスを初めてレスとして統一した世界分布図を表している．

a. サハラ風成塵

1980年代の研究もサハラ風成塵を中心とするものであった．Dan and Yaalon（1980）が，サハラ風成塵が地中海一帯に拡散し，堆積したことを指摘したほか，Nihlén and Mattsson（1989）がサハラ風成塵の定量化を行っている．さらにサハラから北熱帯大西洋海域に運ばれる風成塵を Glaccum and Prospero（1980）が，ハルマッタンによって運ばれる風成塵を McTanish and Walker（1982）が，ティレニアン海上空の風成塵について Chester ほか（1984）が，サウジのジェッダに降る風成塵を Behairy ほか（1985）が，それぞれ採取・分析している．このほか，Melia（1984）は北西アフリカ沖合において採取した風成塵に含まれる花粉を分析し，北大西洋海底物質に含まれる花粉との比較検討を行っている．Pokras and Mix（1985）は熱帯アフリカ海底コアに過去2回の風成塵増加期が記録されていることを明らかにした．

サハラ風成塵が中央ヨーロッパにも輸送されることが Littmann（1989）によって明らかにされ，Gasse ほか（1989）はアフリカから運ばれた風成塵に含まれる珪藻を分析し，給源地であるサハラの気候変動を明らかにした．

地中海沿岸の石灰岩上にはテラロッサが発達している．Macleod（1980）や

Rapp (1984) はテラロッサの主母材が風成塵であることを主張し，Nihlén and Solyom (1986；1989) はクレタ島の土壌母材に寄与する風成塵の役割について報告するなど，80年代に土壌母材に関する研究が本格化した．

このほか McTainsh (1980；1984) と Coudé-Gaussen (1987) がチュニジアレスについて，Whalley and Smith (1981) と McTainsh (1987) は北ナイジェリアのハルマッタン風成塵や沙漠レスについて，Rapp and Nihlén (1986) による北アフリカと地中海の風成塵とその堆積物についての研究も進展するようになった．

b. 太平洋地域の風成塵

この頃になると，太平洋地域の風成塵のほとんどがアジア大陸起源と考えられるようになった．Duce ほか (1980) はエニウェトクの土壌母材がアジア大陸から輸送された風成塵であること，Prospero (1981)，Levin ほか (1980)，Parrington ほか (1983) はハワイ諸島に運ばれるアジア風成塵について研究を行なっている．なかでも Uematsu ほか (1983) は北半球の風成塵平均堆積量が年間106トン以上であること，Uematsu ほか (1985) は北太平洋海底にアジア起源の風成塵が大量に堆積しているとし，Leinen ほか (1986) は海洋底に堆積する石英の含有量を図示した．

さらに Kobayashi ほか (1980) は風成塵の輸送距離と堆積速度について，Tsunogai and Kondo (1982) は太平洋海域において風成塵の洋上観測を行い，Tsunogai ほか (1985) は風成塵粒子と輸送距離，Blank ほか (1985)，Prospero ほか (1987；1989)，Martin and Gordon (1988)，Betzer ほか (1988)，Duce (1986)，Merrill ほか (1989)，Schramm and Leinen (1987) は北太平洋海底堆積物に寄与するアジア風成塵の意義について，Shaw (1980) はハワイ，マウナロアにおいてゴビ沙漠から運ばれた風成塵を分析するなど，1980年代に風成塵研究ラッシュの時代を迎えた．

深海底コアの分析も盛んに行われるようになった．大場ほか (1984) は日本近海コアの分析を，Rea ほか (1985) は風成塵フラックス (単位時間あたりの量) を求め，Janecek and Rea (1985) は KK 75-02 と Site 503 の両コアから過去75万年間の太平洋海域の貿易風と偏西風の変動を明らかにした．さらに Raemdonck ほか (1986)，Cheuey ほか (1987) は赤道太平洋の RC-11-21 コアを分析している．

一方，北アメリカ大陸から太平洋へ運ばれる風成塵について，Muhs (1983)

2.4 1980年代の研究

はカリフォルニア沖のチャネル諸島の土壌に寄与するモハーベ沙漠風成塵の重要性を明らかにし，オセアニアでは，Chen ほか（1985）がニュージーランド風成塵を分析，McIntosh（1984）はニュージーランドの土壌母材に寄与する風成塵の役割を，Chen ほか（1985）はニュージーランド風成塵に含まれる燐の起源について考察した．また McTainsh and Pitblado（1987）はオーストラリア風成塵の分類，大場ほか（1984）は日本海周辺の海底堆積物に寄与する風成塵の役割の重要性を指摘した．さらに風成塵の給源を解明する方法として Jackson（1981）は石英の酸素同位体比（$^{18}O/^{16}O$）分析法を採用して，太平洋海底堆積物に含まれる微細石英の分析を行い，その給源を考察している．

c. 東アジアのレス

東アジアのレスに関しても 1980 年代に新しい研究段階を迎えるようになった．Heller and Liu（1982）は洛川黄土の初磁化率を測定したところ，深海底コアが示す酸素同位体比とほぼ似た傾向を認め，黄土が気候変動の指示物であることを示唆した．中国黄土について Kukla ほか（1988）や Kukla and An（1989）は気候変動と風成塵フラックスが相関関係にあること，フラックスが MIS 2 と 4 に多いことなどを明らかにした．Hovan ほか（1989）はレス層序と海底堆積物の酸素同位体比の関係を，Sun and Ding（1998）は沙漠とレス地帯の境界地域において気候変動に敏感に対応したレスの粒径と帯磁率の変化を明らかにした．

韓国レスについては，成瀬ほか（1985 a）と Park（1987）が研究を行い，最終氷期に対比される韓国レスが存在すること，レスの粒度が中国と日本に堆積するレスの中間的な性質を有することなどを明らかにした．

一方，日本でも本格的な風成塵の研究が始まった．成瀬（1980）は世界のレスや風成塵堆積物に関する研究を展望し，井上（1981）は火山灰中の 2：1 型鉱物が風成塵起源であることについて，川崎（1982）は，赤褐色土「おんじゃく」に含まれる微細石英の風成塵起源について，成瀬（1982）と成瀬・井上（1982；1983）は北九州，南西諸島，山陰，北陸の古砂丘や段丘上に堆積するレスの研究を開始した．そして成瀬ほか（1985 b），Inoue and Naruse（1987），成瀬・井上（1987），成瀬（1989），植松（1987）などが日本各地に分布する風成塵の影響を強く受けた堆積物に関して研究を行っている．

土壌学分野においても風成塵に関する研究が本格化し，加藤（1983）は非火山灰起源の黒ボク土母材が古天竜川河床から吹き上げられた風成塵物質である可能性を示唆し，竹迫・加藤（1983）は河床から吹き上げる風成塵が土壌母材に寄与

する役割を重視した．

　黒ボク土の中にはアロフェンやイモゴライトを含まず，スメクタイト，バーミキュライト，イライトのような2：1型鉱物，カオリナイト，2：1：1型中間種鉱物および微細石英を主体とする土壌がとくに表層で見出され，非火山灰性黒ボク土あるいは非アロフェン質黒ボク土とも呼ばれている．井上・溝田（1988）とMizota and Inoue（1988）は，このような土壌が風成塵と現地物質との混合層であること，結晶性粘土鉱物や微細石英が風成塵起源であることを指摘し，これらの特徴を持った土壌が山陰，北陸，東北，北海道などの多雪地域に分布していることを明らかにした．また吉永ほか（1988）による風成塵の影響を強く受けたロームの研究が行われた．

　風成塵を同定する方法として酸素同位体比分析が採用され，Mizota（1982），溝田・松久（1984），Mizota and Matsuhisa（1985），Naruse ほか（1986）によって研究が行われたほか，熱蛍光カラー・天然熱蛍光分析（Yanchou ほか，1987）なども試みられるようになった．

　黄砂の観測もいっそう進み，岡田ほか（1980），石坂ほか（1981），岩坂ほか（1982）は黄砂の観測を行い，Honjyo ほか（1982），Ishizaka and Ono（1982），Iwasaka ほか（1983），村山（1980），Tsunogai ほか（1985），Arao and Ishizaka（1986），Noriki and Tsunogai（1986），田中ほか（1983），Okada ほか（1987），田中（1987），Murayama（1988），Iwasaka ほか（1988），Nakajima ほか（1989）など，多くの研究者によって黄砂の研究が進展するようになった．

2.5　1990年代の研究

a.　90年代前半

　1989年に Dansgaard ほかがグリーンランド南部で掘削した DYE 3 コアを分析し，新・旧ドリアス期に風成塵が増加することを明らかにし，つづいて Petit ほか（1990）と Jouzel ほか（1993）が南極のボストークコアに含まれる風成塵が MIS 2 に最も多く，ついで MIS 4 に多いことを発見し，風成塵が気候変動の高精度分解能の指標になることを明らかにした．

　1990年代になると北半球中緯度域の花粉が北極圏にまで運ばれる（Rahn ほか，1977）ことからもわかるように，中・低緯度で舞い上がった風成塵が最終的には極域に運ばれて氷の中に保存されること，極域の氷床コアが地球全体の風成塵の変動量を推し量るのに好都合な研究対象であることが知られるようになっ

中国においては，Anほか（1990；1991 a, b；1993）が中国黄土フラックスが地球環境変動，とりわけモンスーン変動の指示物であることを指摘している．さらに降水量変動や季節風の強弱を示す指標としてレスの帯磁率研究（Maher and Thompson, 1992）のほか，粒度変化（Xiaoほか，1992；Zhangほか，1994），イライト量・イライト結晶度（福澤・小泉，1994）も注目されるようになった．アジアモンスーンの成立については安成（1991）の研究があげられる．

　中国黄土が気候変動の高精度指示物であることが理解されるようになった状況の中で，1990年に蘭州で開かれた「レスの地形営力と災害のワークショップ」において，Okudaほか（1991）はアジア大陸における地形環境の解明における黄土研究の重要性を指摘し，Yokoyamaほか（1991）はシラスと黄土両分布地域に発達する侵食地形の比較考察を行い，Inoue and Naruse（1991）は東アジアにおける風成塵の特性，堆積時期などについて考察した．さらにSuzuki and Matsukura（1992）は黄土高原から東に向かうほどレスの間隙容量が減少すること，下層ほど圧密によって間隙容量が減少することを指摘した．

　1991年には名古屋大学水圏科学研究所による『大気水圏の科学　黄砂』が出版され，黄砂研究が新たな進展を見せ始めた．そして鳥居（1990）は近畿・山陽地方の花崗岩地域の土壌，成瀬・井上（1990）や井上ほか（1993）による南西諸島の赤黄色土，溝田ほか（1992）による北九州の台地上の土壌，永塚（1995）による南西諸島の土壌，Mizotaほか（1992）による北海道の土壌など，いずれも土壌母材への風成塵の寄与について明らかにしている．

　そして成瀬（1993）によって九州〜東北における風成塵堆積量と最終氷期の気候変動の関係について考察が行われたほか，鴈澤ほか（1994）による東北・北海道に分布するレスの研究も進められた．このほか日本列島に広く分布する火山灰とレスについて，早川（1995）は火山灰の再堆積物をレスと定義し，成瀬ほか（1994）はシラス台地上に堆積する火山灰質レスの存在を指摘している．

　太平洋域ではGaoほか（1992）が北太平洋海底に堆積する風成塵について指摘し，オセアニアではHesse（1994）がタスマン海への35万年間の風成塵フラックス変動を，落合ほか（1994）はジャワ島沖の海底堆積物，多田・入野（1994）と福澤ほか（1994）による海洋底や湖底堆積物の高精度分解能による研究が注目されるようになった．

　この時期においてもサハラ風成塵の研究が多く，Muhsほか（1990）はサハラ

風成塵がカリブ海や西大西洋諸島の土壌母材に寄与すること，Littmann（1991）は地中海やヨーロッパへ運ばれる風成塵の観測を行い，Swapほか（1992）はサハラ風成塵がアマゾン流域に広がる熱帯雨林への栄養補給の役割を果たしていることを指摘した．イスラエルではNaruse and Sakuramoto（1991）によって沙漠レスが寒冷湿潤期に多く堆積し，温暖乾燥期に石灰質古土壌が生成されることが明らかにされた．

一方，酸性雨と風成塵の関係についての研究も行われ，井上・吉田（1990），Inoueほか（1991），井上ほか（1994），成瀬（1996 a），井上・成瀬（1990）は酸性雨の中和に果たす風成塵の役割を重視している．風成塵とともに酸性物質も同時に輸送され，上空の雨滴，霧滴，雪などの中で風成塵物質と酸性物質の相互作用が起こっていることが明らかにされた．

b. 90年代後半

1990年代後半になるとDansgaardほか（1993），Bondほか（1993）による大陸氷床や海底堆積物の高精度分解能研究が進み，氷期の気候変動に関する考え方が大きく変化した．GRIPやGISP 2などの研究は，気候変動が急激で，かつ周期的に変化することを明らかにし，風成塵が気候変動の指標として重要であることがいっそう明らかになった．そして風成塵に関する著書も多く出版されるようになった（Livingstone and Warren, 1996；Goudieほか，1999）．とくにPetitほか（1999）による南極ボストークコアの研究は，過去44万年間の気候変動と風成塵の関係がいっそう緊密であることを明らかにした．

90年代後半になっても，サハラ風成塵は依然として重要な研究対象であり，Rognan and Coudé-Gaussen（1996）による大西洋におけるサハラ風成塵の挙動，Nihlén and Olsson（1995）によるエーゲ海地域，Nihlénほか（1995）によるクレタ島，Inoueほか（1998）によるトルコの土壌母材に寄与するサハラ風成塵の研究が進められた．このほか北米ではLeigh and Knox（1994）のレス研究，南米ではBidart（1996）によるブエノスアイレスの土壌に寄与する風成塵についての研究も進められている．

アジアでは1989年にGardnerがインドカシミールレスの研究に続いて，Gardner and Rendell（1994）が南アジアのレスについて，Kubilayほか（1997）がNOAAによる風成塵の飛来コースを，Nizam and Yoshida（1997）によるパキスタンレスの粒度組成，インド洋ではSirockoほか（1991）による最終氷期以降の風成塵堆積量の変動に関する研究が進められている．このほかマレー半島の

ソンクラー (Songkla) 湖周辺では最終間氷期に対比される T 2 面上にスンダ (Sunda) 陸棚から吹き上げられた最終氷期のレスが報告され (平井, 1995), Knight ほか (1995) はオーストラリア風成塵がニュージランドに輸送される量を明らかにした.

黄土高原では, 熱ルミネッセンスによる黄土の堆積年代研究が進展するようになったほか, 粒度分析によって古気候変動復元を試みる研究も行われるようになった. 例えば Porter and An (1995) は黄土の粒度と高精度分解能の気候変動の関係について報告したのをはじめ, Ding ほか (1995) や Xiao ほか (1995) は, 冬季モンスーン変動と粒度組成の関係を明らかにし, 2000 年代に入っても粒度組成と気候変動の関係に着目した研究が継続している. このほか, Anderson and Hallet (1996) による黄土の帯磁率と気候変動の関係についての研究もまた重要な研究テーマとして研究が継続されるようになった.

このほか, 相馬ほか (1993) と遠藤ほか (1997) はタクラマカン沙漠の気候変動に伴う流水物質の供給変動を明らかにし, 風成塵の供給時期について貴重な資料を提供したほか, 石井ほか (1995) は風成塵の給源であるタリム盆地の風成層石英の酸素同位体比分析を行っている.

日本では, 福澤 (1995), 福澤ほか (1995) が水月湖における過去 2000 年間の湖底堆積物の風成塵堆積量, 海水準変動などの高精度な記録を解読している. また福澤ほか (1997 a, b) は湖沼・内湾・レス堆積物を使って風成塵の高精度分解能研究を進め, アジアモンスーンが環境変動に対する応答速度が異なる海洋と陸域とのテレコネクションの役割を果たし, 風成塵が環境変動の検出計として有効であるとした. 琵琶湖では Xiao ほか (1997) が琵琶湖における 14.5 万年間の風成塵フラックス変動を復元している. そして Oba and Pedersen (1999) は氷期中の大気 CO_2 吸収に風成塵の重要性を強調している.

海底コアの研究も進み, 河村 (1995), 岡本ほか (1995), 入野・多田 (1995) などによる太平洋中緯度地域, 新妻 (1997) によるインド洋の風成塵堆積物に関する研究が進められた. 多田 (1996 ; 1997 ; 1998), Tada ほか (1999) は日本海海底コアに見られる最終氷期以降の明暗の縞から, 数百年～数千年で繰り返す高精度な突然かつ急激な気候変動を明らかにし, 大井ほか (1997) の中国レスと日本海堆積物の粘土鉱物の分析によって過去 240 万年間のモンスーン変動を復元した. また池原 (1998) の海洋環境と陸源物質との関係をまとめた研究などがある.

この時期になると，風成塵がモンスーン変動のトリガーとなった可能性についても考察されるようになり（Overpeckほか，1996；成瀬，1998），Onoほか（1997）はモンスーン循環の消長を高精度に解明するための風成塵研究の重要性を指摘している．さらに風成塵が古風系の復元にも有効であると考えられようになった．例えばOno and Naruse（1997），成瀬・小野（1997），Wang and Oba（1998），鈴木ほか（1997），鈴木ほか（1998）は東アジアにおけるMIS 2の古風系復元を試みている．

　現在の黄砂の運搬過程には北西モンスーンも大きく関わっていることが知られるようになった（岩坂ほか，1991）．一方，ローム層に混入する風成塵石英について，十勝平原や関東平野を例にしたYoshinaga（1996），吉永（1995 a, b；1998）の研究や，佐瀬ほか（1995）による植物珪酸体と風成塵堆積から見た古環境復元の研究が行われるようになった．

　風成塵の給源や古風系の復元を目的にして，成瀬ほか（1996；1997）はESR分析による酸素空孔量を指標として識別することを開発し，鴈澤ほか（1995 a）は石英粒子の熱蛍光カラー画像による識別法を，鴈澤ほか（1995 b）は石英のTL年代測定を行っている．Xiaoほか（1997）は，琵琶湖コアの酸素同位体比の分析を進めている．これらの分析によっても広域風成塵が日本列島周辺に広域に分布していることが確認されている．

2.6　2000年代の研究

　サハラ風成塵に関してはNarcisi（2000）が，イタリア中央部の湖水に堆積する過去10万年間のサハラ風成塵の挙動とボストークコアの分析結果との対比を行っている．

　黄土高原も依然としてレス研究のフィールドとして世界の注目を集め，この年代においてもじつに多くの研究が進められている．Lu and Sun（2000）は最終氷期における北西風と西風が黄土堆積に果たした役割について，Sun and Liu（2000）はチベット高原の隆起と黄土高原レス堆積の関係について，Heslopほか（2000）は黄土の古地磁気とモンスーン変動について，Bronger（2003）は南東ヨーロッパ〜中央アジア〜黄土高原に分布する黄土の対比編年を行っている．

　2000年代の黄土高原における黄土研究の特徴は，黄土の粒度分析やRb年代測定を手がかりにした高精度分解能の環境変動研究が進められていることである．例えばChenほか（2000），Sun（2002），Wangほか（2005）は，黄土の粒

度組成や帯磁率の変動からみた冬季モンスーンの復元を試みており，Chen ほか (2000) は黄土の Rb 年代測定を進めている．さらに Makohonienko ほか (2004) は，中国東北部の森林伐採による風成塵の増加が 10 世紀以降に発生した事実を指摘している．

2002 年から，韓国北部にあって世界的に著名な全谷里旧石器遺跡における韓国レスの本格的な研究が進行するようになった．Danhara ほか (2002) はレス層に含まれる AT，K-Tz の 2 枚のテフラを検出してレスの堆積年代を論じ，つづいて 2003 年には Matsufuji が東アジアの中の全谷里の旧石器文化を論じ，Hayashida がレス-古土壌の帯磁率について，Hwang がレス層中にテフラ起源石英の存在を，Naruse ほかが韓国レスの編年を明らかにした．そして 2005 年には松藤が東アジアにおける全谷里遺跡の位置づけを行った．

このほか，韓国レスについては Yatagai ほか (2002) は韓国済州島の西帰浦マールに堆積する過去 4 万年間の風成塵堆積層の高精度な分析によって，風成塵の粒度，堆積量の変動と気候変動の関係を解明し，Shin ほか (2005) は洪川盆地のレス層序と河成段丘の地形編年を発表している．

日本では Toyoda and Naruse (2002) が ESR 分析による風成塵の給源と古風系に関する研究，Chowdhury ほか (2001) が岐阜県谷汲や福井県中池見盆地に堆積する泥炭層に含まれる風成塵量の変動量から古環境復元を試みている．

風成塵に関する新しい分析法も開発されるようになり，Yokoo ほか (2004) は，ストロンチウム同位体によって風成塵の寄与率を求め，Watanuki ほか (2005) は，新潟と栃木両県に分布する過去 60 万年間のレス層について年代測定を行った．さらに海底コアについては，Irino and Tada (2000；2002)，Tada (2004) は日本海に堆積する 20 万年間の堆積物を使って古環境を復元し，長島ほか (2004) は日本海海底コアの粒度組成と ESR 分析によって過去の風系復元を試みた．さらに Kai (2002) は西中国の黄砂について，Kitoh ほか (2001) は最終氷期最盛期の海洋-大気循環のシュミレーションを行い，氷期における風成塵の輸送に貴重なデータになっている．

この年代には，レスについて記載した専門書も出版されるようになり，町田ほか (2003) による『第四紀学』，町田ほか (2001) による『日本の地形 7 九州・南西諸島』(南西諸島の赤黄色土に寄与する風成塵について)，太田ほか (2004) による『日本の地形 6 近畿・中国・四国』(山陰のレスについて) などがある．

3
風成塵とレスの特徴

　乾いた地表から上空に舞い上げられた風成塵は，高層を流れるジェット気流によって数千 km の距離を運ばれることがある．風成塵はやがて雨や雪の核となって地表に降下堆積する．地表に累積した風成塵はその厚さを増すとレスを形成するようになる．レスは灰黄土色の無層理で均一粒子からなり，多孔質で柱状構造をなす．給源地からの距離によって粒径が異なり，疎しょうで粘着性に乏しく侵食を受けやすい．しかも堆積地域の気候や地質条件によって風化程度や色調が異なるので，黄土高原のイメージでレスを発見しようとしても難しい．レスはレンガ原料に利用されることが多いので，レス断面を観察したいならレンガ工場の採土地に行くことをすすめる．

3.1　風成塵・レスの粒径

　風成塵の給源地では，500 μm よりも粗粒な粒子は地表を匍行して風下に移動する（図3.1）．70〜500 μm 粒子は，地表近くを跳躍しながら風下に移動する．70〜100 μm 粒子は渦流によって地上 1.5 m までの間を跳躍しながら移動するので，やや遠くまで運ばれる．これに対して，20〜70 μm 粒子は地表付近を吹く秒速 6〜10 m の風で舞い上げられ，遠くまで運ばれる．そして 20 μm 以下の粒子は，乱流によって上空高く舞い上げられる（Sun and Liu, 2000）．数千 m の上空に舞い上げられた粒子は高層を流れるジェット気流によって数千 km の距離を輸送されることがあり，ハワイ上空では 100 μm の大きな風成塵が捕獲されたことがある（Betzer ほか，1988）．

　乱流は，春から夏にかけて寒冷前線を伴う低気圧が通過する場合に発生することが多く，とくに地表が乾いているとき，頻繁に風成塵が上空に舞い上げられる．このほか，夏になると強い日差しによって地面が熱せられて小規模な竜巻が発生し，乾燥した地表面から土ほこりが舞い上げられることが多くなる（写真3.1）．場合によっては雷雲からの下降気流（ダウンバースト）によって大規模な

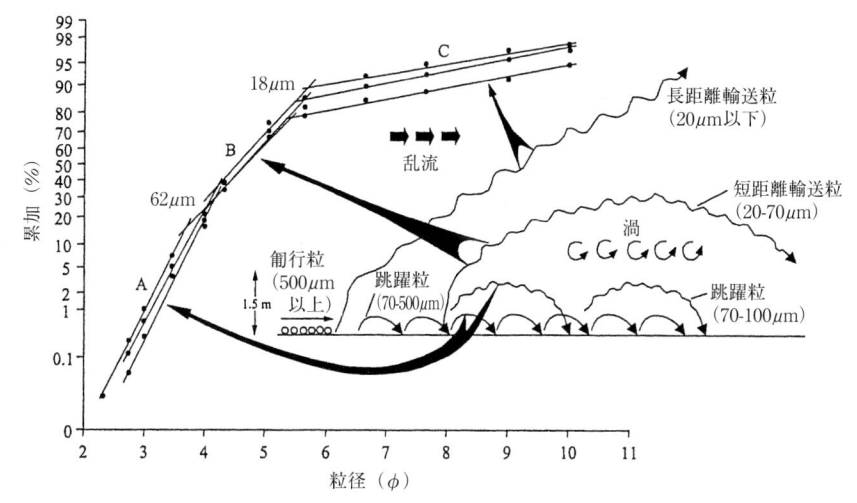

図 3.1 洛川黄土 L 15（約 160 万年前）の正規分布集団と風成物質の輸送形式
(Sun and Liu, 2000)
A：跳躍物質，B：短距離輸送浮遊物質，C：長距離輸送浮遊物質．

写真 3.1 トルコ，アナトリア高原で発生した小規模な竜巻による風食

砂嵐が起こり，大量の風成塵が発生することがある．

　タリム盆地では砂沙漠から舞い上がった風成塵が北東風によって崑崙山脈の北斜面に吹き上げられて黄土が堆積する（図 3.2）．黄土の上限は標高 5300 m，下限は同 2500 m とされる．さらに高いところまで舞い上げられた風成塵は偏西風によって遠隔地に運ばれる（写真 3.2；Sun, 2002）．

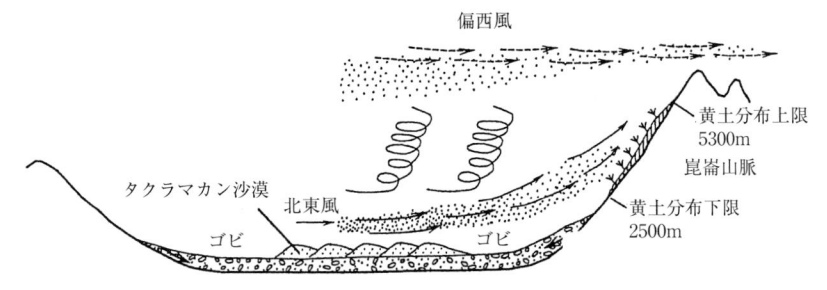

図3.2 タリム盆地における風成塵の発生と崑崙山脈斜面への黄土堆積(Sun, 2002)

写真3.2 黄砂の輸送コースにあたる青海湖周辺の黄砂(中国青海省；口絵3)
5月には黄砂が青海湖上空を頻繁に通過する．

　風成塵がどの高度を輸送されるか，その輸送時間などについて，1979年4月に名古屋でライダーを使った黄砂の観測例がある（岩坂ほか，1982；Iwasakaほか，1983）．観測日の黄砂粒子の垂直濃度分布は2層からなり，上層にあたる約6000〜7000 mの高濃度の大気はタクラマカン沙漠とズンガリア盆地からのもので，下層にあたる約2000 mのものはゴビ沙漠や黄河流域のものと推定されている（図3.3）．

3.2　輸送距離と風成塵の粒径

　黄砂の輸送距離について，村山（1987）は境界層力学モデルを使って輸送シミュレーションを行っている．黄砂の発生源を中国内陸部の海抜1000 mとし，春

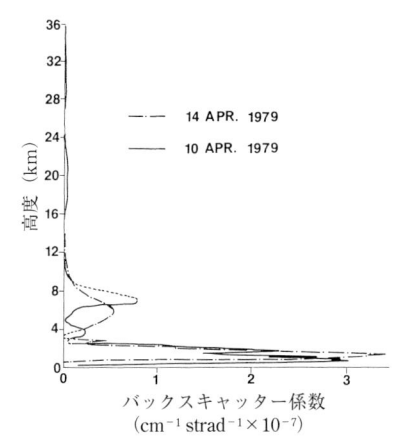

図 3.3 ライダー(波長 0.6943 μm)による 1979 年 4 月,名古屋に飛来した黄砂の観測(岩坂ほか,1982;Iwasaka ほか,1983)

分時の日射条件と乾燥地の地面湿潤度を考慮し,摩擦速度を u,鉛直フラックス $F=0.73u^{3.08}$mg/m²・s として,風成塵を発生させた場合における長距離輸送シミュレーションの 2 次元パターンを得ている.これによると沈降は重力落下のみを仮定した場合,80 μm 粒子は高く上がらず,20〜30 μm 粒子が高度 5000 m まで上昇した.この結果に基づき,村山は高度 5000 m まで上昇した粒子のうち 10〜20 μm の粒子は 2000〜3000 km の距離を運ばれ,5 μm 以下の粒子は約 9 日後に 1 万 1000 km 離れたハワイ諸島まで到達するとした.したがって日本列島には 10〜20 μm の風成塵は十分に輸送されることになる.

図 3.4 は,中国黄土と日本に運ばれた黄砂の中央粒径 Md(累加曲線の 50% にあたる粒径)の変化を示したものである(Inoue and Naruse, 1987;Wang ほか,2005).

給源にあたるバダインジャラン沙漠のハラホト遺跡に近いエジン(東経 102°)では,移動中の砂丘砂 1 は Md が 150〜280 μm で分級が良い.これに対して,砂丘地から舞い上げられた風成塵 3 の Md は 30〜40 μm で,粗粒物質は 200 μm を超す.しかし粗い物質はすぐに落下するので,細粒物質だけが風下に運ばれる.武威(東経 103°)の沙漠土 2 は,流水や風によって低地に運び込まれた細粒物質であり,90 μm で分級が良い.

沙漠の風下で,黄土地帯にあたる西安黄土 4(東経 109°)は Md が 13 μm であるが,その組成を見ると粗粒物質・細粒物質ともに多く,沙漠に近い地域に堆

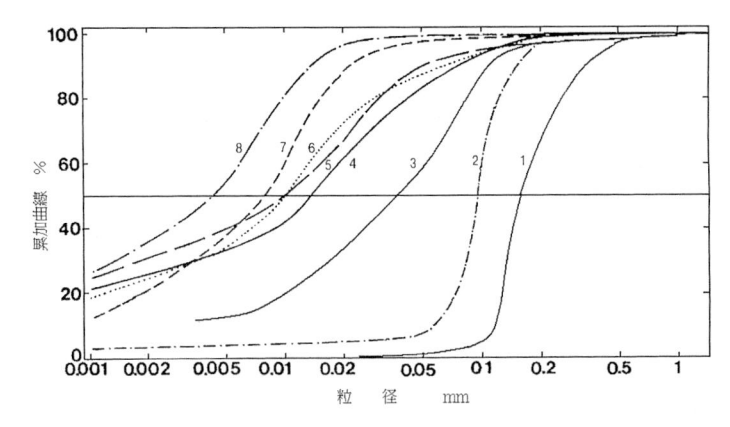

図 3.4 黄土，沙漠土，砂丘砂，黄砂の粒度組成（Inoue and Naruse, 1987 に加筆，Ejin データは Wang ほか，2005 による）
1：Ejin 砂丘（東経 102°），2：武威沙漠土（103°），3：Ejin 黄砂（101°），4：西安黄土（109°），5：武漢黄土（114°），6：兵庫県加東市黄砂（135°），7：岩手県八幡平黄砂（140°），8：岩手県盛岡市黄砂（141°）．

積した黄土の特徴を備えている．さらに風下にあたる武漢（東経 114°）のレス 5 は 10 μm となり，いっそう細粒になる．粒度組成は西安レスに似ており，粗粒・細粒物質ともに多く含まれている．日本では兵庫県加東市（東経 135°）に降った黄砂 6 は武漢レスと同じ値であるが，武漢レスに比べて分級が良く，遠距離を運ばれていく過程で細粒・粗粒画分ともに減少したことを示している．さらに東方の八幡平 7 （東経 140°）になると 8 μm，盛岡市 8 （東経 141°）で 4 μm へと細粒化する．

一方，北太平洋をめぐる偏西風と北東貿易風によって運ばれた風成塵の粒径変化は図 3.5 のようである．この図は，沙漠砂，ワジ堆積物，レス，レス質土壌，海底堆積物，風成塵の各中央粒径値を表している（Inoue and Naruse, 1991）．これによると，沙漠砂は 50～200 μm，ワジ物質は 20～110 μm，黄土高原の黄土は 10～35 μm，中国東部，韓国，日本のレスと黄砂は 3～20 μm である．給源地から遠く離れた北太平洋上で採取された風成塵や，北太平洋海底堆積物の粒径はさらに細粒化し，0.6～10 μm になる．すなわち，東に向かうほど粒径が指数関数的に減少している．

一方，ハワイ諸島から北太平洋の東部にかけて，東に向かうほど風成塵やレスの粒径が増加する．このことは北米大陸内陸部の乾燥地や中央平原から北東貿易風によって西方のハワイ諸島に向けて風成塵が運ばれたことを意味している．

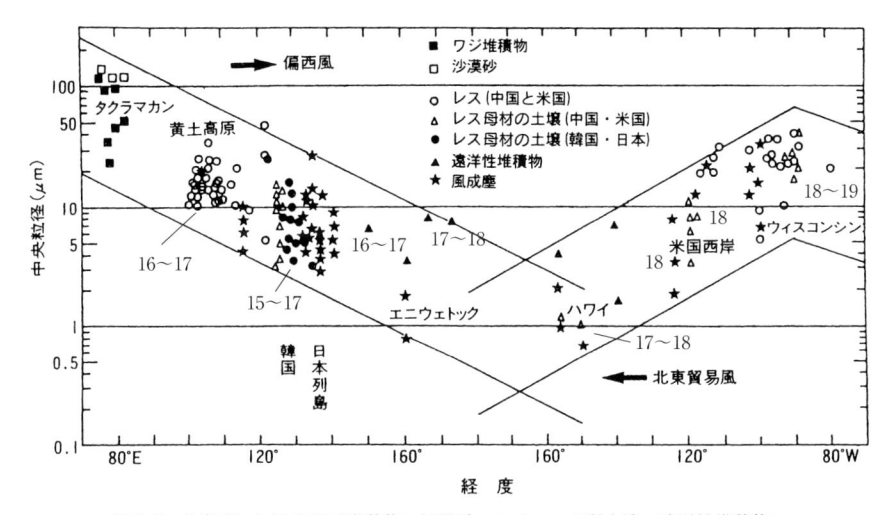

図 3.5 北半球におけるワジ堆積物, 沙漠砂, レス, レス質土壌, 遠洋性堆積物, 風成塵の中央粒径と給源からの距離 (井上・成瀬, 1990)
数値は酸素同位体比を示す.

なお, 図 3.5 はレスや風成塵などから分離精製した $1\sim10\,\mu\mathrm{m}$ の微細石英の酸素同位体比のおよその値を示している. 中国内陸部のレス中の石英と北米内陸部のレス中の石英とではわずかではあるが $\delta^{18}\mathrm{O}$ が異なっており, 中国黄土のほうがやや軽い酸素を多く含んでいる. その $\delta^{18}\mathrm{O}$ が中国内陸部からハワイ諸島に向けてわずかに増加し, 逆に北米内陸部からハワイ諸島にかけてわずかに減少している.

一般に石英粒子が細粒化するほど $\delta^{18}\mathrm{O}$ が微増する傾向があるので, 中国内陸部からハワイ諸島に向かって風成塵が細粒化するにつれて $\delta^{18}\mathrm{O}$ が微増することは説明しやすいが, 北米からハワイ諸島に向かって風成塵が細粒化するにもかかわらず逆に $\delta^{18}\mathrm{O}$ が微減することを説明するのは難しい. したがって, ハワイ諸島付近では, 中国と北米から運ばれた微細石英が互いの $\delta^{18}\mathrm{O}$ に影響していると考えられる.

3.3 北米中西部レスの粒径

アメリカ合衆国の中西部を流れるミズーリ川流域には, 最終氷期に広がったローレンシア氷床からもたらされたレスが広く分布している (図 3.6). その厚さはアイオワ州オマハ市のミズーリ川東岸で 19.2 m (64 フィート) である. レス

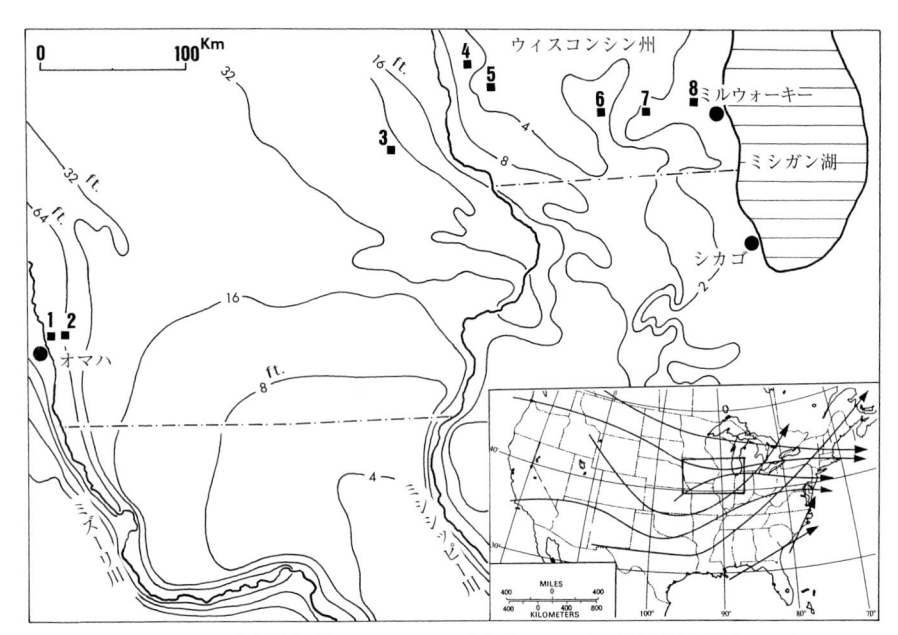

図3.6 アメリカ合衆国中西部におけるレスの厚さ(フィート),試料採取地点(1～8),トルネードの通過コース(右下図)

は東に向かって薄くなり,ウィスコンシン州とアイオワ州の州境を流れるミシシッピー川沿いでは9.6～2.4 mとなり,さらにミシガン湖沿岸になると60 cm(2フィート)以下になる.その間,距離にして500 kmである.この地域のレスの大部分は最終氷期の強い偏西風によって東方に運ばれたものであるが,表層部分は完新世に運ばれた風成塵からなる.

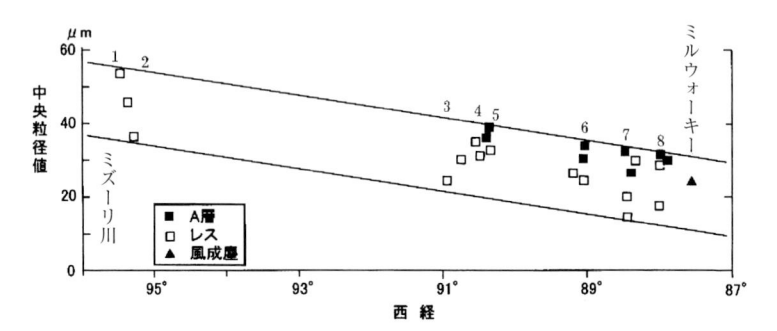

図3.7 ミズーリ川～ミルウォーキー間のレス,風成塵,レス質土壌 A 層の中央粒径 1～8の位置は図3.6に示す.

写真 3.3 アメリカ合衆国ウィスコンシン州の
ドラムリンと表層のレス
撮影地点は図 3.7 の地点 6. ドラムリンは
MIS 2 に形成されたもの.

写真 3.4 写真 3.3 のドラムリン上の
レス
ドラムリン礫層の上に厚さ 80 cm のレ
スが堆積している.

　レスの粒径はミズーリ川東岸で中央粒径 Md 36～52 μm であるが, 350 km 離れたミシシッピー川東岸では 25～35 μm へと細粒化する (図 3.7). ミシシッピー川以東になるとレスの厚さが 1 m 以下で, 16～30 μm の大きさになり, ドラムリン上にレスを主母材とした厚さ 50～150 cm 程度のレス質土壌が発達するにすぎない (写真 3.3; 3.4). 土壌層のうち, B 層は下層に堆積する氷河物質の影響によって粗粒画分が多くを占めるが, 上層になるにつれてレスの影響が明瞭となり, 4～6Φ (0.062～0.015 mm) 画分が多くなる (図 3.8). すなわち土壌層の上層になるほど土壌母材に占めるレスの割合が大きくなる.

　土壌層のうち, A 層の母材はローリンググラウンド 5 で 36 μm, マディソン 6 で 30～33 μm, ミルロード 8 で 28～30 μm であり, 東に向かうほど細粒化する. なお, ミルロードの粒径はミルウォーキーのウィスコンシン大学屋上で採取した風成塵の Md 25 μm に近い.

3.4　風成塵の堆積速度

　東アジアと北太平洋における風成塵の堆積速度を表 3.1 に示している (Inoue and Naruse, 1987; 井上・溝田, 1988; Uematsu ほか, 1983). この表によると, 中国甘粛省蘭州, 陝西省洛川および北京の風成塵の堆積速度は 70～260

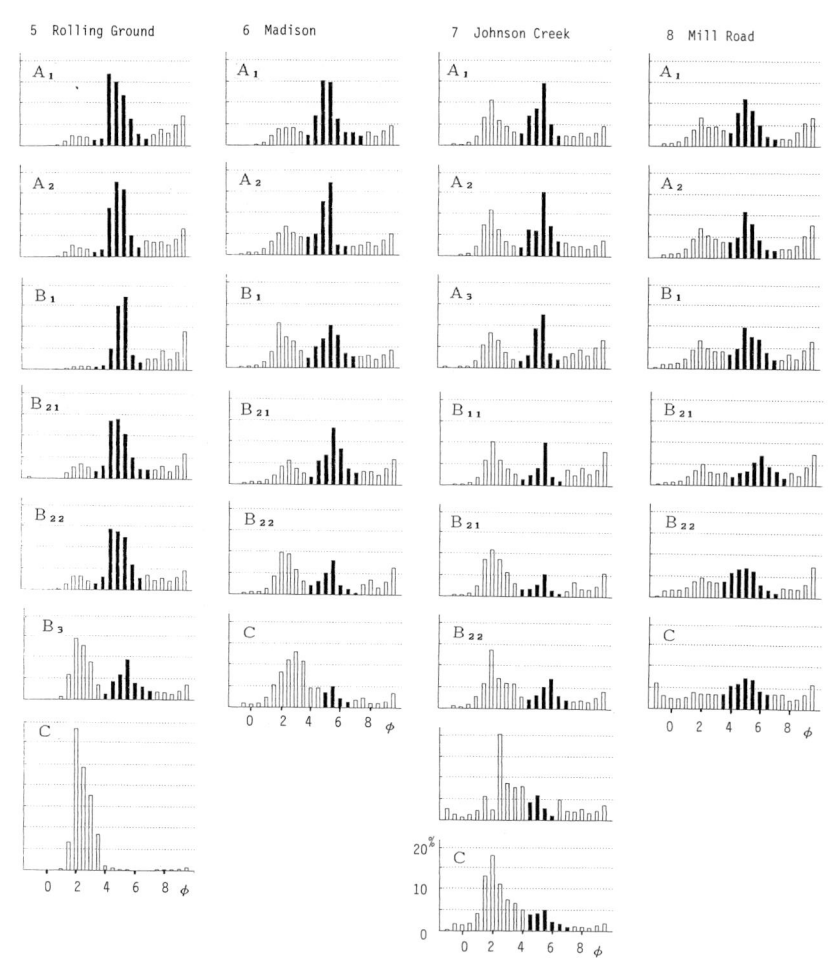

図3.8 ウィスコンシンレス質土壌とレスのヒストグラム
5〜8の位置は図3.6に示す．A_1〜Cは土壌層位．
ϕ 値は，0：1 mm，2：0.25 mm，4：0.0625 mm，6：0.0156 mm，8：0.0039 mm．

mm/1000年であるのに対して，北太平洋の堆積速度は緯度と経度によって多少異なるが 0.1〜2.0 mm/1000 年であり，風成塵の給源から離れるほど減少する．
　Uematsu ほか（1983）による北太平洋の緯度別風成塵フラックス推測値によると，風成塵フラックスはアジア大陸内陸部の乾燥地域の分布域や，偏西風の分布域である北緯 25°〜40°の中緯度で大きいとされている．この結果は図3.9に示した同緯度の砂嵐・黄砂日数の傾向と一致しており，日本列島や韓国はこの風

表3.1 中国，日本，太平洋海域における風成塵の輸送と堆積量(Inoue and Naruse, 1987；井上・溝田, 1988；Uematsu ほか, 1983)

地　域		輸送風	風成塵堆積速度 mm/1000 年
中国	蘭州	ジェット気流	260
	洛川	ジェット気流	70
	北京	ジェット気流	100
日本	MIS 1	ジェット気流	3.6～7.1
	MIS 2	ジェット気流と北西季節風	13.5～22.9
北太平洋		極東風とジェット気流	0.8
>50°N		ジェット気流	0.4～2.0
6°～50°N		貿易風	0.3
11°N		ジェット気流	0.1～0.7

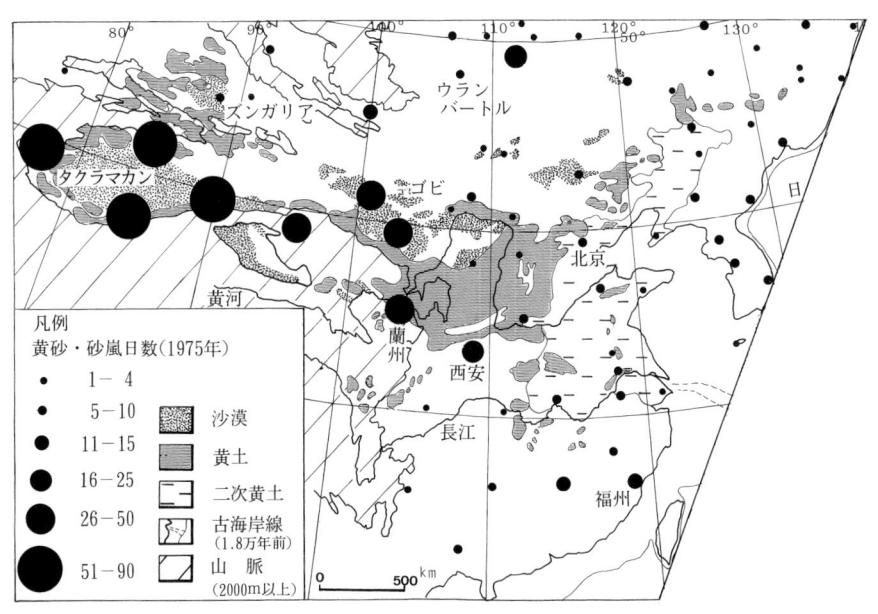

図3.9 中国の黄砂・砂嵐の日数(資料：1975年印刷天気図, 気象庁)

成塵を輸送する偏西風帯にあたっている．

　日本における風成塵の堆積速度は，日本海沿岸に発達する古砂丘中のレスの厚さとテフラ年代によって試算したところ最終氷期に13.5～22.9 mm/1000 年であった．なお，現在の黄砂量や完新世泥炭層に含まれる風成塵量から，現在は3.6～7.1 mm/1000 年と見積もられる（井上・成瀬, 1990）．すなわち最終氷期の風成塵堆積量は完新世の平均3.4倍，最大6.4であったと考えられる．

3.5 レスの特性

a. レスの特徴

Pécsi (1995) による典型的な氷河レスの特徴を参考に，レスの特徴として次の6点をあげることができる．

① レスは，シルトを主体にするほぼ均一な粒子からなり，層理が発達しないことが大きな特徴である．灰黄土色を基本とするが，堆積地域の気候環境によって大きく異なる．

② 均質であるが，場所によっては5～25%の粘土や砂などを含む．INQUAでは粒度組成の違いによってレス（20～60 μm），砂質レス（20～60 μm 画分と200～500 μm 画分の混合物），粘土質レス（20～60 μm 画分と2 μm 以下画分が25～30%混合した物質），レス状物質（レスの二次堆積物，あるいは変質，風化した物質）に4分類されている．

③ 石英を40～80%，平均60～70%含んでおり，ほかに長石，雲母，カルサイトなどを含むが，構成鉱物は給源地の地質によって大きく異なる．例えば，かつてレスの主な特徴は石灰質成分を多く含むことと考えられたが，これはヨーロッパレスの給源地に石灰岩が広く分布しているからである．韓国レスは本来，石灰質成分の多いアジア大陸から飛来した物質であるが，降水量が多いために石灰質の多くが溶脱している．南米のパンパレスやニュージーランドレスのように風上に火山が位置する地域では火山灰物質を多く含み，石灰質成分はごく少量にすぎない．

④ 多孔質であるため，テフラほどではないが軽い感じを受ける．

⑤ 流水によって運ばれることのない地形，例えば古砂丘，玄武岩円頂丘，孤立丘陵などの上にも堆積している．

⑥ レス層の崖は垂直に発達し，侵食を受けやすい．

b. 風成塵とレスの構成鉱物

日本列島に飛来する風成塵（黄砂）の構成鉱物は，カルサイトを除いて中国黄土の鉱物組成に似ている．多くの場合，風成塵は主要鉱物として雲母（イライト），カオリナイト，石英，斜長石を含んでいる．そのほか少量のスメクタイト，バーミキュライト，クロライト，カルサイト，角閃石，タルクなどを伴うことが多い（図3.10；井上・吉田，1978；井上，1981；Inoue and Naruse, 1987）．

図3.11は，1977年2月24日に盛岡市に降った黄砂（井上・吉田，1978）と，

3.5 レスの特性

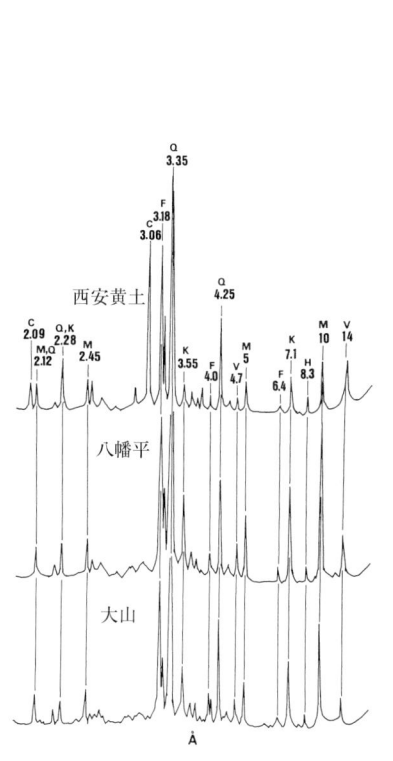

図 3.10 西安黄土,八幡平・大山に降った風成塵(黄砂)の鉱物組成(井上・成瀬,1990)
V:2:1〜2:1:1型中間種鉱物,M:白雲母・イライト,H:角閃石,K:カオリナイト,F:長石,Q:石英,C:カルサイト.

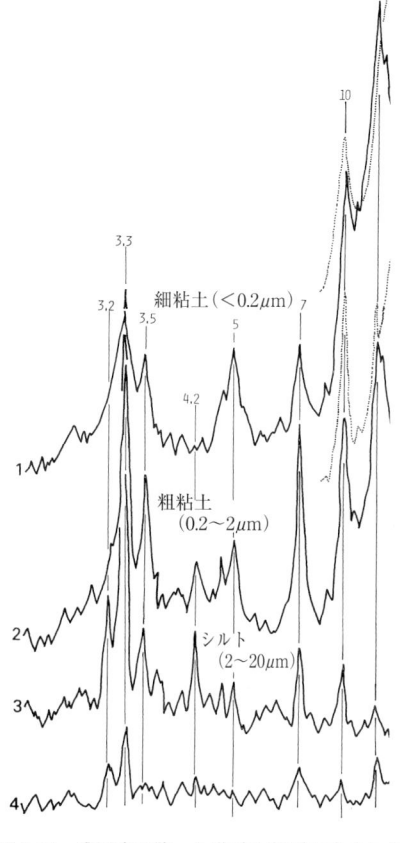

図 3.11 盛岡市に降った黄砂と新雪に含まれる風成塵の鉱物組成(成瀬・井上,1983)
鉱物名は図 3.10 と同じ.盛岡市の黄砂(1〜3),氷晶核物質(4).

1992年1月29日に岩手大学構内に降った新雪9kg中の氷晶核物質の分析結果である.

黄砂を細粘土($<0.2\,\mu m$),粗粘土($0.2〜2\,\mu m$),シルト($2〜20\,\mu m$)に細分して,X線回折を行ったところ,石英はシルト>粗粘土>細粘土の順で粗い画分に多く含まれるのに対して,細粒画分には14Å(オングストローム),10Å(雲母,イライト),7Å(カオリナイト)鉱物が多く含まれている.図中の点線

はグリセロール処理によるもので,盛岡黄砂の14Åの主要部分はスメクタイトであり,ほかにクロライトが存在している.

つぎに新雪中の氷晶核物質(約12 ppm)には,中国黄土と同じく14Å,10Å,7Å,3.3Å(石英)が認められ,ほぼ同じような粘土鉱物からなる.

風成塵が地表や海洋底に堆積した後は,その地域の風化環境にしたがって構成鉱物が変化する.日本のように温暖で湿潤な環境下の土壌では,しばしば雲母(イライト)が風化を受け,スメクタイト,バーミキュライト,2:1〜2:1:1型中間種鉱物になっている場合が多い.

Griffinほか(1968)やWindom(1975)は海底堆積物中の粘土鉱物について分析し,イライト,カオリナイトおよび石英などの地理的分布を示している.彼らは北太平洋の中緯度域に,イライトおよび石英の高い含有域が東西に帯状に分布することを明らかにした.Windom(1975)は,この高い石英含有域はアジア大陸の沙漠から偏西風によって運ばれた風成塵が降下して形成されたと考えている.

c. 化 学 組 成

表3.2と図3.12は,中国黄土,韓国レス,九州と南西諸島のレス,山陰〜北陸海岸のレス,それに日本に降った風成塵に含まれるシルト・粘土画分の化学分析結果である.これをSiO_2/Al_2O_3モル比とK_2O/SiO_2モル比で見ると,中国黄土の分布範囲はSiO_2/Al_2O_3モル比が高く,長江下流域に分布する下蜀黄土もこの範疇に入る.

日本にやってくる黄砂は中国黄土とはK_2O/SiO_2モル比においてほとんど変わりがないが,SiO_2/Al_2O_3モル比が低い.これは中国黄土の表層部分が風化を受けているためにSiO_2の溶脱が進んだ物質が運ばれた可能性がある.九州や南西諸島のレスについては,よりSiO_2が少ないことを示している.これは高温で雨量の多い環境下で脱ケイ酸作用を受けた結果かもしれない.韓国はやや下方にプロットされる.これらに対して出雲から北陸にかけてのレスは違う領域にプロットされる.これは後述するようにこの地域のレスが北方アジア大陸を給源としており,黄砂との給源の違いを示しているからではないだろうか.

日本には第四紀火山が多く存在し,火山灰を母材とした黒ボク土は日本の代表的な土壌の一つである.黒ボク土はアロフェン,イモゴライト,アロフェン様成分を主体にしている.しかし,黒ボク土の中にはアロフェン,イモゴライトを含まず,スメクタイト,バーミキュライト,イライトのような2:1型鉱物や,カオリナイト,2:1〜2:1:1型中間種鉱物,および微細石英を主体とする土壌が

3.5 レスの特性

表 3.2 中国黄土, 韓国・日本のレス, 風成塵のシルト画分以下 (<20 μm) の化学組成 (成瀬・井上, 1982, 1983, 1990 ; Inoue and Naruse, 1987)

	試料	I.L.	SiO_2	Al_2O_3	Fe_2O_3	TiO_2	MnO	CaO	MgO	K_2O	Na_2O	P_2O_5	計	SiO_2/Al_2O_3	K_2O/SiO_2
中国	大原	—	61.23	11.35	4.83	0.70	—	5.36	1.14	2.10	1.65	0.18	88.54	9.17	0.022
	満州里	4.68	63.50	16.00	5.63	0.58	0.15	0.73	1.54	2.53	2.72	0.07	98.13	6.75	0.025
	淳化 1	4.91	66.79	15.29	5.48	0.46	0.09	1.64	1.62	2.26	1.69	0.11	100.34	7.43	0.022
	淳化 2	13.05	51.81	11.45	4.75	0.29	0.08	11.71	2.00	1.92	1.42	0.11	98.49	7.76	0.024
	蘭州	—	59.30	11.45	4.04	0.60	—	5.96	1.32	2.17	1.80	0.20	86.84	8.80	0.023
	西安	13.70	52.51	11.85	4.90	0.70	0.08	9.27	2.25	1.70	1.50	0.20	98.66	7.53	0.021
	武漢	6.67	69.78	12.83	4.79	0.44	0.07	0.79	0.55	1.43	1.23	0.11	98.69	9.25	0.013
韓国	慶州	5.24	66.73	17.94	5.63	0.86	0.03	0.10	0.95	1.88	1.40	0.05	100.81	6.31	0.018
	扶餘	6.45	61.75	20.26	6.49	0.76	0.07	0.11	1.44	2.07	1.51	0.05	100.96	5.17	0.021
日本	旭川*	4.49	54.57	12.78	6.78	0.71	0.70	5.75	2.84	1.58	2.08	0.27	88.06	7.26	0.018
	八幡平*	13.55	61.80	16.61	6.75	1.04	0.06	1.05	2.32	2.35	2.77	0.15	99.39	6.33	0.024
	盛岡*	16.03	50.10	16.13	7.14	0.58	0.13	1.45	3.59	2.46	1.94	0.14	97.21	5.28	0.031
	上越*	5.86	50.88	16.09	6.02	0.85	0.13	2.37	2.91	2.41	1.95	0.01	99.65	5.38	0.030
	大阪		60.86	16.88	6.55	0.62	0.06	1.18	1.96	1.96	1.96	0.26	98.60	6.13	0.025
	杜町*	8.64	59.83	15.71	9.67	0.86	0.12	1.21	1.30	1.92	1.36	0.20	101.14	6.47	0.020
	福井	9.51	50.76	23.67	9.16	0.53	0.07	0.15	1.70	1.14	0.85	0.08	97.62	3.65	0.014
	網野	9.65	51.50	23.80	11.02	0.55	0.15	0.07	0.98	1.22	0.82	0.08	99.84	3.68	0.015
	久美浜	8.07	53.58	17.38	17.39	0.51	0.14	0.14	1.37	1.29	1.04	0.04	100.95	5.24	0.015
	出雲 1	8.54	54.92	23.49	7.12	0.40	0.08	0.13	1.64	1.07	0.88	0.04	98.31	3.97	0.012
	出雲 2	6.62	59.84	18.96	7.13	0.53	0.10	0.10	1.37	1.60	0.83	0.03	96.91	5.36	0.017
	唐津湊 1	11.34	48.75	23.27	10.53	0.78	0.07	0.10	1.61	2.14	0.77	0.12	97.48	3.56	0.028
	唐津湊 2	10.85	47.75	25.28	11.16	0.76	0.08	0.08	1.65	2.23	1.05	0.12	101.01	3.21	0.030
	唐津湊 3	9.28	55.57	21.19	8.17	0.81	0.09	0.09	1.50	2.61	1.01	0.07	100.39	4.46	0.030
	唐津湊 4	10.28	51.41	23.76	9.12	0.86	0.15	0.07	1.01	1.98	0.75	0.11	99.50	3.68	0.025
	唐津湊 5	9.36	52.82	23.15	8.47	0.80	0.09	0.07	1.12	1.93	0.83	0.14	98.78	3.88	0.023
	玄海町 1	8.47	56.98	18.77	10.01	1.57	0.04	0.11	0.74	1.63	0.33	0.26	98.91	5.16	0.018
	玄海町 2	9.08	51.60	21.46	11.75	1.57	0.04	0.08	0.72	1.68	0.59	0.19	98.77	4.09	0.021
	壱岐島 1	8.60	56.77	20.15	8.60	0.96	0.04	0.07	1.31	2.57	0.79	0.09	100.00	4.79	0.029
	壱岐島 2	10.22	47.87	24.46	10.65	0.91	0.04	0.08	1.09	2.40	0.89	0.11	98.71	3.33	0.032
	喜界島 1	11.13	45.42	26.30	12.85	0.96	0.06	0.58	1.21	1.76	0.37	—	100.64	2.94	0.025
	喜界島 2	5.42	60.75	17.78	7.33	0.73	0.07	1.30	2.37	2.68	1.26	—	99.69	5.81	0.028
	沖縄島 1	7.45	60.34	20.14	8.06	1.09	0.19	0.15	1.05	2.23	0.94	—	101.64	5.08	0.024
	沖縄島 2	8.05	55.00	21.99	8.66	0.97	0.20	0.14	1.47	2.33	1.68	—	100.49	4.24	0.027
	宮古島 1	10.18	49.43	24.42	10.00	0.96	0.02	0.18	1.03	2.44	0.48	—	99.14	3.44	0.031
	宮古島 2	11.22	44.12	29.63	10.10	1.17	0.03	0.21	1.20	1.80	0.49	—	99.97	2.53	0.026
	西表島	7.56	63.28	18.46	6.89	0.53	0.02	0.13	0.63	1.85	0.24	—	99.59	5.83	0.019

*黄砂物質

とくに表層部分で見出される．

このような土壌は東海地方で初めて見出され，非火山灰性黒ボク土と呼ばれ，非アロフェン質黒ボク土とも呼ばれている．同じような土壌は山陰，北陸，東北，北海道などの日本海沿岸，および長野や飛騨などの多雪地域に分布している．倉林（1972）は大山火山灰の粘土鉱物において，2：1型鉱物が大陸からの風成塵起源であるとし，岡田（1973）も北海道で火山灰層中に埋没するレス物質の可能性を指摘している．

この黒ボク土および非アロフェン質黒ボク土の SiO_2/Al_2O_3 モル比と K_2O/SiO_2 モル比の関係を図 3.13 に表すと，アロフェン質黒ボク土は両モル比の低さで特徴付けられる．これに対して，非アロフェン質黒ボク土は中国黄土や風成塵の中間領域に位置づけられる．このことは非アロフェン質黒ボク土が火山灰と風成塵の混合物から構成されていることを裏付けているのではないだろうか．

なお，Mizota and Matsuhisa（1985），Naruse ほか（1986），井上・溝田

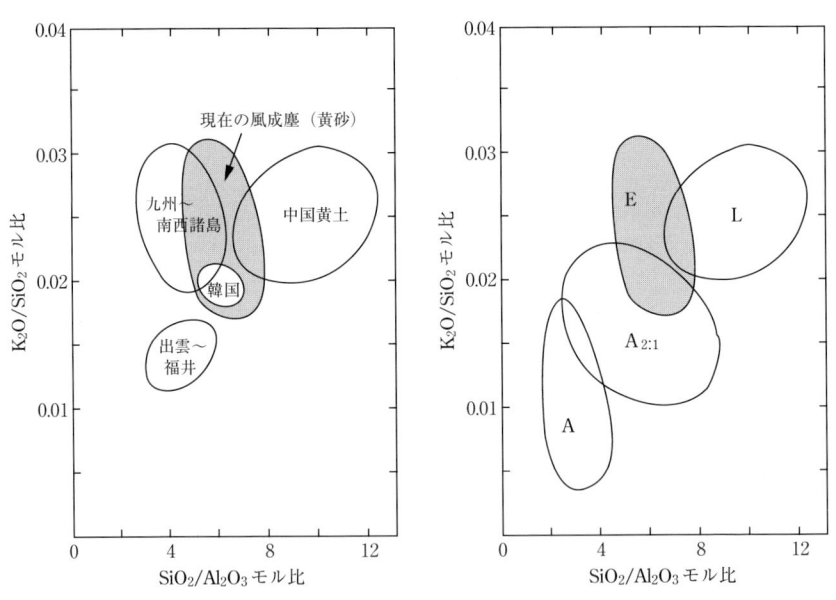

図 3.12 中国黄土，韓国，日本の風成塵・レスの SiO_2/Al_2O_3 モル比と K_2O/SiO_2 モル比

図 3.13 中国黄土，日本の風成塵，アロフェン質および非アロフェン質黒ボク土の SiO_2/Al_2O_3 モル比と K_2O/SiO_2 モル比（井上・成瀬，1990 を改変）
L は中国黄土，E は風成塵，A 2：1 は非アロフェン質黒ボク土，A はアロフェン質黒ボク土．

(1988) は非アロフェン質黒ボク土中の微細石英の酸素同位体比を測定し，微細石英が風成塵起源であることを明らかにしている．

d. 色　調

　レスや黄土は基本的には灰黄土色を呈しており，上部は土壌化を受けて黒色土が生成する場合が多い．これはレスに含まれるカルシウムが腐植を固定する能力が高いためである．レスが堆積する地域というのは，その多くがウクライナに代表されるように半乾燥気候であり，草原環境において春に芽吹いた草が夏に繁茂し，冬に枯れる．その間，野火がしばしば発生して草木灰が生じ，しだいに地表に腐植が集積する．チェルノーゼムはレス地帯の代表的な土壌である．チェルノーゼムの表層 1 m は腐植に富む黒色土であり，下位のレスとの間にある白色の炭酸カルシウム集積層が特徴である．

　レスの間にはしばしば古土壌が埋没しており，MIS 3 の古土壌は黒色や褐色を呈する場合が多く，MIS 5 よりも古い古土壌は赤色を呈することが多い．日本のレスは褐色〜赤褐色を呈するが，韓国レスは黄色〜黄褐色であり，古土壌の色調は MIS 3 の場合は褐色，MIS 5 の古土壌は 2〜3 層からなり，とくに 5 e に対比される古土壌は 5 YR〜2.5 YR の赤色を呈することが多く，しかも厚いので鍵層になりやすい．中国東北部の長春レスは灰黄色である．MIS 3 の古土壌は黒褐色 10 YR 3/2 を呈し，MIS 5 の古土壌は 7.5 YR〜5 YR 程度の赤褐色を呈する．しかし，MIS 5 よりも古い古土壌の中には黒褐色を呈するものがあり，生成当時の古気候や植生の違いを示唆する．

e. 粒　子　形

　風成塵やレスの粒形は多種多様であり，角粒の場合もあれば（写真 3.5），円形をしたものもある．また両方の特徴を併せ持つ粒子も見られる．一般に沙漠起源の風成塵は円形をしているといわれるが，必ずしもそうではなく，塩類風化によって細粒化したものは貝殻状破断面を持つものがある．写真 3.6 は兵庫県加東市に飛来した黄砂粒であり，一方の面は沙漠起源の特徴とみられる円形をなしているが，他方の面は塩類風化によって生じた貝殻状の破断面が見られる．

　Smalley and Krinsley (1978) は走査型電子顕微鏡 SEM によって粒子形を分析し，粒子の起源を推定している．彼らは中国黄土が沙漠起源の特徴を持つ粒子形に加えて，氷河起源の特徴を持つ粒子形が混じっていることを指摘している．SEM を使用した粒子形の研究は，まだ発展途上の段階にあり，今後，より多くの事例研究が必要である．

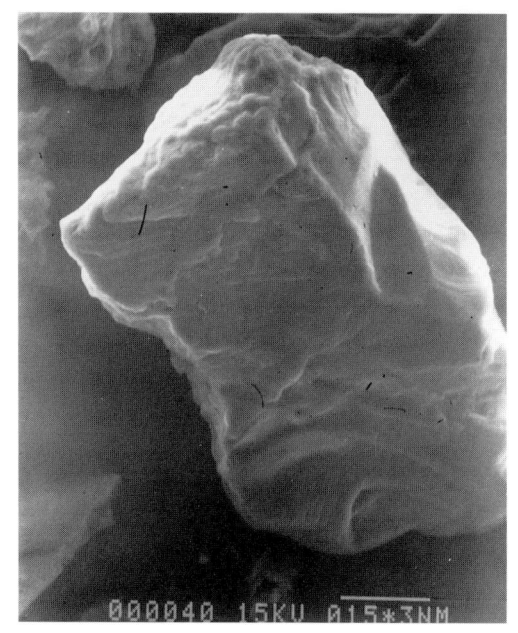

写真3.5 ニュージーランド南島，氷河レスの石英表面形状
氷河によって破砕されてできた破断面が見られる．

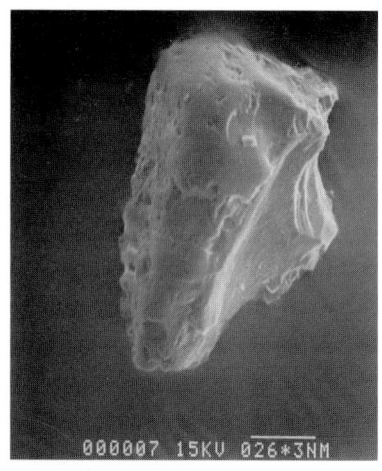

写真3.6 兵庫県加東市に降った黄砂粒子
中国内陸沙漠で風による円磨作用を受けた石英粒子の一部に，その後の塩類風化によってできた破断面が見られる．

4
風成塵石英の同定
ESR 分析と酸素同位体比分析

　1990 年から，私は新潟県〜北海道にかけて日本海沿岸に発達する古砂丘に埋没するレスの調査を始めた．当時，日本のレスやレス質土壌はゴビやタクラマカンなどの沙漠から偏西風によって運ばれた風成塵が堆積したものと考えられていたので，日本列島の北東部ほどその厚さが薄くなるはずであった．しかし，東北地方や北海道のレスは北九州と比べてその厚さになんら遜色がなかった．そのため，この調査を契機として風成塵の給源について考え方を変え，新たな分析法を開発する必要性を感じるようになった．そんな折，大阪大学の池谷元伺先生から ESR 分析が石英の産地を解明する上で有効であるという話を聞くことができた．もし本当にレスの微細石英が大陸から運ばれたものであれば，大陸にしか分布しない岩石の測定値が得られるはずである．

4.1　ESR 酸素空孔量分析

　石英は普遍的な鉱物であるので，石英の量比だけで風成塵かどうかを識別することは難しい．このため Rex ほか（1969）は微細石英（$1 \sim 10 \,\mu$m）の酸素同位体比による同定法を開発したほか，この方法を採用して，Mizota（1982）や Naruse ほか（1986）が日本各地から採取したレスおよびレス質土壌に含まれる微細石英の酸素同位体比測定を行ったところ，微細石英が大陸起源である可能性を見出した．
　この章では，微細石英を対象にした ESR 酸素空孔量分析法を用いて，遠隔地から運ばれた風成塵であるかどうかの判定，風成塵の給源地推定，古風系の復元について紹介する．
　石英は結晶後，自然放射線によって石英中の酸素が Si-O-Si 結合から離脱するようになり，酸素分子の抜け穴である酸素空孔が形成される．この酸素空孔は，時間が長ければ長いほど増加する．したがって酸素空孔量と年代との間には

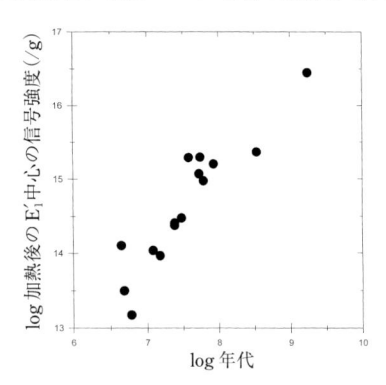

図 4.1 花崗岩岩英の年代と加熱後の E_1' 中心の信号強度
(Toyoda ほか, 1992 ; Toyoda and Hattori, 2000)
両者の間にほぼ直線的な相関が認められる.

相関が認められ,しかも酸素空孔は熱的に安定で寿命が長いので,酸素空孔量から石英の生成年代を求めることが可能性であるとされる(図 4.1;Toyoda ほか,1992;Toyoda and Hattori, 2000).この ESR 分析法について,塚本(1995)は測定誤差が 10% 程度で大きいものの,第四紀の年代測定法としては簡便でより有効なものとしている.

a. 分析方法

採取試料の ESR 測定までの試料調整工程はつぎのようである.

① 試料に含まれる有機物を除去するためと分散を促進させるために 20% 過酸化水素水(H_2O_2)を加え,およそ 100°C で加熱処理する.反応液がビーカーから吹き出すような場合には,1-オクタノールを一滴加えると治まるが,強い臭いを発するので注意する必要がある.

② 試料にプラントオパールや珪藻などが多く含まれる場合は,これを溶解・除去するために,2 モル炭酸ナトリウム(Na_2CO_3)水溶液を用いて煮沸(85°C,5 時間)する.

③ 水で洗浄後,ふるいを使用して粗粒な画分を取り出すとともに,20 μm 以下の細粒画分については沈降法で反復採取する.沈降法は,水でいっぱいにした 1 l ビーカーに,ふるいを通過した試料を投入して十分にかき混ぜる.かき混ぜが終わってから抽出に必要な沈降時間(表 4.1)が経過したら,サイフォンで表面から 10 cm までの液を取り出す.ビーカーの液をかき混ぜたときに上澄み液が透明に近くなるまでこの工程を繰り返す.

④ 沈降法によって得た試料について,6 モル塩酸(HCl)で約 60 分間,100°C

4.1 ESR 酸素空孔量分析

表 4.1 シルト・粘土の沈降時間（10 cm 沈降時間，密度 $d=2.607$）

粒径 温度°C	0.02 mm シルト(silt) 分 秒	0.01 mm 分 秒	0.002 mm 粘 土(clay) 時間 分
15	5 27	9 05	21 47
16	5 19	8 51	21 14
17	5 11	8 38	20 42
18	5 02	8 24	20 10
19	4 55	8 12	19 41
20	4 48	8 00	19 12
21	4 41	7 48	18 43
22	4 34	7 37	18 17
23	4 28	7 26	17 51
24	4 22	7 16	17 26
25	4 16	7 06	17 02
26	4 10	6 56	16 39
27	4 04	6 47	16 16
28	3 59	6 38	15 54
29	3 53	6 29	15 34
30	3 48	6 21	15 14

の定温ヒーターを使って煮沸処理を行う．この塩酸処理は脱鉄を行うためと，石英表面に付着した炭酸塩などを取り除くために行うもので，必須の工程である．

⑤ ④の処理が終わった試料を水で洗浄し，100°C 以下で乾燥させる．この際，高温で乾燥させてはならない理由は，ESR 測定を行う際に，300°C で加熱して酸素空孔を E_1' 中心（石英の酸素空孔にとらえられた電子）に変換しなければならないからである．

⑥ ESR 測定については，機種によって測定方法が異なるので，機種に応じた工程作業を進める．

測定の一例として，ESR 分析用試料について，^{60}Co（コバルト 60）によって 2.5 kGy（キログレイ：吸収線量）の γ 線照射を行った後に 300°C で 15 分間加熱し，酸素空孔を E_1' 中心に変換し，その酸素空孔量を測定する．ESR 測定条件は室温でマイクロ波出力 0.01 mW，磁場変調幅 0.1 mT（ミリテスラ：磁束密度）である．

ESR 分析に用いる試料には，石英以外にほかの鉱物粒子も含まれているので，石英を単離精製することが望ましいが，微細粒子ではそれが困難である．そこで外部標準法により試料中の石英重量％を測定するためにX線回析法によって石英の含有率を求める方法がある．積分強度の標準試料（100％）として酸化セリウ

ムと石英粒（20〜28 mesh）を使用する．

この場合，ESR 補正値（1.3×10^{15} spin g^{-1}）＝酸素空孔量÷石英含有率(%)÷100 によって補正する（成瀬ほか，1996）．

なお試料の大きさを 20 μm 以下に限定する理由は，①アジア大陸から日本列島に飛来する風成塵の粒径が 3〜30 μm であること，②日本列島のほぼ中央にあたる黒田盆地に堆積する泥炭に含まれる風成塵石英の 95％が 20 μm 以下であり，しかもこのサイズの石英の酸素空孔量が中国黄土の空孔量と一致するので，20 μm 以下の微細石英のほとんどが風成塵と考えられるからである．

しかし，図 3.1 に示したように，沙漠で舞い上がった遠距離粒子の上限が 20 μm とされているので，日本に運ばれてきた風成塵の大部分がこれよりも細粒なはずである．しかも粘土画分の多くが現地の風化物あるいは流水による浮遊物質の可能性が高いので，測定粒子径を 1〜10 μm に限定したほうが良い分析結果が得られるかもしれない．

一方，粗粒な試料（30 μm 以上）についても酸素空孔量を求めたほうがよい．それは現地性の石英と風成塵石英の酸素空孔量を比較するためである．粗粒物質は遠隔地からの風成塵粒子ではなく，現地物質の可能性が高いからである．

なお，測定に供した石英は粒径が小さいほど表面からの α 線の寄与が大きくなり，空孔量が多くなることが考えられるが，成瀬ほか（1996）の結果を見ると，そのような影響はとくに見られない．これは地中における水の影響，あるいは試料処理における塩酸の使用によって α トラック中の欠陥が消えてしまったことが考えられる．また，砂サイズ以下の粒子になってからの年代が，石英粒子が析出してからの年代に比べてかなり短いことが考えられる．

b.　試料採取地域

ロシア，モンゴル，中国，台湾，韓国，日本の各地に分布するレスおよびレス質土壌を採取し，分析した（図 4.2）．その測定結果のうち代表的な 58 例を示した（表 4.2）．

シベリア，モンゴル　　シベリア 1 の試料は，北極海に面するラプテフ海に注ぐレナ川河口部と，東シベリア海に注ぐコリマ川河口部の 2 ヶ所に堆積する流水堆積層から採取した．いずれも上流域が先カンブリア紀岩地域である．モンゴルではモンゴル高原の南部に広がるゴビの表層堆積物 2 と 3 を採取した．

中　国　　タリム盆地西端のカシュガル 7 と 8 は，ゲズ川の河成段丘上に堆積する沙漠レス（小野ほか，1995）のうち，MIS 2 に対比される地層の上部で

4.1 ESR 酸素空孔量分析

表 4.2 主な ESR 酸素空孔量一覧 (1.3×10^{15} spin g^{-1})

試料番号	採取地域		20μm以下 MIS 1	20μm以下 MIS 2	30μm以上	試料番号	採取地域		20μm以下 MIS 1	20μm以下 MIS 2	30μm以上
1	ロシア	シベリア				30	日本	宗谷岬	7.8		
2	モンゴル	ゴビ		11.5～17.1(3)	9.8～16.9(3)	31		羽幌		10.0	2.8
3		ゴビ			5.6	32		苫前		12.7	2.1
4	中国	長春		17.1	8.3	33		帯広		5.2～7.4(3)	1.5
5		大連		12.4	5.1	34		雄武	7.0	10.4, 16.6	2.2
6		瀋陽		17.1		35		名寄	4.7	10.2	1.6
7		カシュガル				36		小向	2.8	7.6	
8		カシュガル		6.5	8.2	37		剣淵	6.0	9.5, 14.0	2.2
9		ゴルムド		8.3	8.2	38		青森県牛潟		12.6	1.3
10		日月山		7.4	6.2	39		青森県六ヶ所村		6.9	
11		西吉		5.8		40		秋田県申川		5.4	0.6
12		固原		7.6		41		福島県矢の原	3.7	12.4～17.0	
13		西安		7.4		42		福井県東尋坊	7.7		
14		スブ		6.0		43		福井県中池見		12.1	
15		シベイユアン				44		滋賀県余呉湖	5.4,7.0		
16		蘭州				45		京都府網野町		4.2	
17		敦煌			6.6	46		兵庫県加東市	6.8	11.4	
18		湖南省	4.5	8.4～12.9(3)		47		鳥取砂丘地		1.9	
19	台湾	林口		6.5	0.1	48		岡山県細池湿原	7.3,7.5	9.8～13.5(4)	0.1
20		埔里		6.5	3.3	49		山口県秋吉台		9.2	
21		関山		5.6	2.1	50		香川県屋島		8.7	
22		鵞鑾鼻		5.8	1.3	51		高知県龍河洞		7.7	2.6
23		ソウル	7.7			52		佐賀県唐津市		7.8	
24		扶餘		11.2		53		鹿児島県シラス台地		8.1	
25		末方里	6.0	16.7, 17.6	2.1	54		喜界島上嘉鉄		7.6	2.2
26		彦陽		16.5～19.5(3)		55		沖縄本島		6.2～6.6(4)	2.2
27		亭子里	6.9		0.6	56		宮古島		13.2	
28		九龍浦		10.7～16.7(4)		57		西表島		13.4	
29		済州島	3.0	2.6～6.7(8)		58		与那国島		9.7	3.5

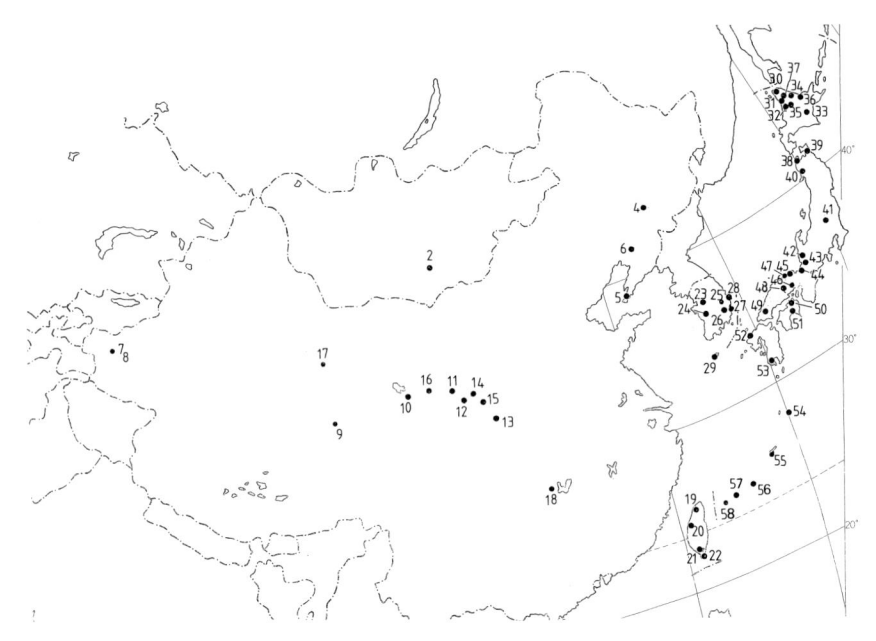

図 4.2 酸素空孔量測定試料の主な採取地点
地域名と測定値は表 4.2 に示している．

ある．ゴルムド9は盆地南縁部に発達するワジ細粒物質である．黄土高原およびその周辺では，日月山10は氷河堆積物上の黄土，黄土高原の西吉11，固原12，西安13，スプ14，シベイユアン15，蘭州16はいずれも馬蘭黄土層上部から，敦煌17は鳴砂山砂丘から採取したものである．中国東北部では，長春4，大連5，瀋陽6のMIS 2の黄土を採取した（写真4.1）．中国南部では，長江の南に位置する湖南省常徳市の澧陽黄土台地からMIS 2のレス18を採取した．

台 湾 台湾西岸に面する林口19，中部の埔里20，南端の関山21には更新世段丘が発達しており，段丘礫層上にはいずれも赤色土が発達している．この赤色土の上に堆積する黄色レスから各試料を採取した．最南端の鵞鑾鼻22には最終間氷期に形成された石灰岩台地が発達している．石灰岩上には赤色土が発達しており，その上に堆積するMIS 2のレスを採取した（写真4.2；写真4.3）．

韓 国 韓国では，ソウル23はジュラ紀大宝花崗岩の山腹斜面に堆積する完新世に対比される土壌のA層から採取した（成瀬ほか，1985 a；1996）．西海岸に近い扶餘24，内陸部の末法里25，彦陽（写真4.4）26は河成段丘上のレス

4.1 ESR 酸素空孔量分析

MIS2 L（黄色）
MIS3 S（淡黒色）
MIS4 L（黄色）
MIS5 S（赤色土）
MIS6 L（黄色）

写真 4.1　長春市黄土（L：黄土，S：古土壌；口絵 5）
表層から 2 m までの淡黒色層が MIS 3 古土壌.

写真 4.2　台湾南端鵝鑾鼻石灰岩台地（MIS 5）と，その上に堆積するレス

写真 4.3　鵝鑾鼻台地の土壌断面
赤色土の上に，厚さ 40 cm の黄色レス質土壌が堆積する．両者の中間 30 cm が漸移層．黄色土に砂丘砂が含まれる．

であり，東海岸に発達する海成段丘上から完新世レスの亭子里 27，AT よりも上位の MIS 2 レスを九龍浦 28 で採取した（岡田ほか，1998）．済州島 29 は西帰浦マールから採取した．

写真 4.4 韓国彦陽,河成段丘上のレス

日本列島 北海道〜与那国島に分布する,流水による影響が少なく,主に風成営力による堆積物を,石灰岩・玄武岩・安山岩の各台地と海成段丘・河成段丘の上から採取した.このほか古砂丘に埋没するレスと泥炭層から試料を採取した.主な採取層準は図 4.3 のようである.

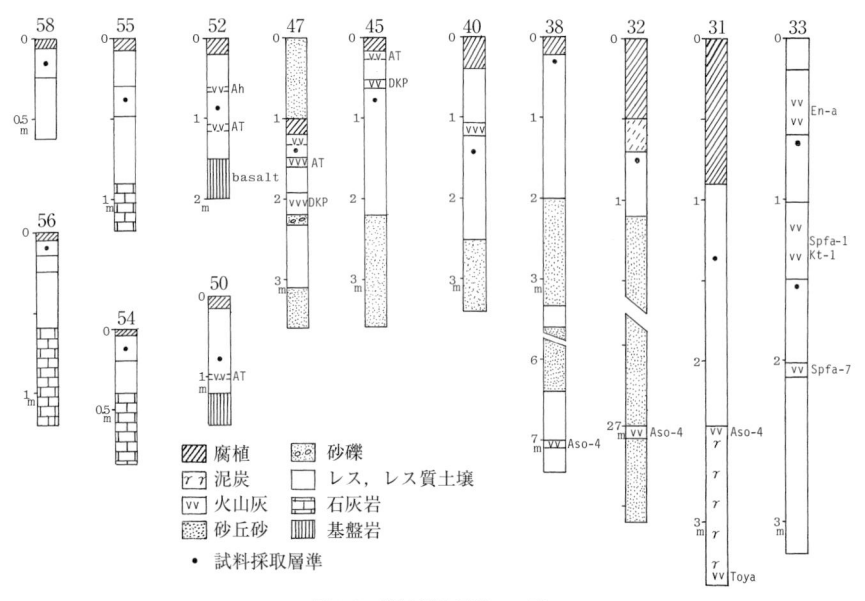

図 4.3 試料採取層準の一例

北海道の海成段丘上からは宗谷岬30，羽幌31，苫前32，雄武34，小向36，河成段丘の上から帯広33と名寄35を採取した．このほか名寄盆地の剣淵に堆積する泥炭層から剣淵37を掘削した．青森県では日本海岸の牛潟古砂丘38と太平洋沿岸の六ヶ所村39を採取した．秋田県では申川の古砂丘から40を，福島県矢の原湿原の泥炭層から41を採取した．福井県では東尋坊安山岩上の黒ボク土42，中池見盆地の泥炭層43を採取した．滋賀県では余呉湖底の堆積物44，京都府網野45と鳥取47は日本海沿岸に発達する古砂丘中のレスである．兵庫県加東市46は内陸部に発達する河成段丘上から，岡山県では鳥取県との県境にある細池湿原の泥炭層48を採取した．石灰岩台地上から山口県秋吉台49と高知県龍河洞51を採取し，玄武岩台地上から香川県屋島山頂50，東松浦半島の佐賀県唐津52を採取し，鹿児島県シラス台地上から火山灰質レス53を採取した．南西諸島の石灰岩台地上からは喜界島54，沖縄本島55，宮古島56，西表島57，与那国島58をそれぞれ採取した．

4.2 現地性粗粒物質（30 μm以上）の酸素空孔量

a. 先カンブリア紀岩地域

30 μmよりも粗い物質は風成塵ではなく，採取地域の近隣から風や流水によって運ばれた物質の可能性が高いので，粗粒石英の酸素空孔量は試料採取地域の地質を反映していると考えられる．

シベリアのレナ川とコリマ川の両河口付近の沖積層から採取された試料の年代は不明であるが，上流域に広域に分布する先カンブリア紀岩に由来すると考えられ，20 μm以下の3点の空孔量は11.5～17.1であった．同じく粗粒石英の3点の空孔量は9.8～16.9であり，20 μm以下の石英とほぼ同じ測定値であった．

中国のタリム盆地北部の先カンブリア紀岩が近くに分布するトルファンやウルムチで採取した粗粒な流水物質を測定した安場（2003）は，12.9～15.4の値を得ている．このため先カンブリア紀岩石英の酸素空孔量を10以上とした．

b. 古生代・中生代

中生代～古生代岩石と第三系が分布する沖縄島中南部の石灰岩台地上に堆積する赤黄色土に含まれる粗粒石英は4.7，表4.2には記載していないが兵庫県黒田の中生代～古生代岩石に含まれる粗粒石英の測定値は3.3～4.7である（成瀬ほか，1996）．

c. 第 三 紀

　第三系が広く分布する喜界島や沖縄本島の粗粒石英は2.2であり，香川県屋島の中新統安山岩（讃岐岩）分布地域の粗粒石英も2.6であった．屋島は標高292mの独立峰であり，分析試料は台地上の最高地点から採取しており，粗粒石英が安山岩に由来することは明らかである．同じように苫前，羽幌と表4.2には記載していないが福井県芦原には第三系の分布が広く，同地域の粗粒石英の測定値も2.0～2.8である．

d. 第 四 紀

　鳥取県倉吉市桜断面から採取した大山火山灰に含まれる粗粒石英は限りなく0に近く，岡山県細池コア48に含まれる大山火山灰起源の粗粒石英も0.1であった．北海道帯広ではSpfa-1起源石英が多く混入する層の粗粒石英は1.5であった．このほか火山灰の混入は認められなかったが，第四系が広く分布する秋田県申川，青森県牛潟でも粗粒石英は0.6～1.3を示した．

　以上の粗粒な石英の測定結果を含めて，先カンブリア紀岩は10以上，中生代あるいは古生代の石英は3.3～4.7，第三系の石英は2.0～2.8，第四系および第四紀火山灰が多く混入するものは0.7未満を示すと考えてよいであろう（図4.4）．

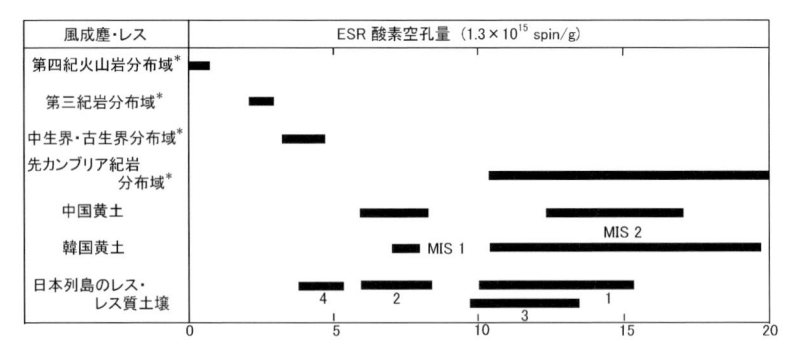

図4.4　地質年代，堆積地域の違いによる酸素空孔量（*粗粒石英）
大陸からの風成塵：1.北海道～瀬戸内海，2.瀬戸内海～沖縄島，3.宮古島～与那国島．
近隣からの風成塵：4．

4.3　風成塵起源の微細石英（20 μm 以下）測定値

　中国黄土は，第四紀に西域のタクラマカン沙漠やツァイダム盆地，北西のゴビ沙漠などの乾燥・半乾燥地域から飛来した風成塵が厚く堆積したものと考えられ

ている（Lieu, 1985）.

　タリム盆地の西端カシュガルに堆積した沙漠レスの測定値は8.2である．またクンルン山脈からツアイダム盆地に流れ込むゴルムドのワジ堆積物は6.2である．酸素空孔量の大きい先カンブリア紀岩石の分布域はカシュガルのほうがツアイダム盆地よりやや広いので，それが測定値に表れたのであろう．

　風成塵の堆積域である黄土高原と，表4.2には記載していないが北京の黄土は5.8〜8.3であった（成瀬ほか，1996）．この中で，ゴルムド（測定値6.2）の風下にあたる日月山の黄土が6.5とやや低いのは，風上側のゴルムドと同様，地質（古生層）の違いを反映しているといえよう．同じように西安の黄土が5.8と低いのは，西安がチベット高原の古生層分布地域の風下にあたり，しかも同地域を流れる渭河の下流域にあり，渭河が運んだ細粒シルトが黄土の母材になった可能性がある．

　これに対して，中国東北部の大連，瀋陽，長春では12.4〜17.1を示し，長春では $30\,\mu m$ 以上の粗粒石英は5.1であった．そして中国南部の湖南省でも微細石英は8.4〜12.9であり，高い値を示す．

　韓国の九龍浦，彦陽，末法里，扶餘の段丘上から採取したレスの微細石英の測定値は10.7〜19.5であり，MIS 1のレスは6.9〜7.7であった．

　台湾では全体的に低く，5.6〜6.5であった．これは台湾の脊梁部をなす台湾山脈に第三系岩石が広く分布するために，ここからの第三系石英がレスに混入している可能性がある．

　以上のように，距離にして約4500 km離れた中国西部から韓国までの間における黄土や土壌中の微細石英の測定値に幅があるのは，黄土の給源地と考えられるチベット高原，崑崙山脈，タリム盆地，ゴビ沙漠などといった地域の地質の違いや，各地から飛来した風成塵の混合度の違いが反映されているためではないだろうか．

4.4　酸素空孔量の地域的な違い

　仮に日本列島に堆積した土壌中の微細石英がタクラマカンやゴビといった中国大陸の乾燥，半乾燥地域からもたらされたもの（Uematsuほか，1985）であれば，黄土の測定値5.8〜8.3に収まるはずである．しかし，MIS 2に堆積した風成塵の数値が黄土の数値域に収まるのは沖縄から瀬戸内海の間だけである．瀬戸内海〜北海道と，宮古島〜与那国島ではこれよりも高い数値を示す．これとは逆

に秋田県申川,京都府網野,鳥取砂丘地などの砂丘地の測定値は低いほか,北海道の帯広と小向や青森県六ヶ所村など太平洋側でも低い値を示す.

砂丘地の場合は,鳥取砂丘地と網野(図4.5)を例にとると,古砂丘上に堆積するレスに含まれる微細石英はDKP下のレス4で4.0～5.9,DKP-AT間のレス3で3.7と4.8,ATよりも上層のレス2で1.9である.レス3と4の微細石英が低い値を示すのは,氷期に陸化した大陸棚から運ばれた風成塵と大陸から運ばれた風成塵が混じっているためではないだろうか.後述するように酸素同位体比でも同じ傾向が認められる.そしてレス2が1.9と極端に低いのは大山新期火山灰の石英が混入した結果であろう.

同じように北海道苫前では,海浜から比高27mの垂直崖を吹き上げられた第三系のシルトと大陸起源の風成塵が混じって完新世クロスナ1～3を構成しているので,測定値は低く4.4である.さらに帯広や六ヶ所村など太平洋側の測定値が低いのは,火山灰の混入が多いからなのではないだろうか.

さて,日本列島に堆積したMIS2における微細石英の測定値は均一ではなく,地域的に異なっている.風成塵の飛来ルートおよび微細石英測定値の違いによって,日本列島は以下のように3地域に分けることが可能である(図4.6).

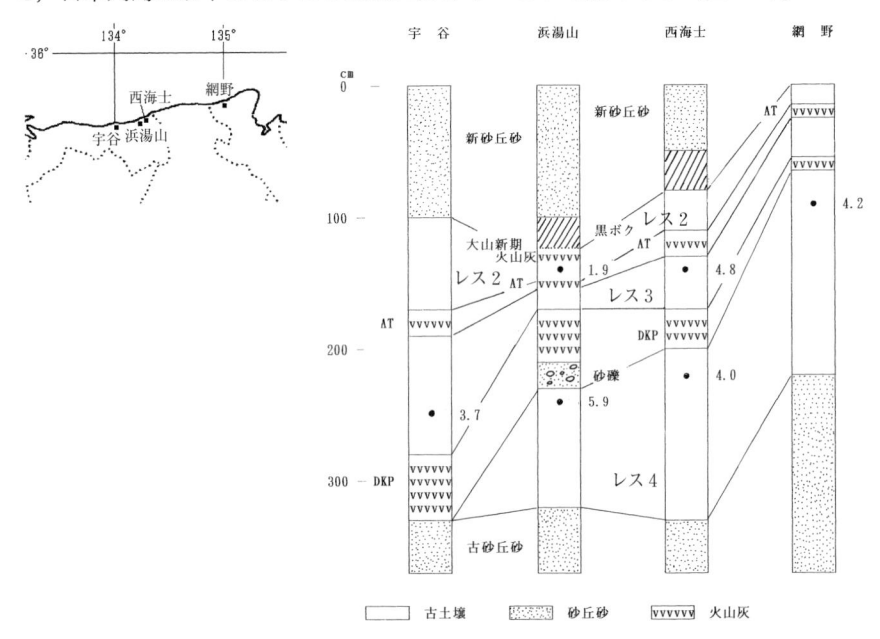

図4.5 鳥取砂丘地と網野に埋没するレスの酸素空孔量

4.4 酸素空孔量の地域的な違い　　　59

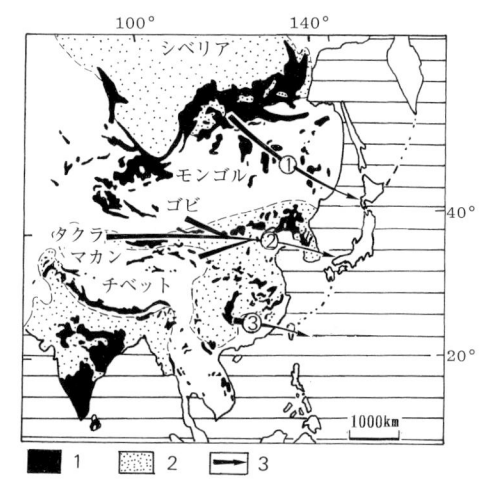

図 4.6 日本列島への風成塵の飛来ルート(先カンブリア紀岩分布域は Goodwin, 1991 による)
1：先カンブリア紀岩露出地域，2：先カンブリア紀岩被覆地域，3：風成塵輸送コース
(①高緯度コース，②中緯度コース，③低緯度コース).

a. 北海道〜瀬戸内海

　青森県から北海道にかけて風成塵の影響の強いレス質土壌が広域に分布することが指摘されている（三浦，1990；張ほか，1994；雁澤ほか，1994；吉永，1995a）．日本海沿岸に面する北海道苫前のレス質土壌は 12.7，羽幌が 10.0 であった．この地域の粗粒な石英は 1.5〜2.8 であるので，20 μm 以下の微細石英は現地成ではなく遠隔地から運ばれた風成塵起源であることがわかる．帯広では 7.4 と低いが，これは火山灰や現地岩石から数値の低い石英が多く混入した結果であろう．日本海に面する青森県屏風山砂丘地の牛潟に堆積するレスのうち MIS 2 に対比される層準に含まれる微細石英は 12.6 である．
　同じく福島県矢の原湿原で 12.4〜17.0，福井県中池見盆地で 12.1，兵庫県加東市で 11.4，岡山県細池で 9.8〜13.5 という高い値を示す．しかし秋吉台では 9.2 とやや低い．

b. 瀬戸内海〜沖縄本島

　香川県屋島山頂のレス質土壌に含まれる微細石英は 8.7，高知県龍河洞上のレス質土壌は 7.7，東松浦半島玄武岩台地上のレス質土壌は 7.8，鹿児島県シラス台地上の火山灰質レスは 8.1，沖縄本島の赤黄色土と喜界島のレスは 6.2〜7.6 であった．
　これらの数値はいずれも黄土の測定値の範囲に属し，しかも，いずれも近隣か

ら流水によって運積されることのごく少ない地形の上に堆積するレスであり，同地域の粗粒な石英の測定値とは明らかに異なっている．

c. 宮古島以南

与那国島の石灰岩台地上に堆積する赤黄色土の微細石英は9.7と高く，粗粒石英3.5とは異なっている．宮古島で13.2，西表島でも13.4と同じように高い値を示した．前述したようにほぼ同じ緯度にある中国湖南省黄土の8.4〜12.9に近似している．

なお宮古島東平安岬の石灰岩台地上のレスは4.5である．これは同層に含まれる粗粒石英の3.6とは異なっており，黄土の値とも異なるので，微細石英の大部分が氷期に干陸化した東シナ海の大陸棚から吹き上げられたものと考えられる（井上ほか，1993）．

4.5 酸素同位体比分析

石英は土壌や堆積物中に普遍的に含まれている鉱物の一つである．比較的安定な鉱物である石英を構成する酸素原子は，質量数が16，17および18の安定同位体からなる．

石英の酸素同位体比（$\delta^{18}O$）は次式で示される（井上・溝田，1988；溝田・井上，1988）．ここで標準試料としては海水が用いられ，$\delta^{18}O$は標準平均海水（SMOW）から^{18}O含量の変動を千分率で示したものである．

$$\delta^{18}O = \left(\frac{^{18}O/^{16}O \text{ 未知試料}}{^{18}O/^{16}O \text{ 標準試料}} - 1 \right) \times 10^3$$

石英の$\delta^{18}O$はその生成温度によって決定される．花崗岩のように高温でマグマから晶出した岩石中の石英の$\delta^{18}O$は一般に低く，+5〜+10‰の間にある．一方，常温に近い温度で水溶液から晶出したチャート中の石英やプラントオパールには^{18}Oが著しく濃縮され，その$\delta^{18}O$は+25〜+37‰の間にある．また，土壌中で生成されるオパーリンシリカの$\delta^{18}O$もこの範囲に収まる（井上・成瀬，1990）．石英の$\delta^{18}O$は岩石や堆積物の風化，運搬，再堆積の過程を通してほとんど変化しないので，土壌や堆積物の起源を推定する直接の証拠を提供することが可能である．

酸素同位体比の研究は，Rexほか（1969）などによって開発された分析法である．彼らは，太平洋海域の海底堆積物に含まれる微細石英（1〜10μm）の酸素同位体比を測定し，その給源や風成塵を運んだ風系について考察している．こ

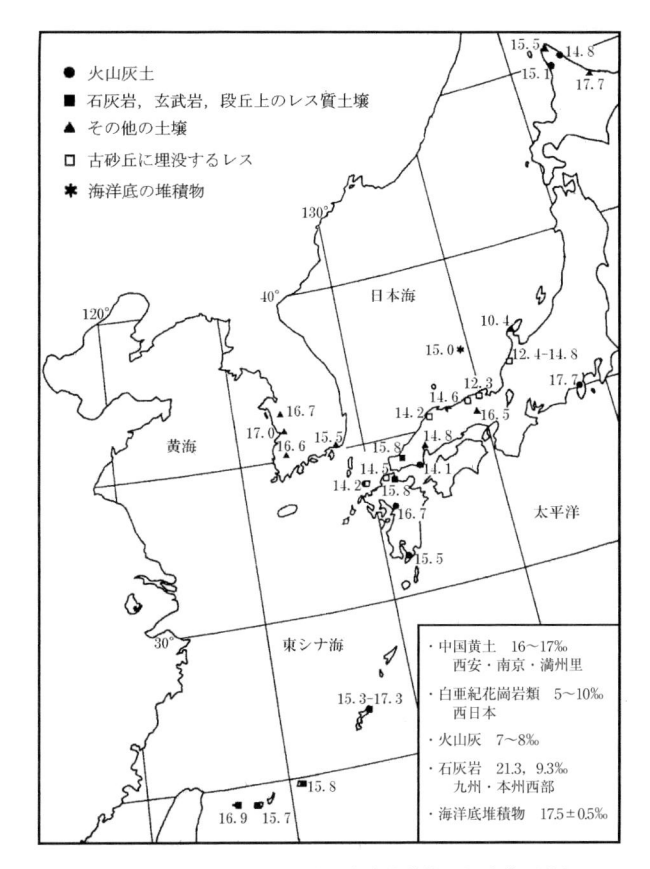

図 4.7 最終氷期に堆積した韓国，日本，海底堆積物の風成塵石英（1〜10 μm）の酸素同位体比（本間，1983；Mizota and Matsuhisa, 1985；Naruse ほか，1986；Mizota and Inoue, 1988；Inoue and Naruse, 1991 による）

のほか，石井ほか（1995）はタリム盆地各地の第四紀堆積物の酸素同位体比を測定して，Rex ほか（1969）とほぼ同じような結果を得ている．

図 4.7 は，日本列島，韓国などの最終氷期に堆積したレスに含まれる微細石英の酸素同位体比である．この図に表された韓国と日本列島における微細石英の数値がほぼ同じであることが示されている．

しかし，古砂丘に埋没するレスの微細石英は＋12〜＋15‰であり，やや数値が低い．それは，同位体比の低い花崗岩や火山岩砕屑物が堆積した山陰沖の陸化した大陸棚から舞い上げられた風成塵が大陸起源の風成塵に混じった結果であろう．

5

南西諸島の赤黄色土と
南九州の火山灰質レス

　2000年6月9日の毎日新聞に掲載された第4回毎日俳句大賞句は，福岡市在住の西山國夫さんの「一番に　黄砂降る島　わが対馬」であった．3月の対馬は靄（よな）ぐもりの季節である．同じように南西諸島にも毎年のように黄砂がやってくる．黄砂がやってくると，空が淡い黄色や灰白色に変わったり，赤みがかったりするので，沖縄や宮古島では赤霧（アカキー），喜界島ではアーヤマ（赤山？）など赤系統の，石垣島では山霧，種子島では灰西（ハーニシ）など淡黄ないし灰白色系統の名がつけられている．このほか，黄砂が凝結核となり雨をもたらしやすいので，与那国島では泥雨（ドウルアミイ）とか粉雨（クンアミイ）と呼ばれている．石垣島では1960〜81年の22年間に73回の黄砂日が観測されているだけであるが，肉眼では観測できない黄砂がかなりの量，運ばれてきている．いままで観測された黄砂のうち1959年1月13日の黄砂は視界1km以下，日中でも自動車はライトを点灯するほどであったという（北村・玉城，1959）．

5.1　南西諸島の赤黄色土と風成塵

　南西諸島の琉球石灰岩地域には赤黄色土と呼ばれる赤みの強い土壌が分布しており，沖縄では島尻マージと呼ばれている（永塚，1984）．この島尻マージは，かつてテラロッサ様土（鴨下ほか，1933），テラロッサ（川島，1937；平野，1938），赤褐色土（松坂ほか，1971），暗赤色土（浜崎，1979）などと呼ばれていた．

　島尻マージは，弱酸性〜弱アルカリ性の赤・黄色を呈する石灰岩地域特有の土壌である．土色によって黄色マージ，赤色マージ，黒土マージに分けられ，マージの分布する場所の地形や植生，マージの生成期の違いによってその性質が異なっている（写真5.1）．

　この島尻マージの謎とされているのが，石灰岩に含まれる塩酸不溶解物質（不純物）の量と石灰岩上に生成されたマージ土壌の厚さの関係である．石灰岩に微

写真 5.1 沖縄本島摩文仁の琉球石灰岩上の島尻マージ

量に含まれる不純物が残積して島尻マージが生成されると仮定した場合,膨大な量の石灰岩が溶食しなければならないことになるが,そのような事実を示す証拠は残っていない(山田ほか,1973;渡久山,1984).

　石灰岩上に生成された土壌の母材を石灰岩に含まれる不純物以外の物質に求めようとする研究は,世界の石灰岩地域では早くから行われている.今日では数多くの詳細な研究の結果,地中海地域ではサハラ沙漠から運ばれた風成塵がテラロッサの主母材になったと考えられるようになり(Yaalon and Ganor, 1973; Jackson ほか,1982;Pye, 1987),北太平洋の海底堆積物(Windom, 1975),ハワイ諸島の土壌(Jackson ほか,1971),エニウエトク環礁の土壌など(Duce ほか,1980;1983)は,中国大陸から飛来した風成塵が主な母材と考えられている.

　南西諸島は,西方約 700 km に世界の二大風成塵発生地の一つである中国内陸沙漠が広がっているため,現在でも毎年のように黄砂が運ばれてくる.とくに最終氷期には大陸からの偏西風が強く,しかも大陸棚が南西諸島の約 200 km 西方まで離水したため,ここから吹き上げられた風成塵が加わって,南西諸島に飛来した風成塵の量は現在よりも 3～4 倍多かったとみられている(成瀬・井上,1982;Inoue and Naruse, 1987;井上ほか,1993).

表5.1 石灰岩，石灰質砂の酸不溶解成分(不純物)量とその性質(成瀬・井上，1990)

試料	酸不溶解成分(%)	分析用石灰岩・石灰砂量(g)	酸不溶解成分の粒径分布(%)				鉱物組成 X線回折(粉末法)
			>2 mm	2〜0.2	0.2〜0.02	<0.02 mm	
①百之台	0.70	285	0	0.1	16.9	83.0	石英≫長石>白雲母，カオリナイト
②水天宮	1.26	456	0	10.6	47.7	41.7	石英≫長石>白雲母，カオリナイト
③上嘉鉄	2.98	268	0.3	5.9	74.1	19.7	石英≫長石>白雲母，カオリナイト
④辺戸岬*	5.63	585	18.0	14.8	32.4	34.8	石英≫長石>白雲母>カオリナイト
④′辺戸岬**	0.18	660	0	0	3.5	96.5	石英>白雲母≫カオリナイト
⑤喜良原	0.79	696	0	0	15.9	84.1	石英>白雲母≫カオリナイト
⑥座波	0.11	893	0	0.3	11.9	87.8	石英≫白雲母，カオリナイト
⑦高野	0.27	321	0	0	7.9	92.1	石英≫白雲母，カオリナイト

*アワ石状琉球石灰岩
**本部石灰岩(石灰岩中に石墨を含む)
注) 石灰岩中の粘土鉱物は，どの島でもほぼ同じであるので，サンゴ石灰岩の堆積中に取り込まれた風成塵がその起源と思われる．辺戸岬のアワ石状琉球石灰岩には，背後の堆積岩起源の砂礫が多く含まれている．

5.2 琉球石灰岩の溶解量と島尻マージの厚さ

島尻マージの母材が琉球石灰岩に含まれる不純物であるとすると，マージ中の K_2O 含量は平均約2%，琉球石灰岩の K_2O 含量は平均約0.01%であるので，重量にしてマージの約200倍の石灰岩が溶解しなければならない．

例えば，面積 $1\,m^2$，厚さ50 cm のマージ(仮比重1.5)の全重量は $1\,m^2 \times 50$ cm×1.5トンである．したがってマージ中には $1\,m^2 \times 50$ cm×1.5×0.02トンの K_2O が含まれていることになる．一方，$1\,m^2$ の X m の厚さの石灰岩(比重2.7，K_2O 含量0.01%)が溶けてマージの母材になったとし，しかも不純物が残積する過程で K_2O の損失がなかったと仮定すると $(1 \times 0.5 \times 1.5 \times 0.02) \div (1 \times X \times 2.7 \times 0.0001) = 55.6$ m であり，厚さ50 cm のマージを生成するには厚さ約55 m の石灰岩が溶ける必要がある．

つぎに，石灰岩に含まれる不純物の量(表5.1)を参考にすると，まず $1\,m^2$ で厚さ100 m の石灰岩の重量は 1×100 m×2.7トンである．5点の琉球石灰岩の不純物は約0.1〜0.8%，平均0.41%であるので，$1\,m^2$ で厚さ100 m の石灰岩に含まれる不純物は 1×100 m×2.7×0.0041 t である．この不純物が溶解して生成されるマージ(仮比重1.5)の厚さは，$(1 \times 100 \times 2.7 \times 0.0041) \div (1 \times X \times 1.5) = 0.738$ m である．

したがって石灰岩中の不純物の全部が失われずに残積したとすると，100 m の厚さの琉球石灰岩が溶けて約74 cm のマージが生成されることになる．実際に

は K_2O の損失や土壌侵食があるので，もっと大量の石灰岩が溶ける必要がある．この数値は，50 cm の土壌ができるためには 50 m 以上の石灰岩が溶ける必要があるとする渡久山 (1984) の試算に近い．

5.3 赤黄色土の化学的性質・粘土鉱物

a. 化学的性質

喜界島，沖縄，宮古島（写真 5.2），西表島の 4 島の琉球石灰岩上に堆積する島尻マージと琉球石灰岩，喜界島の水天宮砂丘砂とレス，沖縄と与那国島の海成段丘上の赤黄色土を分析した（表 3.2）．

島尻マージや赤黄色土の化学分析結果は，九州や本州をはじめ韓国の風成塵の影響を強く受けた土壌の性質とよく似ている．例えばケイ酸（SiO_2）/アルミナ（Al_2O_3）モル比とカリウム（K_2O）/ケイ酸（SiO_2）モル比の関係（図 3.12）によれば，島尻マージは風成塵の影響を受けた赤黄色土や古土壌の分布域（井上・溝田，1988）にほぼ一致するほか，沖縄の楚州と与那国島比川の非石灰岩地域の赤黄色土もこの分布域に入る．しかし，全体的に見て南西諸島の赤黄色土は，九

写真 5.2 宮古島の琉球石灰岩上の赤黄色土（口絵 4）

表5.2 沖縄，喜良原の石灰岩と島尻マージの性質と粘土鉱物(成瀬・井上，1990)

層準	深度 cm	色調	石英	白雲母	カオリナイト	14Å鉱物	シルト 2〜20μm	粘土 <2μm
A_{11}	0〜25	2.5 Y 4/3	4	2	2	4	34 %	51 %
A_{12}	25〜45	2.5 Y 3/3	4	2	3	3	33 %	55 %
B	45〜105	7.5YR4/6	3	1	2	2	16 %	80 %
石灰岩	>105		5	4	1	−	tr	tr

tr：痕跡　1：極少　2：少　3：中　4：多　5：非常に多い

州や本州の土壌に比べてアルミナと鉄の含量が多い．それは南西諸島が湿潤亜熱帯気候下にあるため，風化が著しく脱ケイ酸作用が進行した結果である．SiO_2/Al_2O_3 のモル比は，レスや風成塵のモル比よりも低く，K_2O/SiO_2 のモル比は逆に高くなる傾向にある．

土壌中の Ca 含量は，ギリシャのテラロッサと喜界島の試料を除いて，いずれも少ない．それは湿潤亜熱帯気候下で Ca 成分の溶脱が進んだためである．喜界島の水天宮と上嘉鉄の土壌の CaO 含量が高いのは，この地域が水天宮砂丘に近く，土壌中に石灰質風成物質が混入したためである．

b. 粘土鉱物

沖縄南部，標高 150 m の石灰岩台地にある喜良原には，琉球石灰岩上に厚さ 105 cm の島尻マージが堆積している（表5.2）．基岩の琉球石灰岩には結晶度の良好な石英と白雲母が多く，カオリナイトが微量含まれる．これに対して島尻マージには，石英，14Å鉱物，白雲母，カオリナイトが含まれる．このうち石英と白雲母，14Å鉱物は，上層ほど多くなる．

このように基岩の石灰岩にはない14Å鉱物が島尻マージに含まれること，しかも，マージの上層ほど石英，14Å鉱物，白雲母，シルト含量が増加するのは，島尻マージが風成塵の影響を強く受けているからであろう．もちろん島尻マージの鉱物には，石灰岩にもともと含まれていた石英，白雲母などの残積物も含まれるが，石灰岩中の不純物は量的にごくわずかである．しかも，この地点は最も高い所にあるため土壌粒子が流水で運ばれるとは考えにくいので，その多くが外来の風成塵と考えざるをえない．

石灰岩に含まれる結晶度の良好な鉱物は，表5.2に示すように，どの島もほぼ同じ組成であるので，更新世において飛来した風成塵がサンゴ礁に取り込まれたものと考えられる．

5.4 赤黄色土に含まれる微細石英の酸素同位体比とESR酸素空孔量

1～10μm径の微細石英の酸素同位体比を測定し，風成塵かどうかを判定する研究が北太平洋の中ほどにあるハワイ諸島で試みられた（Rexほか，1969）．これによると，ハワイの土壌に含まれる微細石英の$δ^{18}O$は平均17.6‰であり，それは中国大陸の黄土の値（約16～17‰）に近似するので，この微細石英が風成塵起源と考えられるようになった．同じように，北緯30°線を軸とし，日本列島から北米大陸にかけて細長く分布する石英やイライトの多い深海底堆積物中の微細石英も，風成塵起源と考えられるようになった（Syersほか，1969）．

こうした研究成果を見ると，北緯24°～31°にある南西諸島にも，土壌中や周辺海域の海底堆積物に風成塵起源の微細石英が含まれているはずである．そこで，宮古島の高野（熱帯植物園の東，石灰岩地域），西表島の浦内川河口（砂岩地域），与那国島の比川（砂岩地域，図5.1）と沖縄の楚州（中生代堆積岩地域，図5.2）に分布する赤黄色土中の微細石英の酸素同位体比と酸素空孔量を測定した．

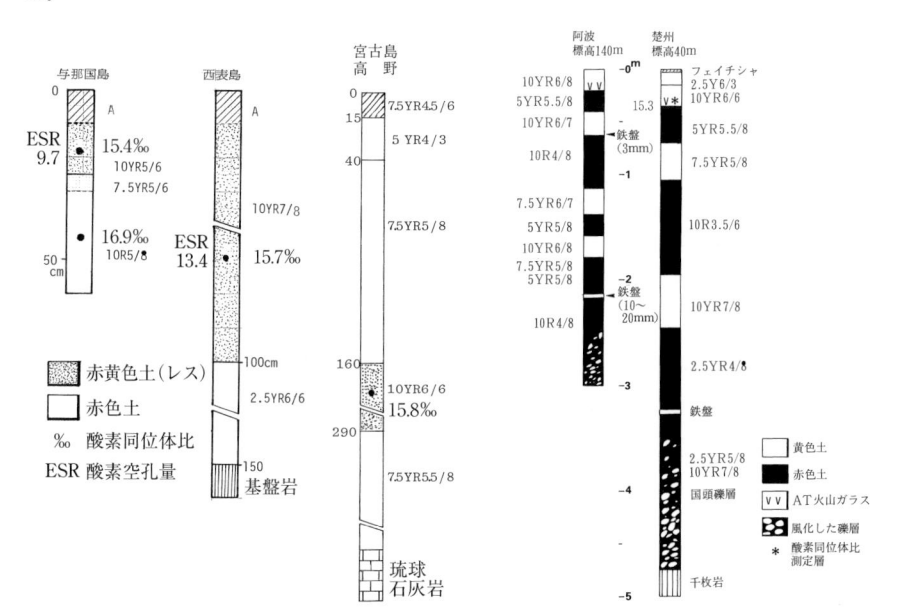

図5.1 与那国島，西表島，宮古島の赤黄色土断面と試料採取層準

図5.2 沖縄本島北部，国頭段丘上の赤色土と黄色土の互層

4地域の土壌中に含まれる1〜10μm画分は25.1〜52.6%，1〜10μm中の微細石英の含有率は8.1〜24.5%であり，微細石英の$\delta^{18}O$は15.3〜16.9‰であった．この$\delta^{18}O$値は，いずれも風成塵の範囲（溝田・井上，1988）に収まる．

さらに喜界島，沖縄島，宮古島，西表島，与那国島のレスに含まれる20μm以下の微細石英についてESR酸素空孔量を測定したところ，現地性の石英ではなく風成塵起源と考えられた（表4.2；図4.3）．したがって，風成塵は沖縄島以北の島々にはタクラマカン・ゴビなどといった中国内陸沙漠から偏西風によって運ばれ，宮古島〜与那国島には中国南部の先カンブリア紀岩地域から飛来したと考えられる．

これらの結果は，化学分析や粘土鉱物分析の結果とも一致するので，南西諸島の土壌が乾燥した最終氷期（黒田・小澤，1996）から完新世にかけて，絶えず風成塵の影響を受けながら生成されたことを物語っている．

5.5 赤色土と黄色土の生成期

南西諸島の赤色土が生成中のもの（松井・加藤，1962）か，過去の生成物で黄色土が現成のもの（黒鳥ほか，1981）か，あるいは表層の灰白色の黄色土が熱帯多雨地域に見られる土壌と類似したもの（岩佐，1983）か，フェイチシャがレシバージュ，ポドソル化，疑似グライ化といった3つの作用が重複した黄色土（三土ほか，1977）かどうか，議論の分かれるところである．

しかし，琉球石灰岩上のすべての土壌が赤色化しているわけではなく，段丘面の形成時期によって土壌の発達程度が異なっている（Urushibara-Yoshino，1992；永塚，1995）．例えば大村・太田（1992）による更新世段丘のうち，3.6〜4.5万年前のⅤ面上にはレンジナ様土，8万年前のⅢ面上にはテラフスカ様土，10万年前のⅡ面上にはテラロッサ様土，12.5万年前のⅠ面上にはテラロッサ様土と赤黄色土の中間型土が発達している．南大東島のように喜界島のⅠ面よりも古い地形面上には赤黄色土が発達している（前島ほか，1997）．

南西諸島の湿潤亜熱帯森林下では下層に赤色土，表層に黄色土が堆積する．このほか地形的に凹地で水はけの悪い場所にフェイチシャが分布する．このうち黄色土は有機物が集積し，しかも森林下の相対湿度の高い条件のもとで，かつて赤色であった土層中のヘマタイトが還元条件下で溶解されてできた（荒木，1988）のではないだろうか．

南西諸島の赤色土にはヘマタイトが多く，黄色土にはゲータイトが多く含まれ

5.5 赤色土と黄色土の生成期

写真 5.3 沖縄本島阿波，国頭段丘上の赤黄色土（口絵 6）
赤色土と黄色土が互層をなしている．

るが，Fe の活性度や結晶化指数は両者とも永塚（1975）の示した赤色土の分布領域に属し，両者の間にほとんど差異はない．しいていえば，黄色土のほうがやや活性度が高く，結晶化指数が低い．

堆積岩地域の楚州（標高 40 m），阿波（標高 140 m），車（標高 140 m）には高位段丘に対比されている国頭段丘が発達している（河名，1988；町田ほか，2001）．この段丘上には赤色土と黄色土が交互に累積した土壌層がのっている（図 5.2；写真 5.3）．

まず，シルトを主体にした風成塵が堆積し，これを母材に湿潤な森林下で黄色土が生成された．その後，土壌生成環境が変化したために黄色土の上部が風化して赤色土が生成されたようである．すなわち両者の間には堆積，または土壌生成環境の変化があったとみることができる．このほか，多くの場合，下位の赤色土と上位の黄色土の境界層には鉄盤が存在する．この鉄盤が不透水層となり，上位の黄色土層が帯水層となり，黄色みが保持されたのではないだろうか．

沖縄の国頭段丘上にのる 4～5 枚の土壌のうち，AT ガラスと K-Ah ガラスを含む 1 枚目の黄色土は MIS 2 以降のものであり，上部に AT ガラスを含む 2 枚目の赤褐色土は MIS 3 に，チョコレート色の赤色土は最終間氷期 5 e に対比できよう．阿波では 5 e 層の下にさらに 3～4 枚の赤色土が見られる．これは阿波の段丘形成期が楚州の段丘より古いので，より多くの古土壌が残されたのだろう．

5.6 喜界島，水天宮古砂丘中のレス

水天宮には，石灰質風成砂（eolianite）でできた最高標高64.5 mの砂丘が発達している．砂丘の中には最終氷期の中でもハインリヒイベントというとくに寒冷な時期に堆積したレスが数枚埋没している（写真5.4）．

砂丘断面には，レス1：3211±122 cal yr BP，レス3：3万3140±1095 cal yr BP，風成砂4：2万8104±385 cal yr BP，レス5はH3に対比される3万1620±500 cal yr BP，レス6：3万2653±941 cal yr BP，レス7はH4に対比される3万7982±1050 cal yr BP，砂層8の年代は4万0473±1541 cal yr BPである．レス7は砂層8の海浜砂の上に堆積したもので，堆積に要した時間は上下の砂層の^{14}C年代から判断して約7700年間と見積もられる（図5.3）．

レスに含まれる砂はわずか10.6%にすぎず，そのほとんどがシルト以下の細粒物質である．化学的性質も風成塵の領域に属する．さらに，水天宮が砂丘頂部にあたるため流水で運ばれた物質とは考えにくく，石灰質砂が風化してできた古土壌とも考えられない．この水天宮古砂丘に近い上嘉鉄には標高48 mの石灰岩台地が発達し，この台地上の赤黄色土に含まれる微細石英の酸素空孔量は7.6であった．なお，30 μm以上の現地性粗粒石英は2.2であるので，その大部分が風成塵の堆積層，すなわちレスと考えられる．すなわち，わずか7700年間に寒冷なハインリヒイベント3と4に，風成塵が堆積して厚さ30～60 cm（平均45

写真5.4 喜界島水天宮砂丘中のレス
図5.3のレス3*，石灰質風成砂4*，レス5*．

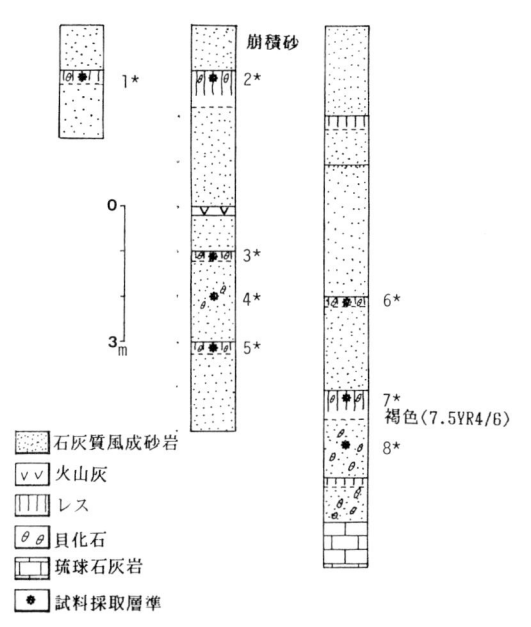

図5.3 喜界島の水天宮石灰質風成砂層の柱状図
1*〜8*は^{14}C年代測定試料番号.

1：3211±122 cal yr BP(N-5079)　　2：modern
3：33140±1095 cal yr BP(N-5084)　4：28104±385 cal yr BP(N-5085)
5：31620±500 cal yr BP(N-5086)　 6：32653±941 cal yr BP(N-5082)
7：37982±1050 cal yr BP(N-5081)　8：40473±1541 cal yr BP(N-5080)

cm）のレスが形成されたことになる．

5.7　シラス台地上の火山灰質レス

a.　シラス台地の土壌断面

　薩摩半島北部，鹿児島県犬迫町荒磯の露頭（標高180 m）では，シラス最上部の褐色〜明褐色をしたローム層の間に2枚の古土壌が埋没している（図5.4）．下位の古土壌LAは厚さ15 cmで極暗赤褐色土（5 YR 2/3）を呈し，上位の古土壌UAは厚さ17 cmで極暗褐色土（7.5 YR 2/3）である．LAに含まれる腐植の^{14}C年代は2万0365±427 cal yr BP（Ⅰ-16524）であり，最終氷期最盛期LGMに対比される．一方UAは，その直上に厚さ45 cmの桜島薩摩テフラ（Sz-s，町田・新井，2003）が堆積している．なおSz-sは福山・荒牧（1973）により1万2500 cal yr BPの年代が得られている．ともにMIS 2に生成した古土壌であるが，横山（1989）は，LAがシラス台地上に普遍的に分布することか

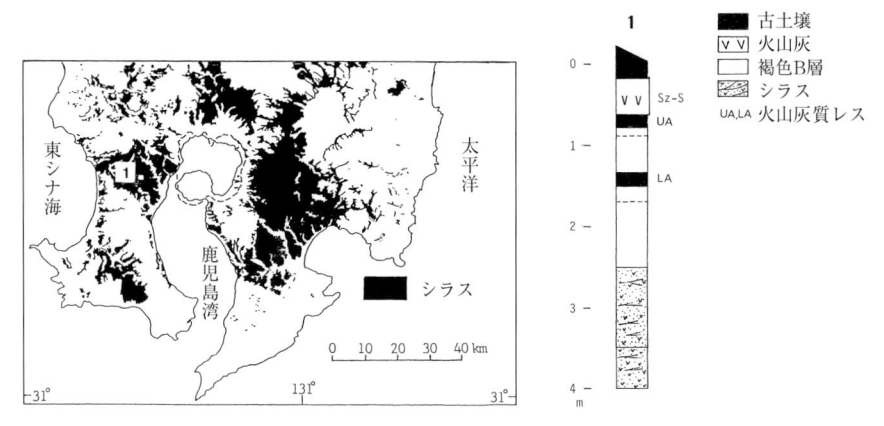

図5.4 鹿児島県荒磯におけるシラス上の火山灰，火山灰質レス

ら，シラスの再堆積物と大陸起源の風成塵が混じってできたレスの可能性を示唆し，成瀬ほか(1994)は両古土壌が風成塵を主母材とし，火山灰物質が混じった火山灰質レスと考えた．

b. 火山灰質レスとシラスの粘土鉱物

採取した18試料全部について20 μm以下の鉱物組成を粉末X線回折法によって求め，そのうち代表的な8試料の回折結果を図5.5に示した．

これによると，シラス(18)に含まれる20 μm以下の鉱物は，カオリナイト，石英，クリストバル石，長石などであるのに対し，LA層(8)とUA層(1)はともに石英を主体とし，雲母類（イライト），14Å鉱物をはじめ，シラス起源のカオリナイト，長石，クリストバル石などからなる．LA層とUA層の直下にある細粒層の鉱物はシラスとLA層とUA層の中間的性質を示し，しかも上層になるほど石英や14Å鉱物，雲母類（イライト）が増加し，LA層やUA層の鉱物組成に近くなる．

この2層の古土壌を構成する鉱物は，シラスにはほとんど含まれていない雲母類（イライト）や14Å鉱物，とくに石英が著しく多い事実は，20 μm以下の主要母材がシラスの風化物ではなく大部分が外来起源であることを示している．

これを支持するように，LA層に含まれる微細石英の酸素空孔量が8.1であり，夏季偏西風ジェット気流によって中国内陸沙漠から飛来した風成塵石英と考えられる．したがって20 μm以下の割合が62～83%と多いLA層とUA層の土壌母材の多くは，中国大陸から飛来した風成塵起源のものが大部分とみなされ

5.7 シラス台地上の火山灰質レス

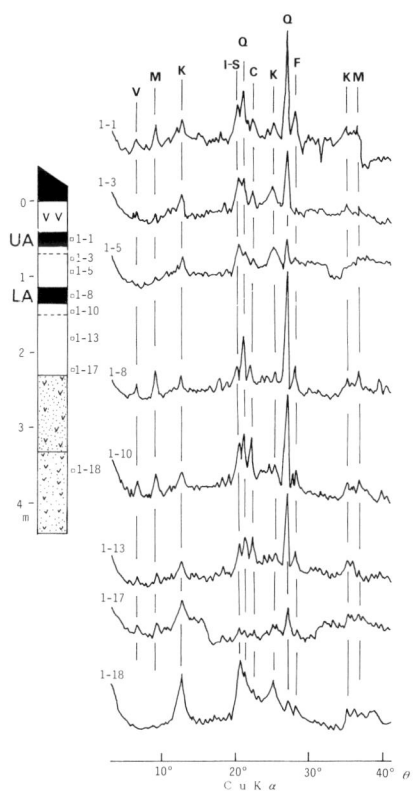

図 5.5 鹿児島市犬迫町荒磯，土壌試料の X 線回折図（<20 μm 粉末法）
V：14Å鉱物，M：雲母類(イライト)，K：カオリナイト，Q：石英，
C：クリストバル石，F：長石，I-S：イライト-スメクタイト，雲母．

る．

　最終氷期最盛期の約 2 万年前の寒冷な時期に，中国内陸沙漠から強い偏西風によって運ばれた風成塵と現地性の火山灰物質が混じって火山灰質レスが形成された．そして，この火山灰質レスを母材に下位の古土壌 LA が生成した．その後，1.2 万年前に再び風成塵の飛来量が増加した．これに現地性の火山灰物質が混じって火山灰質レスが形成され，この火山灰質レスを母材に上位の古土壌 UA が生成した．まもなく Sz-s の降灰があり，この古土壌が被覆されたために古土壌として残されることになった．

6
北九州，本州，北海道のレス

　北九州から山陰，北陸，東北，北海道にかけて，日本海沿岸にはほぼ全域にわたって古砂丘が発達している．古砂丘の多くは海水準の高かった最終間氷期 MIS 5 に形成されたものである．この古砂丘の中や上にはシルトサイズの均一な粒子からなるレスが堆積している．著者はかつて日本海沿岸に発達する古砂丘の形成史を解明するために現地調査を行ったことがある．各地の古砂丘地には必ずといっていいほど複数のレスが観察できたが，当初はレスが古砂丘砂や火山灰などが風化してできた古土壌と考えていた．しかし，その後，石英の酸素同位体比やESR酸素空孔量などの測定をはじめ，各種の分析結果を総合すると，単に砂丘砂が風化してできた古土壌ではなく，レスと考えるようになった．

6.1　北九州のレス

a. 東松浦半島と壱岐島の玄武岩台地上のレス質土壌

　北九州の玄武岩台地や更新世段丘の上には必ずといっていいほどレス質土壌が堆積しているほか，古砂丘やテフラの間にもレスが見つかる．こうしたレスの存在について新堀ほか（1964）は玄界灘に面して発達する玄界砂丘地の古砂丘砂をレス状砂とみなし，氷期に陸化した大陸棚などから風で運ばれた物質と考えた．しかし，このレス状砂は粒度や鉱物組成の点で現成の海岸砂丘砂とほとんど変わらない．むしろ彼らのいう古土壌のほうがレスとしての性質を備えている．

　一方，東松浦半島の玄武岩台地上に堆積する赤褐色土「おんじゃく」に含まれる多量の石英とクロライトの起源について，川崎（1982）は風成起源の可能性を指摘し，つづいて成瀬・井上（1982），下山ほか（1989），溝田ほか（1992）は東松浦半島だけでなく，北九州一帯にレスが分布するとした．

　この根拠となったのが，①東松浦半島や壱岐島などの台地を構成する玄武岩には石英がほとんど含まれないのに対して，その上に堆積する土壌中には多量の石英が含まれること，②玄武岩台地上には水系があまり発達せず，したがって土壌

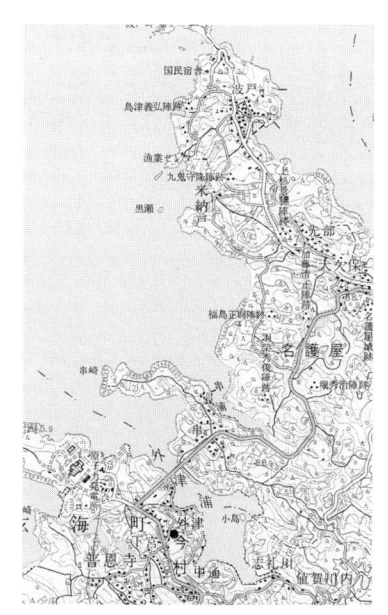

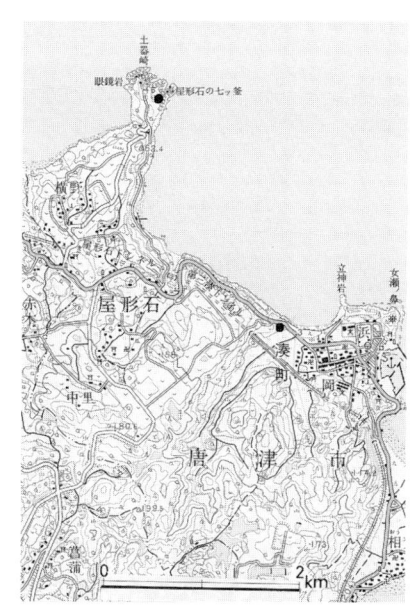

図 6.1 東松浦半島玄武岩台地上のレス質土壌露頭位置(1/50000 地形図「呼子」を使用)

母材を流水物質と考えにくいこと，などである．

この地域の玄武岩台地上に堆積する代表的なレス断面には，下記のようなものがある．

① 佐賀県唐津市の北方 9 km の湊町には標高 10 m の台地が発達し，その上に AT（姶良 Tn），Aso-4（阿蘇 4），Ata（阿多）の 3 枚の火山灰と 3 枚の風成砂，および 5 枚のレスが堆積している（図 6.1；成瀬・井上，1982）．

② 湊町の北西 3 km にある屋形石七ツ釜には，図 4.3 の 52 に示すように玄武岩台地を刻む浅い谷に厚さ 150 cm のレス質土壌が堆積している．レス質土壌の間に K-Ah（鬼界アカホヤ）と AT の両火山灰が挟まれている（写真 6.1；溝田ほか，1992）．

③ 東松浦郡玄海町今村には標高 30 m の玄武岩台地が広がっている．台地上には厚さ 50〜100 cm の風成塵の影響の強い赤褐色風化土「おんじゃく」がのり，その上にさらに厚さ 30 cm の褐色レス質土壌が堆積する．

④ 壱岐島の東岸，芦辺町諸吉東触の標高 20 m の玄武岩台地上に厚さ 3 m の

写真 6.1 東松浦半島七ツ釜の玄武岩台地上のレス質土壌

写真 6.2 玄海灘に面する芦屋砂丘地に見られる最終氷期の古砂丘砂とレスの互層
写真最下部に Aso-4 をのせるレス 5 b が堆積し，風成砂を挟んでレス 4〜2 が堆積する．

風成砂が堆積し，その上に厚さ 60 cm の橙色（7.5 YR 7/4）〜赤褐色を呈するレス質土壌が堆積している．

b. 海岸砂丘地のレス

玄界灘に面する海岸には，海の中道から遠賀川河口の芦屋までの間に海岸砂丘が発達している．海側には新砂丘が，内陸側には古砂丘が発達しており，このうち古砂丘には K-Ah，AT，Aso-4，Ata の 4 火山灰と 5 層のレスが挟まれている（写真 6.2）．

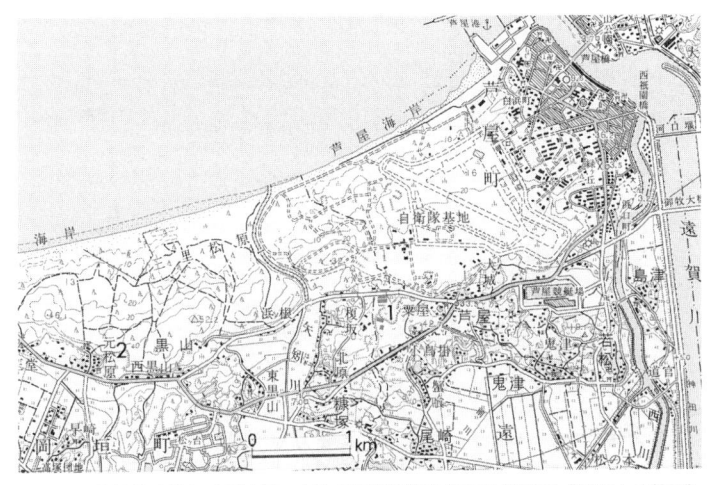

図6.2 芦屋砂丘地と三里松原の古砂丘露頭位置(1/50000地形図「折尾」を使用)
1は図6.3と写真6.2および写真6.3に，2は図9.3に示す．

　この地域には最終間氷期 MIS 5 e に対比される海成砂礫層上に古砂丘砂が厚く堆積している（亀山，1968；角田，1975；成瀬，1976）．古砂丘砂の上にはレス 5 d と Ata が堆積し，さらに古砂丘砂を挟んでレス 5 b とその上に Aso-4 が堆積している．Aso-4 の上には MIS 5 a の風成砂を挟んで最終氷期 MIS 4 に対比されるレス 4 が堆積し，砂丘砂層を挟んでレス 3 が堆積している．レス 3 の間には 3 万 8530±1167 cal yr BP（GaK-6636）を示す炭化物が挟まれている．レス 3 の上には薄い砂層と 2 万 6476±1018 cal yr BP（GaK-5157）の薄い泥炭がのっている．レス 3 の上には AT が堆積し，さらに薄い風成砂層を挟んで厚さ 90 cm のレス 2 が堆積する．最上部には完新世の旧砂丘砂，クロスナ，新砂丘砂が堆積している（図6.2；図6.3）．

　北九州だけでなく，日本海に面する海岸には古砂丘砂層とその上に堆積するレスとの間に，しばしば写真 6.3 のような褐色レスと淡黄色の砂が作り出す縞模様を見ることができる．縞模様層の厚さは 1 m 程度が普通であるが，北九州の場合は非常に厚い．写真 6.3 に見られる縞模様層は 5 m を超える厚さがあり，4〜15 cm 間隔で褐色レスと黄色砂が交互に積み重なっている．砂は相対的に海水準が高い時期に当時の海浜から風で運ばれた砂丘砂であり，レスはアジア大陸や干上がった海底から風で運ばれたものである．

　氷期の寒冷化に伴って海水準が低下したために海浜が遠ざかり，砂の供給量が

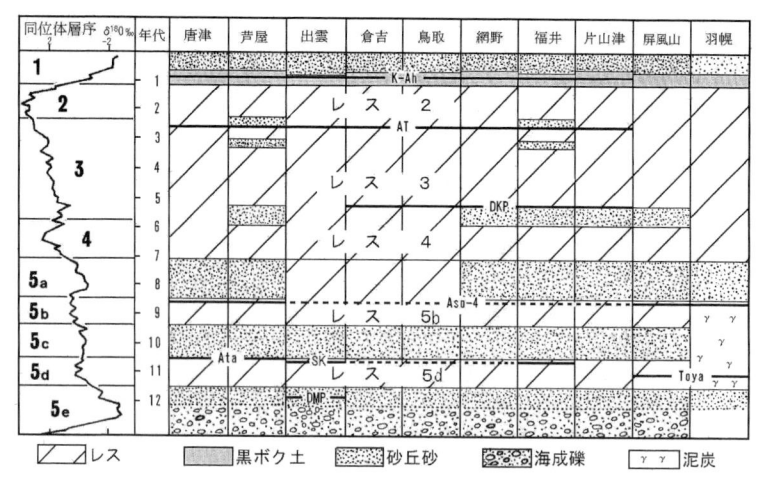

図 6.3 北九州〜北海道の日本海沿岸のレスと風成砂の編年

写真 6.3 芦屋砂丘地の古砂丘中に発達する縞模様
レスと風成砂が互層になって縞模様を作り上げている．

減少したかわりに，寒冷気候の下でレスの飛来量が増加するようになった．すなわち，気候悪化に伴う砂丘砂とレスのせめぎあいをこの露頭断面から読みとることができる．

こうした北九州海岸で見られる縞模様の中には，砂が凍結してできた窪みをレスが充填している露頭を観察できることがあり，この縞模様層が寒冷な時期に形成されたことを物語る（写真 6.4）．

写真 6.4 北九州三苫海岸に見られるレス 5 b 下の縞模様層（口絵 7）

6.2 本州・北海道のレス

a. 山陰の海岸砂丘地

出雲平野西部の海岸砂丘地には，最終間氷期 5 e の海成礫層上に風成砂が堆積し，風成砂の間に DMP（大山松江）が挟まっている．その上にレス 5 d と SK（三瓶木次），風成砂を挟んでレス 5 b とレス 4〜2 が堆積しており，その間に

写真 6.5 島根県出雲海岸の古砂丘とその上に堆積するレス
レスの厚さは約 150 cm である．

写真 6.6 鳥取砂丘地のレス
DKP(約5万年前)がレスの間に挟まる．

写真 6.7 京都府網野砂丘地の古砂丘に埋没するレス
上部のレスに DKP が挟まる．

AT，K-Ah が挟在している（写真 6.5；成瀬，1982；三浦・林，1991）．

　倉吉海岸と鳥取海岸の砂丘地には，最終間氷期の湯山砂層（赤木，1991；岡田ほか，2004）上に厚いレス5dとレス5bが堆積し，さらにレス4，DKP（大山倉吉）と AT を挟んでレス3とレス2が堆積している．最上部はクロスナ，K-Ah，新砂丘砂が堆積している（写真 6.6）．

　京都府網野町の掛津砂丘地には，標高30mの古砂丘が発達し，DKP，AT を

写真 6.8 福井県加越台地の古砂丘に見られる 2 層のレスと風成砂層

写真 6.9 福井県片山津の古砂丘地に見られる 2 層のレス

挟んで 5 枚のレスが埋没している(写真 6.7).

b. 北陸の砂丘地

福井平野の北部に発達する加越台地には MIS 5 e に対比される芦原層が堆積する.下部は礫を伴う砂泥層であり,上部は砂丘砂からなる.加越台地のほぼ中央にある加戸には標高 20 m の台地が広がり,芦原層の上に SK, DKP, AT, K-Ah と 5 層の砂丘砂層を挟んでレスが堆積する(写真 6.8;Kitagawa ほか,2005).

片山津にもほぼ同じ層序断面が見られる(写真 6.9).

写真 6.10 青森県屛風山砂丘地の 2 層のレスと風成砂

写真 6.11 日本海に面する北海道苫前海岸のレス
下部は風成砂,レスの上は黒ボク土.風成砂の上部には縞模様が見られる.

c. 青森県屛風山砂丘地

青森県津軽半島の西海岸には屛風山砂丘地が広がっている(水野ほか,1967).西津軽郡車力村牛潟には MIS 5 e に対比される海成砂層を覆って厚い古砂丘砂が発達する(葛西,1992).古砂丘には Toya(洞爺)と Aso-4 と 3 層の砂丘砂層を挟んでレスが堆積している(写真 6.10).

d. 北海道の日本海沿岸

羽幌海岸に位置する苫前には標高 20 m の海成段丘が発達しており,海成堆積

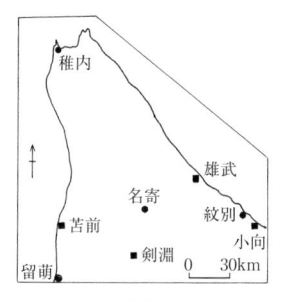

図 6.4 北海道の調査地点

物の上には，MIS 3 の風成砂，その上に厚さ 100 cm のレスが堆積し，最上部は黒ボク土が堆積している．レスは北海道北部に広域に分布する重粘土に相当する（三浦，1990）．Toya と Aso-4 の間には泥炭が堆積しており，苫前断面では MIS 4 以降のレス 2〜4 が認められる（写真 6.11；図 6.4）．

6.3 台地，石灰岩，山地・丘陵上のレス質土壌

山口県豊浦郡豊浦町辻には標高 80 m の花崗岩丘陵上に，厚さ 115 cm の赤色土（2.5 YR 4/6）が堆積し，その上に厚さ 50 cm の黄色レス質土壌（黄橙色 10 YR 7/6；橙色 7.5 YR 6/6）が堆積している．赤色土には火山灰物質は含まれていないが，黄色土には AT ガラスが含まれている（図 6.5）．赤色土に含まれる微細石英は酸素空孔量が 9.4 を示すので，大陸起源の風成塵起源と見られる．AT 直下の層準から採取した黄色レスの微細石英は酸素空孔量が 6.7 であり，黄土高原とほぼ同じ値であった．

秋吉台の若竹山は標高 250 m，緩やかに起伏する石灰岩台地である．石灰岩の上には厚さ 100 cm ほどの赤色土が堆積し，この上に厚さ 100 cm の黄色レス質土壌が堆積している．赤色土の色は非常に赤く，暗赤色 7.5 YR 3/4 を呈する．赤色土の微細石英は 3.3 であり，石灰岩の年代とほぼ同じ古生代の値を示す．赤色土の上部には Aso-4 が堆積し，赤色土の上に堆積するレス質土壌の中に AT が，上部に K-Ah が挟まれている．黄色レス質土に含まれる微細石英の酸素空孔量は 9.2 であり，豊浦町の同層準の酸素空孔量よりもやや高かった．

宇部市西岐波区山村上ノ原には標高 20 m の中位海成段丘が発達している．海成段丘の構成層は宇部砂礫互層（吉南層）であり，海進堆積物と考えられている（小野・河野，1964）．この砂礫層の直上には厚さ 100 cm の Aso-4 が堆積してお

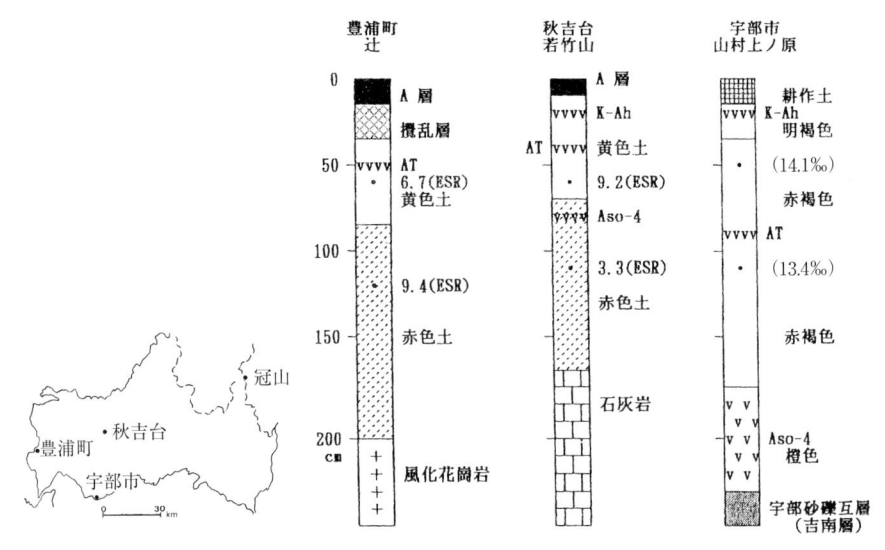

図6.5 山口県豊浦町，秋吉台，宇部市山村の土壌断面

り，さらに Aso-4 の上に厚さ 280 cm の赤褐色レス質土壌が堆積している．レス質土壌中には AT が挟まれ，最上部には明褐色土が堆積し，K-Ah が挟まれる．

赤褐色レス質土壌の粘土鉱物は，石英を主体にしてイライトに富み，随伴鉱物としてバーミキュライト，クロライト，バーミキュライト-クロライト中間種鉱物を含んでいる．レス質土壌に含まれる微細石英（1～10 μm）の酸素同位体比は深度 50 cm 層準で 14.1‰，深度 110 cm 層準で 13.4‰ である．現地の基盤岩石に含まれる微細石英の酸素同位体比 8～9‰ に比べて明らかに高いが，アジア大陸に分布する石英の酸素同位体比 16～17‰ よりは低い．

広島県西部の冠山山麓には，カンラン石玄武岩上に黄褐色レス質土壌が堆積しており，中に厚さ 20 cm の AT を挟んでいる．黄褐色レス質土壌と最表層の黒ボク土に含まれる微細石英の酸素同位体比は，黄褐色レス質土壌が 14.8‰，黒ボク土が 15.5‰ であり，いずれも大陸起源の風成塵の数値 16～17‰ に近い（図6.6）．

兵庫県中央部に位置する加東市には加古川が形成した河成段丘が発達する．このうち高位段丘上には段丘礫層上に赤色土とトラ斑土壌がのり，その上に黄色土が堆積する（写真6.12）．トラ斑土壌の上部には AT が，黄色土には K-Ah が挟まれている．トラ斑上部に含まれる微細石英の酸素同位体比は 15.9‰

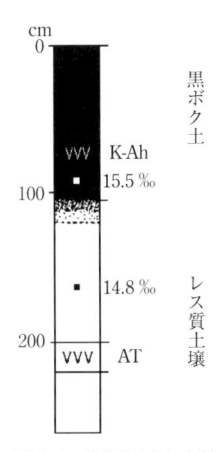

図 6.6 広島県冠山山麓の安山岩上に堆積するレス質土壌と黒ボク土
14.8‰と15.5‰は微細石英の酸素同位体比.

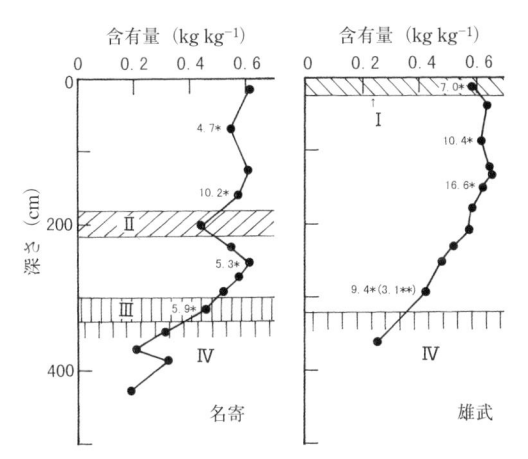

図 6.7 北海道名寄盆地と雄武のレス質土壌に含まれる3〜20 μm粒子の含有量と微細石英の酸素空孔量(北川ほか, 2003)
II・IIIは古土壌, ＊は酸素空孔量を示す.

写真 6.12 兵庫県加東市の高位段丘上に堆積する赤色土と黄色レス質土壌 (口絵8)
赤色土の上部に AT が挟まれる.

(Mizota and Matsuhisa, 1985), 酸素空孔量は 11.4 である.

北海道では, 岡田 (1973) が火山灰の間に挟まれるレスの存在を指摘したのをはじめ, 鴈澤ほか (1994) は北海道の粘土層が風成塵の影響を強く受けたレスであること, 北川ほか (2003) は, 名寄, 小向, 雄武に堆積する重粘土の母材が風

成塵の影響を強く受けていることを指摘している．

北川ほか（2003）によると，名寄，小向，雄武では更新世段丘上に重粘土が堆積している．重粘土に埋没している古土壌の年代は，名寄の深度200 cm（II）で 2 万 8571±306 cal yr BP（Beta 146528），近くで得られたコアの深度 400〜430 cm で 3 万 7692±819 cal yr BP（Beta 46527）の値を得ている．さらに雄武の深度 360〜370 cm に埋没する古土壌が 3 万 0717±198 cal yr BP（Beta 146529）の年代を示すので，いずれも表層から 400 cm までの間の重粘土は最終氷期に堆積したものと考えられる．重粘土に含まれる微細石英（20 μm 以下）の酸素空孔量は最大で雄武の 16.6 であり，風成塵の影響を強く受けている（図 6.7）．

しかし，北海道では，東に向かうほど火山灰や現地物質の混入量が増加し，帯広平原などでは現地物質やテフラの再堆積の影響が強く，レスとしての特徴が薄くなる．こうした傾向は下北半島をはじめ日本列島各地でも同様である．

6.4 火山灰層に埋没する火山灰質レス

大山東麓に位置する鳥取県倉吉市桜露頭（標高 180 m）には，大山火山などから噴出した 18 枚のテフラや，シルトサイズの細粒層が互層をなして堆積している（岡田，1998；木村ほか，1999）．露頭の最下部には溝口凝灰角礫岩と 33 万年前の cpm が堆積し，その上を覆う 17 枚のテフラ層間に茶褐色〜赤褐色を呈する古土壌が 10 層ほど挟まれる（写真 6.13）．

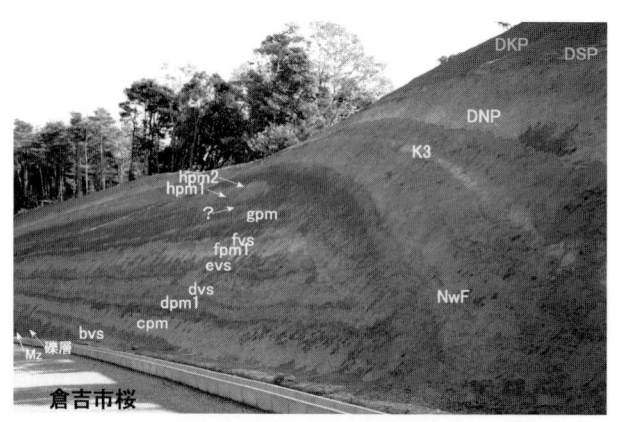

写真 6.13　鳥取県倉吉市桜の露頭断面（岡田昭明氏撮影）
溝口凝灰固角礫岩の上に火山灰（アルファベットの部分）とその間に火山灰質レスが堆積する．

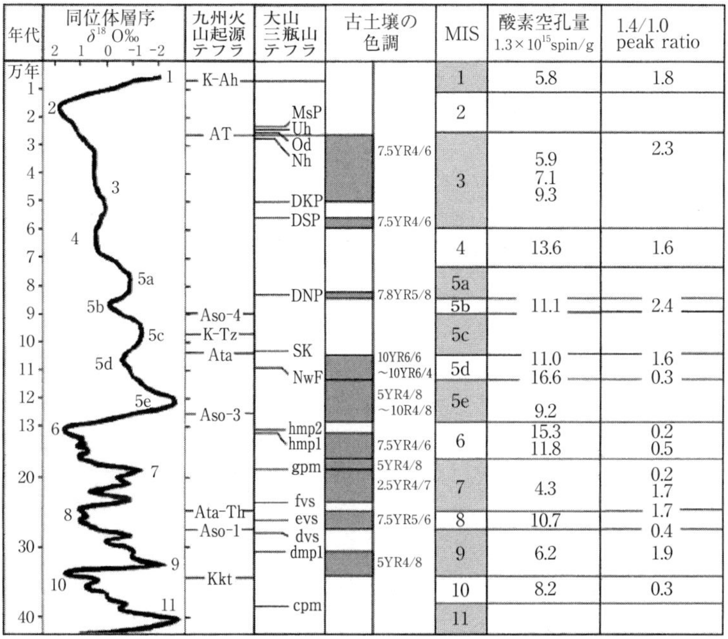

6.4 火山灰層に埋没する火山灰質レス

年代	同位体層序 δ^{18}O‰	九州火山起源テフラ	大山三瓶山テフラ	古土壌の色調	MIS	酸素空孔量 1.3×10^{15} spin/g	1.4/1.0 peak ratio
1万年	1	K-Ah			1	5.8	1.8
2	2				2		
3		AT	MsP / Uh / Od / Nh	7.5YR4/6	3	5.9 / 7.1 / 9.3	2.3
4	3						
5			DKP				
6			DSP	7.5YR4/6			
7	4				4	13.6	1.6
8	5a		DNP	7.8YR5/5	5a		
9	5b	Aso-4			5b	11.1	2.4
10	5c	K-Tz			5c		
11	5d	Ata	SK	10YR6/6〜10YR6/4	5d	11.0 / 16.6	1.6 / 0.3
12	5e		NwF	5YR4/8〜10R4/8	5e	9.2	
13	6	Aso-3	hmp2 / hmp1	7.5YR4/6	6	15.3 / 11.8	0.2 / 0.5
20	7		gpm	5YR4/8 / 2.5YR4/7	7	4.3	0.2 / 1.7
	8	Ata-Th	fvs / evs / dvs	7.5YR5/6	8	10.7	1.7 / 0.4
30		Aso-1	dmpl	5YR4/8	9	6.2	1.9
	9	Kkt					
	10				10	8.2	0.3
40	11		cpm		11		

図6.8 鳥取県倉吉市桜の火山灰質レスの編年および微細石英の酸素空孔量(成瀬ほか，2005 a)

　テフラに挟まれるレスの堆積時期は氷期に，レスが風化した古土壌の生成時期は間氷期や MIS 3 に対比される（図6.8；成瀬ほか，2005 a）．古土壌の色調は古土壌層で赤みが強く，とくに 5 e に対比される hmp 2 と Nwf（名和火砕流）との間の古土壌が 5 YR 4/8〜10 R 4/8 で最も赤い．これらはレスが温暖な間氷期に土壌化を受けたことを示す．

　レス層の粒度組成を見ると，20 μm 以上，5〜8 μm，2 μm 以下にモードを持つ 3 正規分布集団に分離できる．このうち 20 μm 以上の粗粒物質はテフラ物質であり，5〜8 μm 物質はその多くが風成塵からなる．2 μm 以下の物質は約70％がテフラ起源のカオリンと非晶質物質で構成されていると考えられる（矢田，2006）．

　微細石英（20 μm 以下）の ESR 酸素空孔量は，テフラの場合は噴出年代が若いので 0 に近い．これに対してレスに含まれる微細石英は 4.3〜16.6 である．このうち空孔量が 10.0 以上の微細石英の給源は先カンブリア紀岩地域，4.3〜9.3 の石英はタクラマカンやゴビなどの内陸沙漠か，あるいは現地性石英が多く混入

している可能性がある．そして酸素空孔量は間氷期で低く（4.3〜6.2），氷期で高い数値（8.2〜16.6）を示す．MIS 3 では5.9〜9.3を示し，両者の中間的な性格を有するので，時期によって風成塵の給源と風成塵を運ぶ風系が異なっていたのであろう．

　倉吉市桜では，少なくとも cpm 堆積後の MIS 10 からレスの堆積が始まった．氷期には強い風によって大陸や陸化した大陸棚から大量の風成塵が飛来堆積するとともに，大山山麓に堆積していた火山灰物質も加わって火山灰質レス層を形成したとみられる．桜断面のように，火山灰によってレスが被覆される場合にはレスが保存されることが多いので，今後，火山灰層に覆われた古い時期のレスが発見される可能性が大きい．

7 韓国のレス

　韓国は中国と日本列島の中間に位置しているので，アジア大陸から運ばれた風成塵が最初に堆積する場所である．春には毎年のように黄砂が飛来し，空が灰黄色に霞むことが多くなる．黄砂がひどく降る日はサンギョプサル（三枚肉）を食べて喉をさっぱりさせるともいわれる．レスは国土全域に分布しており，最も古いもので MIS 12（42～47万年前）のレスが金堤市の近くで見つかっている．しかし表層に近いレス層は長い間の土地利用によって削剥されたり，流失したところが多いので，韓国にはレスが分布しないと考える研究者が多いのも無理からぬことである．近年，台地を横切って高速道路などの建設が進み，これに先行して埋蔵文化財の調査が行われているためにレスの発見が相次いでいる．

7.1 韓国レスの研究史

　アジア大陸と日本列島の間に位置する韓国においてレスの存在を最初に指摘したのは成瀬ほか（1985 a）の慶州と扶餘の研究である．この研究によって，低位段丘上に AT 火山灰を挟む最終氷期のレスが堆積していること，レスが石英を主として 2：1 型鉱物や 2：1：1 型中間種鉱物に富むこと，2 mm 以上の粒子を除いたレスの中央値が 8～10 μm であることなどが明らかにされた．これとほぼ同じ時期に，Park（1987）は韓国南西部で第四紀レスの存在とその鉱物的な特徴について報告している．

　1991 年には Mizota ほかが韓国南部の赤黄色土に含まれる石英の酸素同位体比測定を行っている．これによると微細石英（1～10 μm）は＋16‰，53 μm 以上の粗粒石英は＋7～＋8‰を示すので，微細石英は風成塵起源であり，粗粒石英は現地性の石英斑岩に由来するとした．その後，成瀬ほか（1996）は慶州，扶餘，ソウルのレスに含まれる 20 μm 以下の微細石英の ESR 酸素空孔量を測定したところ，現地に分布する基盤岩の粗粒石英とは異なる値を示すことから，微細石英が遠隔地から飛来した風成塵であると結論づけた．このほか，岡田ほか

(1994，1998) は韓国南東部の梁山断層と蔚山断層の調査に際して，慶州と彦陽における河成段丘構成層のうちフラッドロームを覆う最上部の細粒土壌層がレスであるとした．

韓国北部に位置する全谷玄武岩台地上の細粒層について Oh and Kim (1994) は河床や干陸化した黄海から舞い上げられたレスと考えた．2002年以降になると Danhara ほか (2002)，Danhara (2003)，Naruse ほか (2003)，Hayashida (2003)， 松藤ほか (2005) が全谷玄武岩台地上のレスについての編年を行い，本格的なレス-古土壌層序が解明されつつある．その後，各地でレス研究が進み，Park ほか (2005) による韓国南西部のレスや，Shin ほか (2005) による洪川盆地のレス研究が相次いで発表されている．

7.2 全谷里レス

韓国北部の京畿道漣川郡全谷里には臨津江の支流である漢灘江が流れ，川沿いの玄武岩台地上のレス層から 1978 年に旧石器が発見された (図 7.1)．この全谷里遺跡から出土する石英製のハンドアックス，クリーヴァー，ピック，石球などに代表される大型重厚な石器は世界から注目されている (Bae, 2001；松藤ほか，2005)．

標高 60 m の玄武岩台地を構成する全谷玄武岩は，先カンブリア紀片麻岩とその上の厚さ 2～7 m の第四紀白蟻里層を覆って堆積しており，漢灘江河床面とは約 30 m の比高がある (図 7.2)．この全谷玄武岩のフィッショントラック年代は 0.51 ±0.05 M で，K-Ar 年代は 0.490±0.045 Ma であり，ともに約 50 万年前の年代値が得られている (Danhara ほか，2002)．この年代を示す玄武岩のほかに，全谷里市街地よりも北部一帯に，より新しい時期の玄武岩が全谷玄武岩の上を覆っている．その年代は 0.16±0.05 Ma (斜長石試料)，0.18±0.02 Ma (全岩試料) である (Danhara ほか，2002)．

この台地上において 2001 年 3 月に発掘された E55S20-IV ピットは，全谷里市街地の南 1.5 km にあって，玄武岩台地上に位置している．このピットの堆積物は，図 7.3 に示すように玄武岩上に厚さ 3 m の水成堆積層 (X，XI) と，その上に厚さ 4.5 m にわたるレス-古土壌層 (I～IX) である．最上部は人為的な削剥層で，削剥された量は 150 cm 前後とみられる (写真 7.1)．

玄武岩の直上に堆積する水成堆積層は黄灰色の砂・シルトからなり，ところどころに玄武岩の風化礫を混じえる．粒子は中央値 Md 25～34 μm で粗く，明瞭

7.2 全谷里レス

図7.1 研究地域

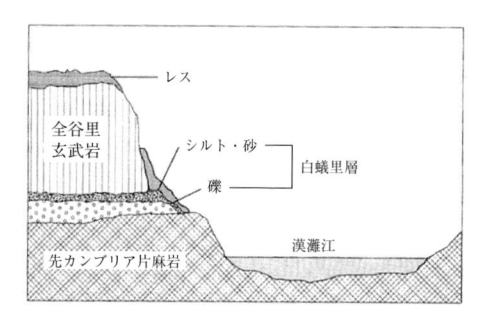

図7.2 全谷里の地形，地質断面(Bae, 2001)

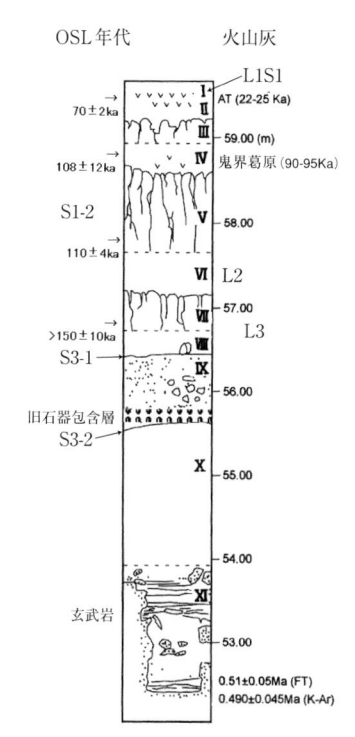

図7.3 全谷里E55S20-IVのトレンチ断面 I～XIは図7.4のI～XIと同じ．

なラミナが発達しているので，玄武岩が堆積して漢灘江がせき止められ，溢流水が玄武岩の上を流れた時期があったのであろう．

　水成堆積層の上には明褐色（7.5 YR 5/8）の薄い古土壌S3-2が発達しており，その上に旧石器が出土する．古土壌の上には厚さ80 cmのレスと風成砂が混合したL4レス（IX）が堆積する．橙色（7.5 YR 6/6）のL4は，遠隔地から飛来した風成塵と漢灘江氾濫原からの粗粒砂が混合するような陸地環境にあったとみられる．漢灘江が今日のように玄武岩台地を深く切り込んでおらず，氾濫原とL4地表面との間の高度差が小さかったとみられる．

　この上には薄いけれども帯磁率が高く，赤褐色（5 YR 4/8）の古土壌S3-1が堆積する．S3-1上にはさらにレスL3（VIII）が堆積するのをはじめ，レスL3～L1-1，および古土壌S2（VII）～L1S1が交互に堆積する．

　全谷里の古土壌の中ではS1-2が最も厚く帯磁率も高いが，仔細に観察すると

S1-2は上部に発達するクラック帯と，S1-2の中間から下に発達するクラック帯の2帯に細分できそうである．そうとすれば7サイクルのレス-古土壌が記録されていることになる．

レスは黄橙色（7.5 YR 8/8）～橙色 7.5 YR 6/6 を呈する 7.5 YR 系の色調である．これに対して古土壌は暗赤褐色（5 YR 3/6～4/4）の赤みの強い色調を呈し，表層に近い古土壌 L1S1 は褐色 7.5 YR 4/4 を呈する．レス・古土壌ともに玄武岩の影響を受け，やや赤みがかった色調である．

レス-古土壌の編年

全谷里断面には，L1S1 の上部に AT 火山ガラスが検出され，L1-3 には K-Tz（鬼界葛原）火山ガラスが検出された（Danhara ほか，2002）．AT は 22～25 ka（千年前），K-Tz は 90～95 ka である（町田・新井，2003）．そのほか延世大学地学教室は L1-2，L1-3，S1-2 および S2 の OSL 年代測定を実施した．その測定結果は，L1-2：70±2 ka（千年），L1-3：108±12 ka，S1-2：110±4 ka，S2：>150±10 ka であった（Shin ほか，2005）．また，Hayashida (2003) は，E55 S20-IV 断面の帯磁率を測定し，図 7.4 に示すような結果を得ている．これによると古土壌層準で帯磁率が高く，レス層準で相対的に低い．帯磁率が最も高い層準は MIS5 に対比される S1 であり，ついで S2，S3-1 がそれに続く．

こうした測定結果を総合すると，まず帯磁率が最も高く，最も赤みの強い S1

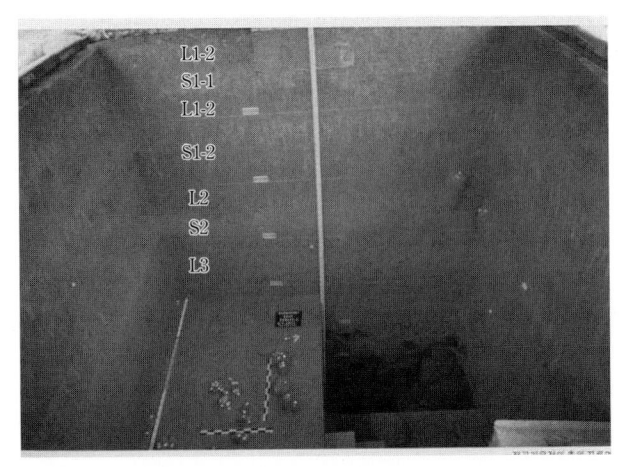

写真 7.1 全谷里 E55 S20-IV断面（漢陽大学撮影．糸線の間隔は 1 m）

古土壌はMIS 5に対比でき，OSL年代も矛盾はない．S1はS1-1とS1-2に細分されるが，間に挟まるK-TzとOSL年代測定値の両データによってS1-1はMIS 5aに，S1-2はMIS 5c〜5eに対比できよう．S1-2はさらに2層に区分される可能性があり，そうであれば下半層の帯磁率が高いことから，上半層がMIS 5c，下半部がMIS 5eに対比される．

このS1層の上に堆積するL1-2層は，70±2 kaというOSL年代によってMIS 4に対比できるレスである．さらにL1-2上に堆積する褐色のL1S1古土壌は上部にAT火山ガラスが検出されるのでMIS 3に対比される．

一方，S1-2層の下位のL2は帯磁率が低く，しかも下位のS2上部にソイルウェッジが発達しているので，寒冷期に堆積したレスであり，S1-2のOSL年代結果からみてMIS 6に対比できる．S2は帯磁率が高く，温暖なMIS 7に生成した古土壌とみられる．L3は帯磁率が低く，乾燥した気候環境下で堆積したレスと考えられ，下位に堆積するS3古土壌との関係からMIS 8に対比されるであろう．S3は2層からなり，S3-1は9aに，S3-2は9cに対比される．

各古土壌の上部に発達するソイルウェッジは，全谷里ではいずれの古土壌帯上部にも認められる（写真7.2）．ソイルウェッジは永久凍土地帯（写真7.3）の南側に位置する不連続的永久凍土地帯に形成されるものである（三浦・平川，

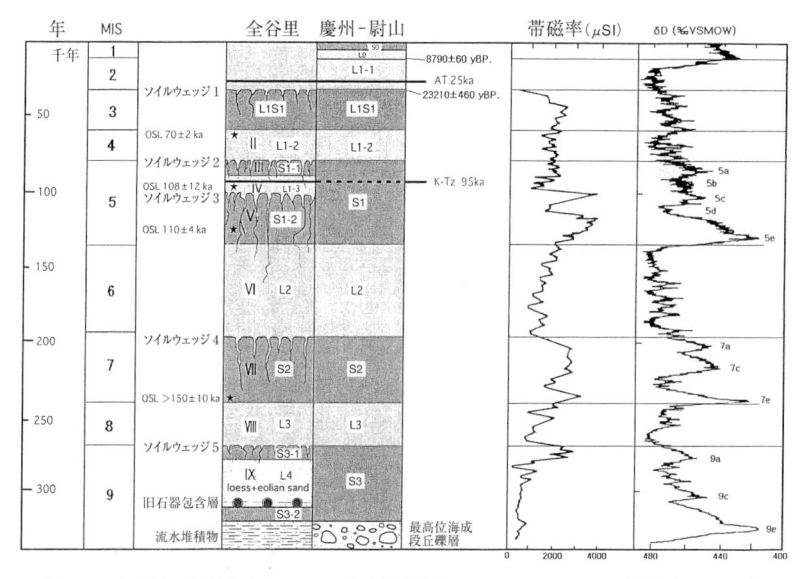

図7.4 全谷里と韓国南東部のレス-古土壌編年(Naruseほか，2003；松藤ほか，2005)

写真7.2 全谷里E 55 S 20-IV断面, MIS 5 a 古土壌上部のソイルウェッジ（糸線の間隔は1 m）

写真7.3 中国北部泥河湾の段丘礫層に形成された化石アイスウェッジ（幅約1 m）とそれを充塡した黄土

1995)．寒冷な冬季に凍結して土壌中に楔状のクラックが形成され，夏季には氷が融けて開口したクラック内にレスが落ち込んで形成されるものである．とくにMIS 2のソイルウェッジは韓国北部では著しく発達しており，韓国南部の木浦や慶州でも認められるので，MIS 2には韓国全域が不連続的永久凍土帯に属していたようである．最終間氷期中の寒冷な時期と考えられているMIS 5 dや5 bにおいても同じようなウェッジが発達しているので，当時もやはり不連続永久凍土帯に属する気候環境であったのではないだろうか．

7.3 韓国南東部のレス-古土壌

韓国南東部のレスは更新世の河成・海成段丘の上に認められる．レス-古土壌層序は，ATテフラ，^{14}C年代測定資料，帯磁率，色調などを手がかりに図7.5のようにまとめられる．レスは完新世レスと更新世レスに大別される．

a. 完新世レス

完新世レス（L 0）は最表層に堆積しているので土壌侵食を受けていることが多く，露頭でL 0層を見つけることは難しい．いまのところ，東海岸に面する亭子里の海成段丘（標高10 m）上にL 0層が観察できるのみである．亭子里ではMIS 5 aに対比される海成礫層上に内湾性の円礫混じり粘土層がのり，さらにこ

れを覆って9848±136 cal yr BP（K-101）の有機質層が堆積している．厚さ30 cm のレスL0はこの有機物層の上に堆積しており，色調は黄褐色10 YR，中央値Md 5.6 μm であり，更新世レスに比較してやや細粒である．

b. 更新世レス

更新世レスはL1-1〜L3の4層に区分できる．このうちL1-1層はL0層と同様に表層に近いために土壌侵食を受けている場合が多く，最も厚いところでも40 cm 程度である．色調は10 YR〜7.5 YRで，まれに5 YRを呈することがある．このレスがAT上に堆積することや，下位のL1S1古土壌の^{14}C年代を手がかりにしてL1-1層はMIS 2に対比される．

古土壌L1S1の最大層厚は50 cm，色調は褐色（7.5 YR）で粘土分をやや多く含んでいる．L1S1の上部に含まれる炭化物の^{14}C年代が2万8061±652 cal yr BP（GrA-11207）を示し，L1S1層上部にAT火山ガラスを包含するので，L1S1古土壌はMIS 3に対比される．L1S1古土壌は幅7 cm，深さ50 cmほどの楔状構造が発達しており，クラック内は黄褐色のレスで充填されている（写真7.4）．L1-2は比較的深い層準にあるので土壌侵食を受けにくく，本来の厚さ

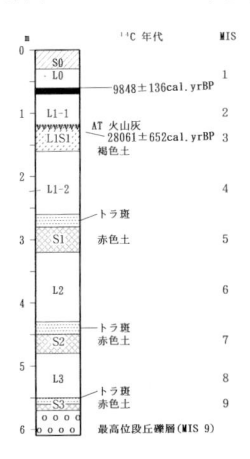

図7.5 韓国南東部のレス-古土壌の層序

を残していることが多く，最大で100 cm の厚さがある．色調は10 YR〜5 YRで，にぶい黄橙色10 YR 6/4 が一般的であり，MIS 5 の赤色土の上に堆積し，MIS 4に対比される．

S1古土壌は厚さ50 cm 程度で色調が5 YR〜10 Rの赤色土であり，中位河成

段丘礫層の上に発達しているので MIS 5 に対比される．赤色土の上半部は白色と赤色の水平な縞構造，いわゆる「トラ斑」が発達している．これは赤色土下半部が重粘で不透水層を形成するために上半部が透水層となり，地下水の水みちに沿って鉄の溶解と富化が起こり，形成されたものである．

L 2 層は S 1 と S 2 の両赤色古土壌に挟まれた厚さ 100 cm のレス層で，色調は 7.5 YR〜5 YR を呈し，MIS 6 に対比される．S 2 古土壌は層厚が 40 cm で，S 1 と同様に下半部は 10 R の赤さを呈している．上半部は水平の白色と赤色の水平縞構造「トラ斑」が発達しており，MIS 7 に対比される．

L 3 層は九龍浦でのみ観察できる．層厚は 60 cm で，5 YR 程度の赤色である．L 3 層は下位の薄い S 3 古土壌を覆う場合と，直接，MIS 9 c に対比される海成礫層上に堆積する場合があり，MIS 8 に対比される．S 3 古土壌は層厚が 20 cm と薄く，5 YR の赤色化を受けた MIS 9 に対比される古土壌で，わずかながら水平縞構造トラ斑が見られる．

c．地形面とレスの関係

海成段丘　　蔚山から浦項にかけての海岸には高位，中位，低位の 3 段の海成段丘が発達している（呉，1977；曹，1978；Yoon ほか，2003）．この段丘は，詳細に見れば高位段丘が MIS 9 と 7 の 2 面に，中〜低位段丘が MIS 5 a，5 b，5 c の 3 面に分類できる．

九龍浦里（35°58′N，129°32′E）には数段の海成段丘が発達しており，標高 40

写真 7.4　彦陽の MIS 3 古土壌上部に形成されたソイルウェッジ（糸線の間隔は 1 m；口絵 9）クラックには上から落ち込んできた黄褐色レス（MIS 2）が充填している．

mにはMIS 9に対比される高位段丘が発達している．中新世砂岩上に堆積した厚さ300 cmのくさり礫状になった高位段丘礫層が堆積し，さらにこの礫層を覆って厚さ270 cmのレス-古土壌互層が堆積している（図7.6；図7.7）．この互層中にはL1-1～L3の合計4枚のレス層が観察され，レスの間にはL1S1～S3の4層の古土壌が埋没している．L1S1が褐色土，S1～S3が赤色土で，赤色土の上半部にはトラ斑が発達している．

　河成段丘　　太和江流域一帯には河成段丘が発達している．中流域にあたる彦陽（35°33′N，129°07′E）には標高90 m～115 mに扇状地性の高位段丘が発達している．高位段丘礫層は厚さ6～7 m，風化が著しく，一部はくさり礫状である．礫層上には3枚のレス層と3枚の古土壌が堆積している．L1-1は土壌侵食を受けているため，その層厚は20 cmにすぎない．L1S1は厚さ25 cmほどで褐色を呈し，小礫混じりで，その上部にATが堆積する．L1-2は厚さ70 cmほどで固く締まったレスである．L2層は明褐色7.5 YR 5/8を呈し，帯磁率はきわめて低い．

　彦陽と蔚山との中間地点に位置する凡西面（35°34′N，129°12′E）には高・中・低位各段丘が発達している（渡辺ほか，1998）．このうち標高70 mの中位段丘には段丘礫層上に細礫混じりの砂層とフラッドローム，さらに厚さ24 cmほどのS1赤色土（10 R 4/6）がのっている．この上にL1-1とL1-2の2枚のレス層とL1S1古土壌が堆積する（図7.7）．

　慶州の東北方，約10 kmの葛谷里（35°53′N，129°17′E）には，図7.8のようにM1，M2，M3の3段の河成段丘が発達している．このうちM1面には，風化の進んだM1礫層上に厚さ40 cmの赤色土S1がのっており，S1とL1-2層との漸移帯には活断層が認められている（岡田ほか，1999）．この上に厚さ60 cmのL1-2層と厚さ50 cmのL1S1古土壌が堆積している．L1-2層は下部に粗粒物質が多いのに対し，上部は細粒な風成塵物質が多くを占めるようになる．L1S1の上部には2万8061±652 cal yr BP（GrA-11207）の^{14}C年代値を示す炭化物が包含されているほか，AT火山ガラスも検出されるのでL1S1はMIS 3に対比される．この上に厚さ20～30 cmのL1-1が堆積しており，さらに上部を崖錐性の角礫層が覆っている．

　一方，M3面の構成物は新鮮な最大径35 cmの亜角礫からなる厚さ250 cmを超す扇状地堆積物である．この礫層上に暗褐色7.5 YR 3/4を呈するL1S1が発達しており，その上にL1-1層が30 cmほど堆積している．レスは角礫混じ

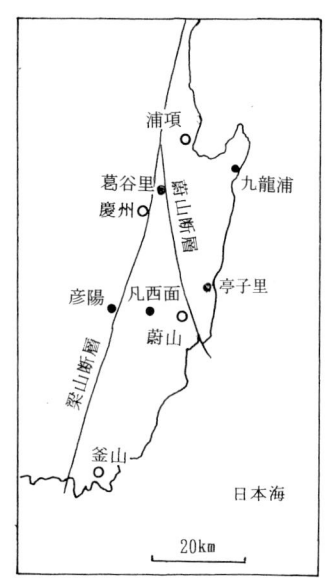

図7.6 韓国南東部の研究地域

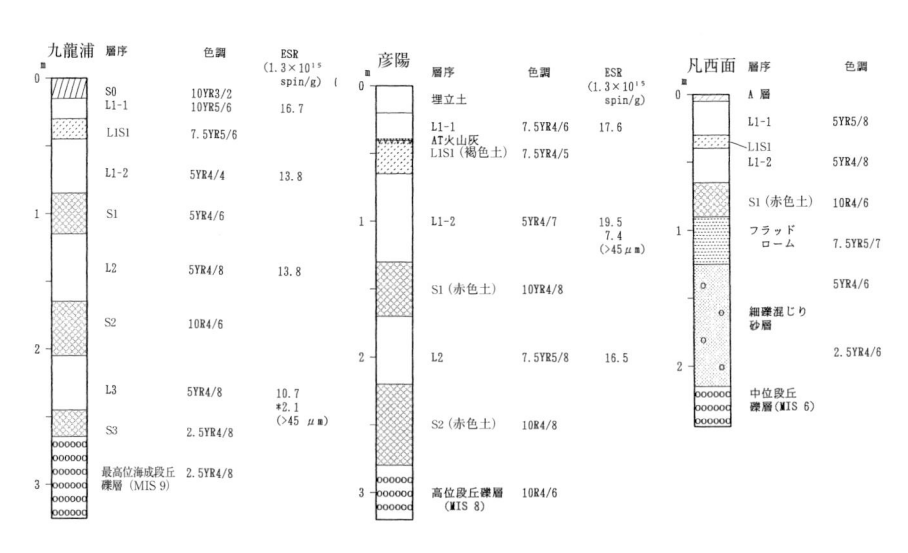

図7.7 九龍浦の海成段丘上と彦陽・凡西面の河成段丘上のレス-古土壌

りである．

以上のように，葛谷里ではM1段丘上に赤色土S1とL1-2, L1S1, L1-1

各層が堆積するのに対して，M3段丘上にはL1S1とL1-1層のみが堆積する．

河成段丘とその上に堆積するレス-古土壌層序の関係を見ると，高位段丘上にはL2層〜L0層が，中位段丘上にはL1-2層〜L0層が，低位段丘（M3）上にはL1-1層〜L0層が堆積する．したがって，レス-古土壌を鍵層にすれば内陸部に発達する段丘の区分・対比が可能である．

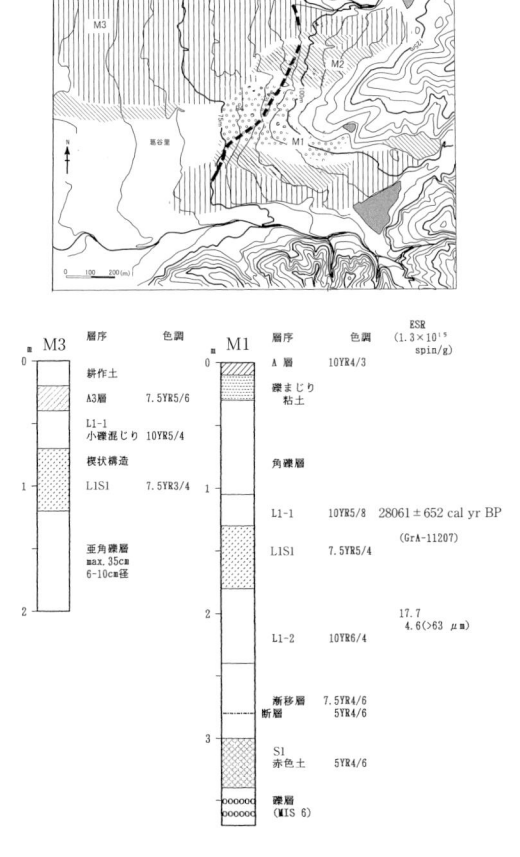

図7.8 慶州市葛谷里の地形分類図とレス-古土壌層序
（太破線は活断層．地形分類図は岡田ほか，1998による）

7.4 洪川盆地のレス

ソウルを流れる漢江の上流域には洪川盆地が発達しており，4段の河成段丘が発達している（図7.9）．洪川河床からの各段丘の比高は，段丘Ⅰが35m，段丘Ⅱは22m，段丘Ⅲは14m，段丘Ⅳは10mで，各段丘上にはレス-古土壌が堆積している．

図7.10と図7.11に示すように，段丘Ⅰ礫層上に約4mのレス-古土壌が堆積している．現成土壌S0を含めたレス-古土壌（L1-1～S2）は7層に区分され，L1-1とL1S1との境界層にはAT火山ガラスが含まれる．そして段丘Ⅰ上にはS2～S0が，段丘Ⅱ上にはS1～S0が，段丘Ⅲ上にはL1S1～S0が，段丘Ⅳ上にはS0のみが堆積する．この層序は全谷里断面とソウル東部にある徳沼（Dukso）の開析扇状地上の両レス-古土壌に対比される．

このように洪川盆地では，段丘ⅠはMIS7に，段丘ⅡはMIS5に，段丘ⅢはMIS3に，段丘ⅣはMIS1にそれぞれ対比され，段丘Ⅳは完新世段丘である．段丘Ⅰ～Ⅲの礫層は氷期の後半に堆積し，間氷期・亜間氷期前半に離水している．段丘Ⅱ礫層は，離水後にMIS5の気候環境下で赤色風化作用を受け，MIS4の寒冷期に入る直前に河床から砂が吹き上げられて砂丘が形成された．その後，この砂丘を覆ってL1-2レスが堆積している（図7.12）．

このように，洪川盆地におけるレス-古土壌編年が地形面対比に有用であることが判明したので，日本の火山灰編年のように，韓国ではレス-古土壌編年が広域的な地形面対比に利用される日の来るのがそう遠くないと思われる．

7.5 粒度分析およびESR酸素空孔量

レスの堆積環境を復元するために粒度分析と，微細石英の給源地を推定するために酸素空孔量測定を行ったところ，海岸域の九龍浦のレスは4ϕ（$63\mu m$）よりも粗粒な画分と，4ϕよりも細粒な画分の混合層であり，その混合比は層準によって異なることが判明した（図7.13）．4ϕよりも粗粒な物質がレスに占める割合は20～38％にすぎない．残りが4ϕよりも細粒な物質からなり，5ϕ（$22\mu m$）付近と7.5ϕ（$6\mu m$）に2つのピークを持つbi-modalな粒度組成を示す．細粒物質の中央粒径値MdはL1-1層5.8～9.1μm，L1-2層5.5～7.9μm，L2層4.1～8.3μm，L3層6.9μmである．このうちL1-1層が最も粗粒であり，L1-2層より下位のレスがやや細粒であるのは，堆積後の風化作用の結果か

7.5 粒度分析および ESR 酸素空孔量

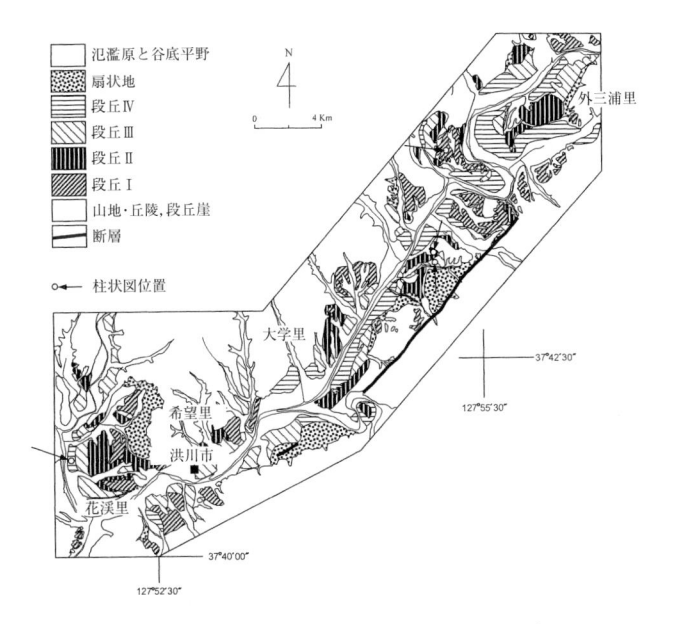

図 7.9 洪川盆地の地形分類図(Shin ほか，2005)

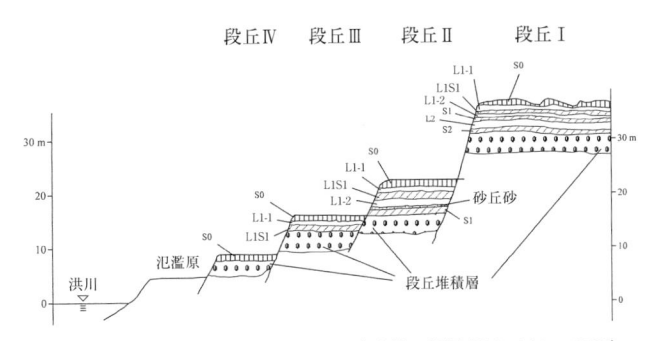

図 7.10 洪川盆地の河成段丘とレス-古土壌の関係(Shin ほか，2005)

もしれない．完新世レスは 5.6 μm である．一方，古土壌の中央値は 4.8～8.4 μm であり，レスに比べてやや細粒である．しかも生成年代の古いものほど細粒化の傾向がみられる．

レスに含まれる微細石英の酸素空孔量は 10 以上であるのに対して，粗粒な石英 (45 μm 以上) は 2.1 である．したがって粗粒石英は九龍浦一帯に広く分布する第三紀岩に由来する．亭子里の完新世レス L0 の粗粒石英の酸素空孔量は

102　　　　　　　　　　　　　　7　韓国のレス

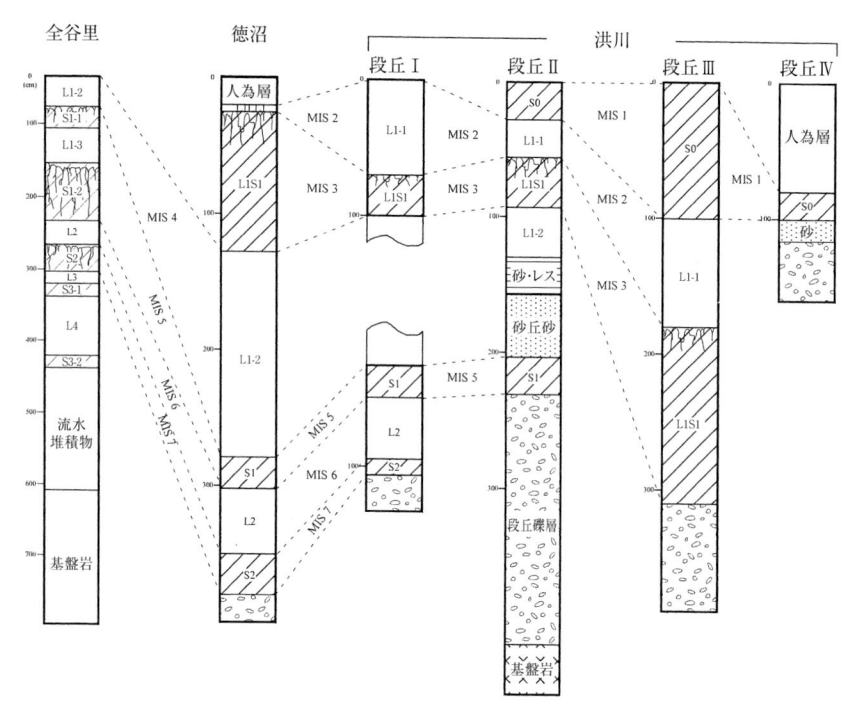

図7.11　洪川盆地のレス-古土壌と全谷里レス，徳沼レスの対比(Shin ほか，2005)

図7.12　洪川盆地の河成段丘とレスの編年(Shin ほか，2005)

3.8と低く，現地に分布する中生界岩石に由来するとみられる．一方，亭子里レスの微細石英は6.9であるので，中国内陸部の乾燥地域から夏季偏西風ジェット気流によって運ばれた風成塵とみられる．

内陸部の彦陽ではレスに含まれる4ϕよりも粗粒な物質は最大で60％を超す．これは背後山地から流水によって運ばれた粗粒物質がレス中に多量に混入しているからである．なお，レスに含まれる微細石英の酸素空孔量は16.5以上である．

葛谷里のL1-2層は粗粒物質の占める量が多いが，上層になるにつれて細粒物質の占める割合が高くなる．微細石英の酸素空孔量は17.7であり，風成塵起源と考えられるのに対して，63μm以上の粗粒石英は4.6であり，周辺に分布する中生界岩石に由来すると思われる．

以上のように，レスに含まれる微細石英は，L1-1層，L1-2層，L2層，L3層ともに10以上の値を示すので，先カンブリア紀岩分布地域から飛来した風成塵であり，一方，63μm以上の粗粒石英は現地性物質と考えられる．

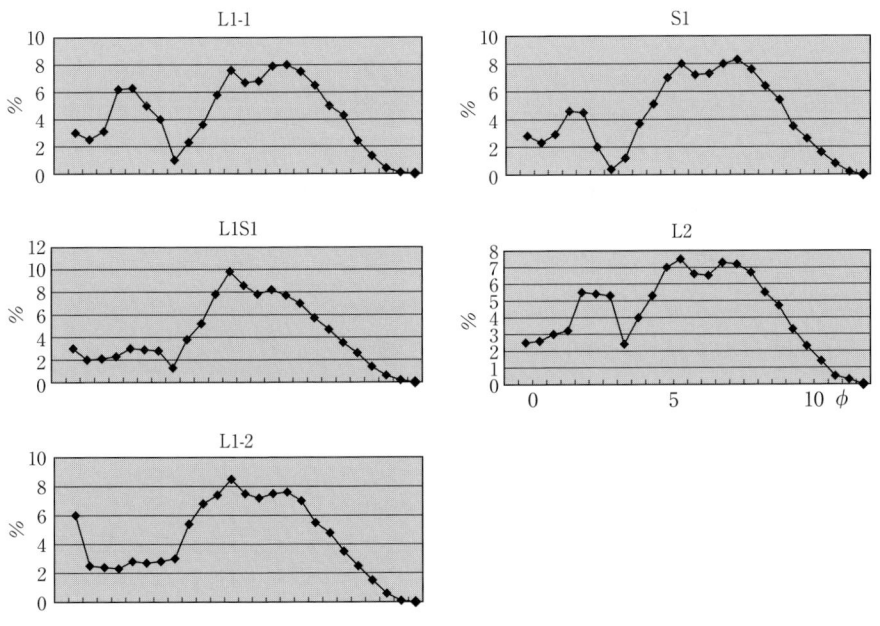

図7.13 九龍浦海成段丘上のレス-古土壌堆積物の粒度組成
L1-1〜L2は図7.7九龍浦を参照．

8
中 国 黄 土

　図8.1には，日本列島の面積の2倍近い広さの黄土分布が示されている．このほか図示されてはいないものの，薄い黄土層を含めると北緯28°よりも北にはほぼ全域に黄土が分布しているといってよい．一方，北緯28°以南になると高温多湿で赤色風化が進むために黄土かどうかを見極めるのが難しくなる．中国黄土の大部分は寒冷な氷期に堆積したものであるが，遠藤（2002）によれば，氷期末にチベット高原や天山山脈で融氷洪水が多数発生して沙漠に大量の土砂が供給され，それが黄土の材料になったという．このときの大量の土砂によって，沙漠ではドウラと呼ばれる縦列砂丘が形成され，風下には多量の風成塵が運ばれた．タクラマカンの細粒物質の多くは風成塵として飛散してしまったが，いまだ表層に細粒物質が多く残っているゴビ沙漠のほうが風成塵の給源としては重要だという．

8.1 黄土の編年

　中国中央部に広がる黄土高原の黄土について，19世紀後半にRichthofen (1877) が風成論を展開したのを嚆矢として，Teilhard de Chardin and Young (1930) によって，馬蘭黄土とその下位の紅色土が第四紀の風成堆積物とその風化物として編年されるようになった（表8.1；写真8.1）．

　中国では，欧米で行われてきたような古気候と黄土-古土壌層序の関係が1950〜60年代に確立されるようになった．この時期の代表的な研究の一つである劉・張（1962）の研究は哺乳動物化石によって黄土層序を組み立て，洛川黄土を馬蘭，上部離石，下部離石，午城の4黄土層に区分している．さらに，この時期に黄土の給源についての研究が進み，黄土がゴビ沙漠や北中国に広がる沙漠から運ばれた細粒物質からなることが明らかにされるようになった．現在では，黄土の供給源として沙漠のほかに海岸平野をはじめチベット高原の扇状地や氾濫原も加えられるようになっている．

　一方，黄土分布に関する研究は1940年代に始まっている．1964年には劉が黄

表 8.1 中国黄土の編年（劉, 1985）

地質年代		Richthofen (1877)	Andersson (1923)	Teilhard de Chardin and Young (1930)	劉・張 (1962)	劉(1985)		年代 (万年)
						黄土-古土壌層序		
現代（全新世）(完新世)		Q_4	次生黄土			全新世黄土	S_0	1
更新世	晩更新世（後期更新世）	Q_3	馬蘭黄土（原生黄土）	馬蘭黄土	馬蘭黄土	馬蘭黄土	L_1	
			黄				S_1	14
							L_2	
							S_2	25
	晩中更新世（中期更新世）	Q_2^2		紅	C	離石黄土上部	離石黄土上部	L_3	33
							S_3	33
							L_4	
							S_4	41
							L_5	
							S_5	56
							L_6	
	早中更新世（前期更新世）	Q_2^1		色		離石黄土下部	離石黄土下部	S_6-S_8	77
							L_9	
				土			S_9-S_{14}	109
							L_{15}	
					B		W_{S-1}	148
	早更新世（前期更新世〜鮮新世）	Q				午城黄土	午城黄土	W_{L-1}	
					土		W_{S-2}	187
							W_{L-2}	
					A		W_{S-3}	222
							W_{L-3}	

土分布についての研究成果をまとめ，黄河中流域の黄土分布図を表している．その後，1984年から中国全土の黄土分布図の作成が進められている（図8.1）．

　1970年代になると中国科学院と外国研究機関との共同研究が進められるようになり，黄土と第四紀気候変動，チベット高原の意義などについての研究が急速に進展するようになった．洛川黄土の熱ルミネッセンス測定などもその一つであり，こうした分析法の導入は中国黄土の年代決定や国際対比に威力を発揮するようになった．

　1980年代には Heller and Liu（1982）が洛川黄土（35.8°N, 109.2°E）の古

8 中国黄土

写真 8.1 中国大同市東方の黄土
離石黄土と馬蘭黄土が堆積する．

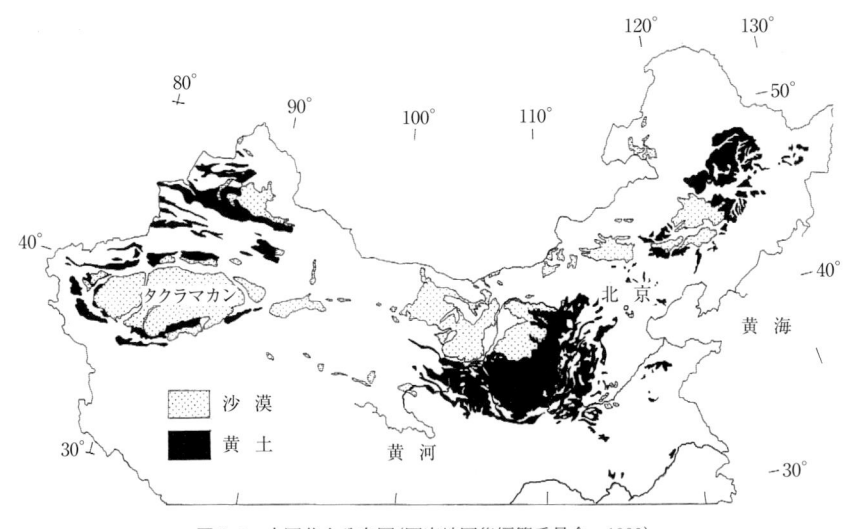

図 8.1 中国黄土分布図(国家地図集編纂委員会, 1999)

　地磁気，帯磁率（初磁化）率，TL（熱ルミネッセンス），粒度組成，化学組成，鉱物・古土壌分析などを使った黄土-古土壌層序が確立されている．これによると黄土は 2.4 Ma（100万年）から堆積を開始し，それは北半球の氷期開始時期に一致することや，黄土の堆積速度が Jaramillo（0.99〜1.07 Ma：酸素同位体年代による）以前は 0.046 mm/年であったものが，以後になると 0.073 mm/年

写真 8.2 中国黄土高原黄土（口絵 10）
最下部には約 260 万年前の紅色粘土が堆積し，その上に午城黄土〜
馬蘭黄土が堆積する．

へと増加したことなどが知られるようになった．同時に V 28-239 深海底コアから得られた酸素同位体比との対比によって，中国黄土の堆積が世界的な気候変動に連動していることも明らかにされた．

このほか蘭州では 1.3 Ma からの黄土が厚さ 330 m も堆積していることが明らかにされるなど，1980 年代には黄土高原の洛川，西峰，蘭州が主な研究地域となり，世界の注目がここに集まるようになった．洛川黄土については笹嶋・王 (1983) による日中共同研究が進められ，黄土の古地磁気，熱ルミネッセンス，化石，古土壌，化学分析などの総合的な研究が世界の注目を集めている．

1990 年代になると同じ黄土高原の宝鶏（Baoji；34.2°N，107.0°E）において，Rutter ほか (1990) や Ding ほか (1993) が約 260 万年間の黄土-古土壌層序を確立し，古地磁気や帯磁率の変動を明らかにした．そして Heslop ほか (2000) によれば，宝鶏黄土の粒径変化，洛川黄土の帯磁率が，Shackleton ほか (1990) による ODP 677 の酸素同位体比変動や，北緯 65°の日射量変動との間に密接な関係があるという．こうした研究によって，中国黄土の堆積開始は，古土壌 S 32（260〜253 万年前）の上下に堆積する黄土の 253〜237 万年前から始まることが判明した（写真 8.2）．

このように黄土高原の洛川や宝鶏の黄土断面の研究によって，約 260 万年前からの気候変動に関する多くの情報がもたらされるようになり，過去 42 万年間の風成塵と気候との対応を明らかにした南極ボストークコア（Petit ほか，1999）

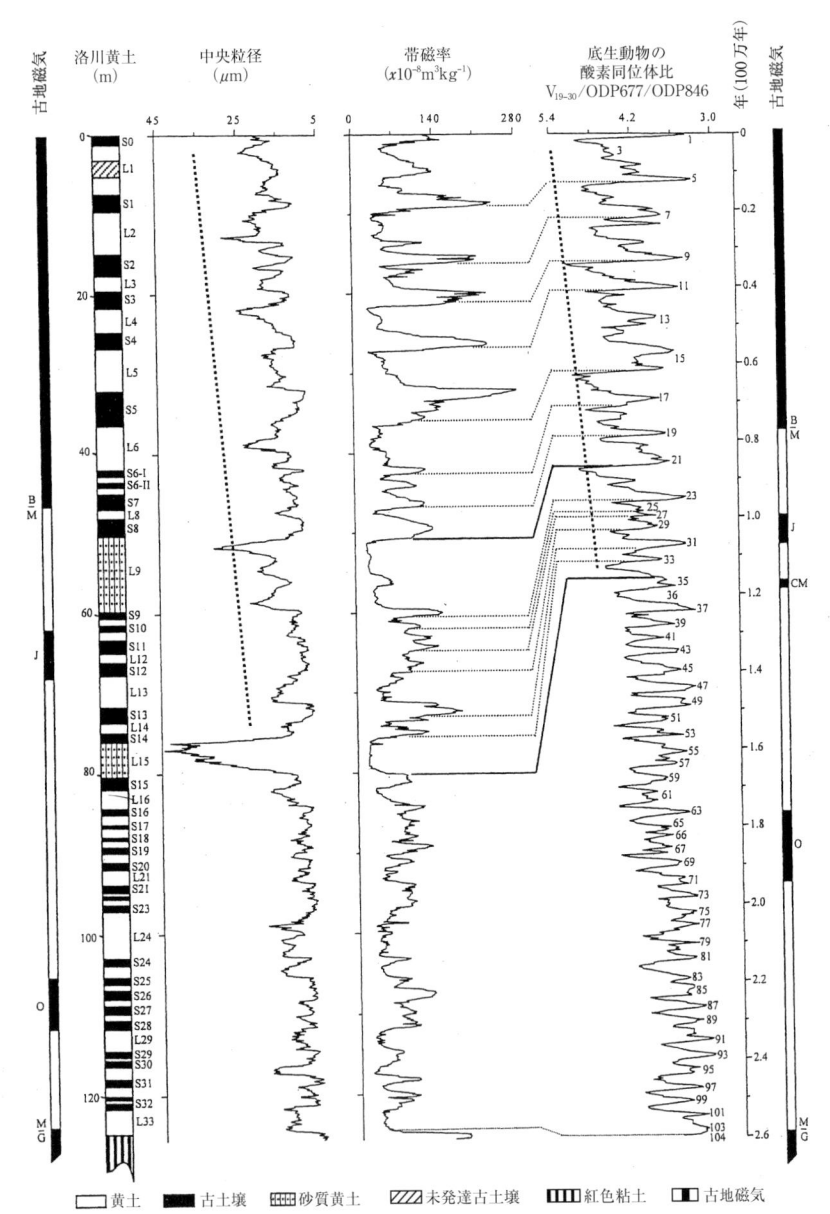

図8.2 洛川断面の中央粒径値および帯磁率と太平洋海底コアから得られた $\delta^{18}O$ の関係(Sun and Liu, 2000 による).

酸素同位体比曲線は0〜34万年前：V_{19-30}(Shackleton ほか, 1985), 34〜181.1万年前：ODP 677 (Shackleton ほか, 1990), 181.1〜258万年前：ODP 846(Shackleton ほか, 1995 a, b)による.

8.1 黄土の編年

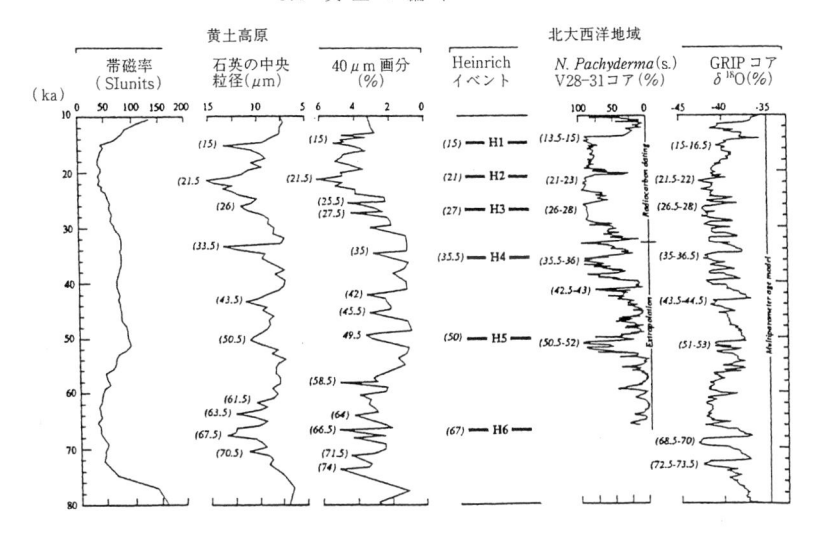

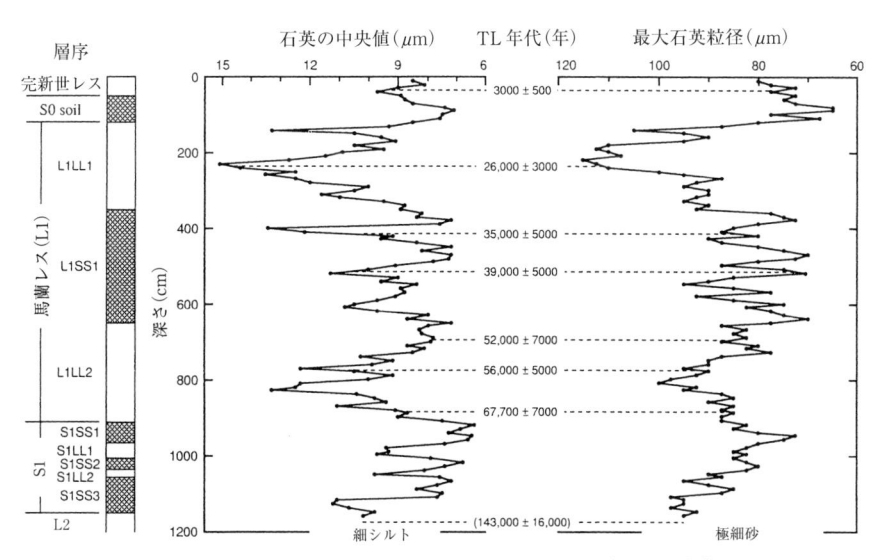

図 8.3 上図：黄土高原レスの粒度組成と北大西洋地域の深海底コア・氷床コアの酸素同位体比 (Porter and An, 1995), 下図：洛川黄土の平均石英粒径と最大粒径, SPECMAP $\delta^{18}O$ の対比 (Xiao ほか, 1995)

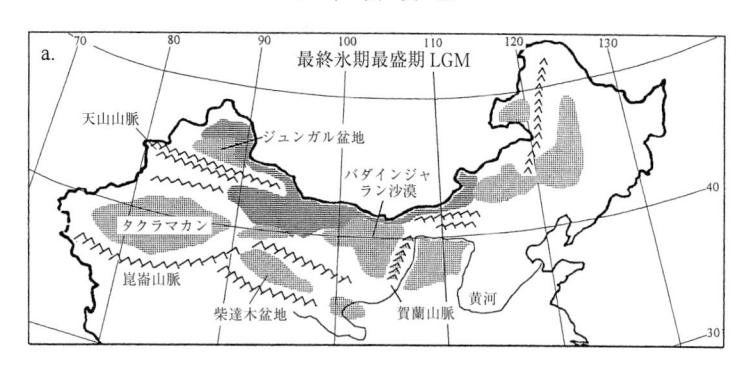

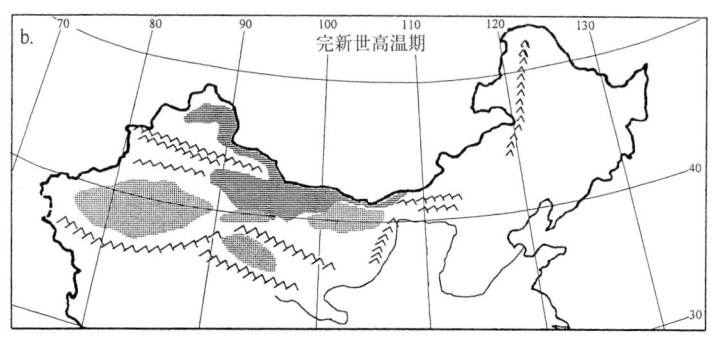

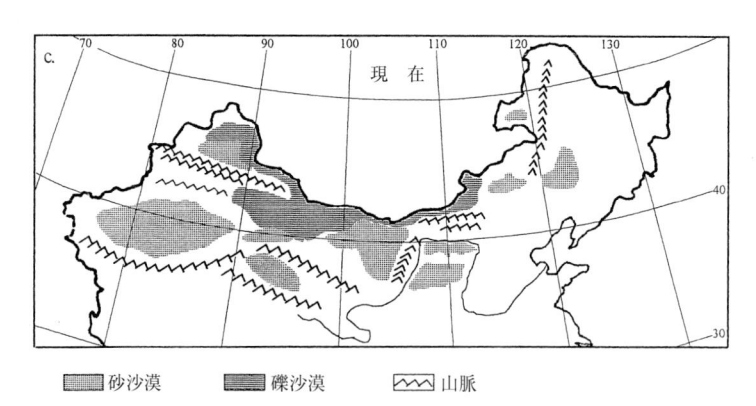

図8.4 a. 最終氷期最盛期 MIS 2, b. 完新世高温期, c. 現在の3時期における砂沙漠, 礫沙漠分布域変化(Ding ほか, 1999)

とともに，レスが高精度気候変動の手がかりになることが明らかになった（図8.2）．

黄土高原では，このほか黄土フラックス（単位時間の堆積量）や粒度組成から

見たモンスーンの強弱が論じられるようになった．An ほか（1991a）は，洛川黄土のフラックス変化が最終氷期の気候変動に一致すること，Ding ほか（1994），Porter and An（1995），Xiao ほか（1995）は黄土の中央粒径値や 40 μm 以上の粒度組成比が北大西洋地域で明らかになったボンドサイクルやダンスガード-エーシュガーサイクルに対応していること，北大西洋地域と中国が偏西風効果で連携していることなどを明らかにしている（図 8.3）．

また黄土を供給する沙漠の変遷も明らかにされるようになり（Ding ほか，1999），中国北部および東北部において氷期に沙漠が拡大することが図示されるようになった（図 8.4）．

8.2 長江流域の黄土

中国長江中流域には，リャンフー（両湖）平野と呼ばれる広大な沖積平野が発達している．リャンフー平野の南部には洞庭湖が広がり，その西岸に澧陽平野が発達している．澧陽平野は，中国湖南省常徳市澧県を流れる澧水と涔水の河間地に発達する東西約 30 km，南北約 16 km の平野で，平野の大部分は標高 37〜51 m の黄土台地からなる（図 8.5）．

澧陽平野は中国黄土分布地域の南限とされ（劉，1985），黄土が分布している．この一帯の黄土は MIS 10 よりも古いものも累積しているが，そのうち MIS 6 以降に堆積した 4 層の黄土が澧陽平野の台地を形成している．しかし長江河口から約 1000 km も上流に位置しながら標高がわずか 30 m にすぎないことからもわかるように，本地域の隆起速度は小さいので台地といっても氾濫原の比高は 1〜2 m にすぎない．なお鄭（2002）は，長江下流域に分布する黄土を下蜀黄土と呼び，黄土高原よりも細粒で粘土の割合が増加するという（写真 8.3）．

黄土の層序

黄土台地上に堆積する黄土は，YD，L1-1，L1-2，L2 の計 4 層からなる．各黄土の間には古土壌が埋没している．古土壌は YD 黄土下の黒色土 S0（13 ka〜17 ka）をはじめ，褐色土 L1SS1（MIS 3），赤色土（S1：MIS 5 と S2：MIS 7）の 4 層が認められる（図 8.6）．

黒色土 S0 最下部の ^{14}C 年代は 1 万 7300 cal yr BP である．一方，黒色土最上部の ^{14}C 年代は 1 万 3200 cal yr BP である．したがって，最終氷期最盛期を過ぎて北緯 28°に位置するこの地域の気候が温暖湿潤化するにつれて，L1-1 黄土上に自然，あるいは人為的な野焼きによって腐植が集積するようになり，黒色土が

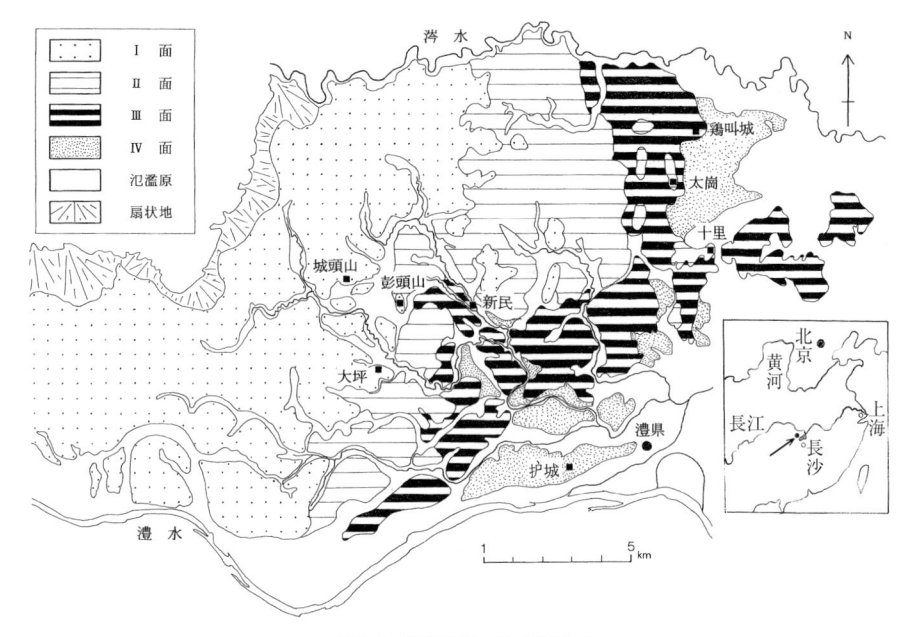

図8.5 澧陽平野の地形分類図

生成されるようになったことを示している．いずれにしても黄土に豊富に含まれるCaが腐植を固定して黒色土の生成に寄与したことは疑いない．

この黒色土の生成が1万3200年前に中断し，かわって厚さ約20 cmの新ドリアス期黄土（YD）が堆積するようになった．新ドリアス期の一時的な寒冷かつ乾燥した気候下で，澧陽平野はYD黄土が堆積するような環境に変化したのであろう．

L1-1黄土はMIS 2の，L1-2黄土はMIS 4のそれぞれ寒冷乾燥気候下で堆積したものである．黄土に含まれる微細石英のESR分析によれば，澧陽平野の黄土は黄土高原の黄土とは供給源が異なっている．澧陽平野に堆積する黄土物質-風成塵の酸素空孔量8.4〜12.9は，南西諸島の宮古島以南に堆積する風成塵の数値とほぼ一致しているので，おそらく亜熱帯ジェット気流によってチベット高原あるいは中国南部の先カンブリア紀岩地域から澧陽平野に運ばれたのであろう．

L1-1黄土とL1-2黄土の間に埋没する褐色古土壌L1SS1は，MIS 3のやや温暖湿潤な気候下で生成されたものである．L1-2黄土の下に埋没するS1赤色土は，MIS 5の温暖湿潤な気候下で生成されたものであり，図8.7に示すよう

8.2 長江流域の黄土　　　　　　　　　　　　　　113

写真 8.3 中国湖南省澧陽平野の黄土層
離石黄土と馬蘭黄土が堆積する．

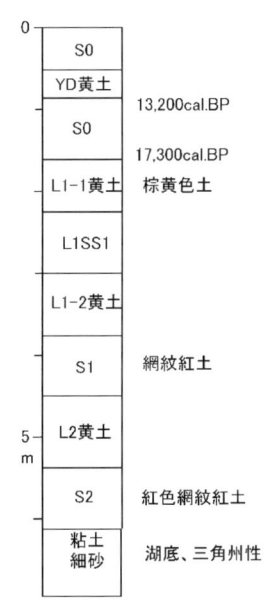

図 8.6 澧陽平野の黄土-古土壌模式断面図

にⅢ面よりも古い時期の段丘上に堆積している．
　L 2 黄土は MIS 6 の寒冷期に堆積したもので，Ⅰ面上とⅡ面上に堆積してい

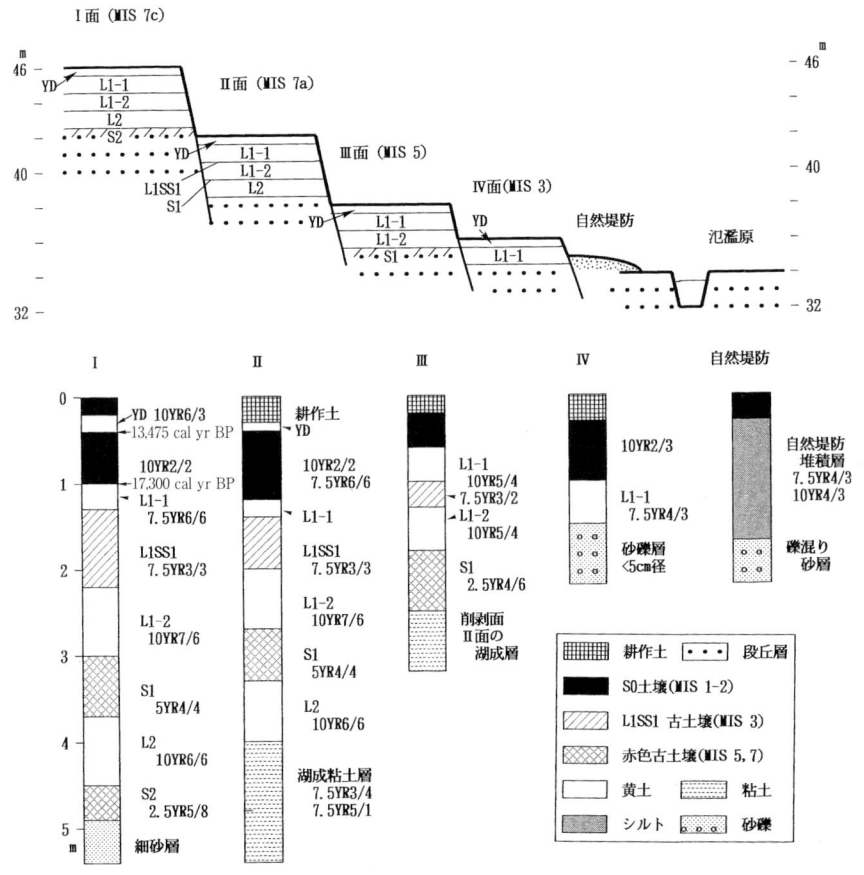

図8.7 澧陽平野の地形，地質断面図

る．L2黄土はII面上では段丘堆積物を直接に覆っているが，I面上では段丘堆積物との間にS2赤色土を挟在している．S2赤色土はMIS7aに生成された古土壌であり，I面の段丘堆積物はMIS7cの温暖期に洞庭湖に面した三角州の堆積物である．

8.3 澧陽平野の地形発達史

　地形分類にあたっては，同地域の衛星写真と地形図を利用して地形分類予察図を作成するとともに，平野内で操業しているレンガ採土場を訪れ，そこに露出している黄土断面を観察し，黄土試料を採取した．

8.3 澧陽平野の地形発達史

澧陽平野の地形は，図 8.5 と図 8.7 に示すように I 〜 IV の 4 面の黄土台地のほか，扇状地，氾濫原の 6 地形に区分される．国家文物局（1997）は澧陽平野の地形面を 1 級と 2 級に分類しており，この地域の I，II，III 面が 2 級に，IV 面が 1 級にあたる．

a. 黄土台地 I 面

標高（43〜51 m）に発達し，大坪のレンガ工場に最も良い露頭がある．大坪の露頭では最上部に耕作土と黒色土が堆積し，その下に新ドリアス期に対比される厚さ 20 cm の黄土層 YD が堆積する．この YD 黄土の下には厚さ 80 cm の黒色土が堆積している．この黒色土の最上部層準に含まれる腐植の ^{14}C 年代は 1 万 3475 cal yr BP（Beta-143223）である．さらに黒色土最下部層準に含まれる腐植の ^{14}C 年代は 1 万 7540〜1 万 7125 cal yr BP（Beta-136756）である．

この黒色土の下には L 1-1 黄土，L 1 SS 1 (MIS 3) 古土壌，L 1-2 黄土，S 1 赤色土 (MIS 5)，L 2 黄土 (MIS 6)，S 2 赤色土 (MIS 7 a) が観察され，最下部に三角州性の細砂層が堆積する．城頭山遺跡や彭頭山遺跡はこの台地上に立地している．

b. 黄土台地 II 面

標高 40 m から 42 m にかけて発達し，十里と太崗にあるレンガ工場の露頭が最も良好な断面である．十里と太崗の露頭では最上部に耕作土，その下に YD 黄土，黒色土，L 1-1 黄土 (MIS 2)，L 1 SS 1 古土壌 (MIS 3)，L 1-2 黄土 (MIS 4)，S 1 赤色土，L 2 黄土 (MIS 6) が堆積し，最下部に湖成粘土層が堆積する．この湖成粘土は MIS 7 に洞庭湖に堆積したものである．

c. 黄土台地 III 面

この面は標高 37 m から 40 m にかけて発達し，新民のレンガ工場に良い露頭がある．最上部は耕作土，その下に黒色土，L 1-1 黄土，L 1 SS 1 古土壌，L 1-2 黄土，S 1 赤色土が堆積している．最下部は湖成粘土層である．なお S 1 赤色土からは約 10 万年前に対比される旧石器が出土する．鶏叫城遺跡はこの面上に立地する．

d. 黄土台地 IV 面

この面は標高 35 m から 37 m にかけて発達し，最も良好な露頭は澧県市街地に近い護城のレンガ工場で観察される．ここでは黒色土の下に L 1-1 黄土が堆積し，最下部は澧水が運搬した砂礫層である．この L 1-1 黄土層から旧石器が出土する．

e. 扇状地と氾濫原

扇状地は平野の西にある丘陵の麓に発達しており，長さが1〜2 kmの小規模なものである．氾濫原は澧水沿いと涔水沿いに発達するほか，平野の東にあたる標高35 m以下の地域に広く発達している．かつて洞庭湖の湖水域であったところである．

澧水と涔水の河道沿いには自然堤防が発達している．とくに澧県市街地付近に広く発達している．黄土台地上には狭い谷底平野が発達している．城頭山遺跡と彭頭山遺跡周辺は例外的に谷底平野が広く，谷幅は1 kmにもなる．谷底平野に堆積する沖積層の厚さは概して薄く，城頭山遺跡の東500 m地点の谷底平野では沖積層の厚さは200 cmにすぎない．

f. 地形発達

澧陽平野は旧洞庭湖にのぞむ平野であり，かつては洞庭湖がこの平野まで広がっていたことを黄土層下の細砂や粘土によって知ることができる（図8.8）．洞庭湖は，気候が温暖な時代には夏季モンスーンがもたらす多雨によって湖水域が拡大し，逆に寒冷な時代に縮小したと考えられる．そして，リャンフー平野では温暖なMIS 7cに洞庭湖が広がり，おそらくこの平野の大部分が湖水域であっ

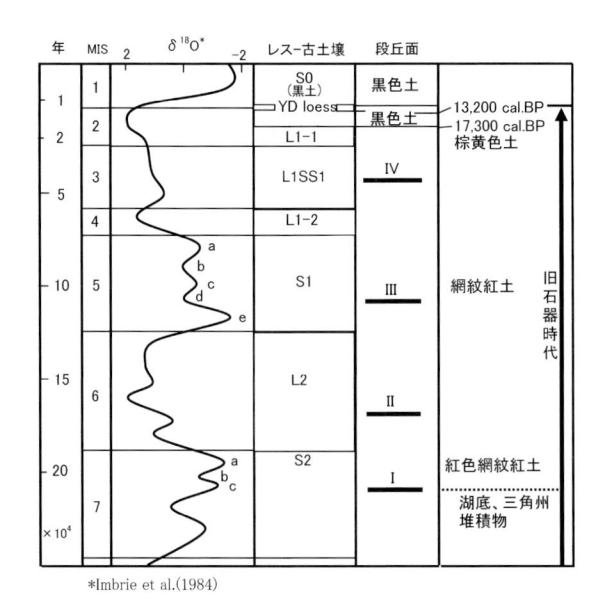

図8.8 澧陽平野の黄土-古土壌と地形面の編年

たと思われる．城頭山遺跡付近は洞庭湖に臨む三角州であって，澧水が上流から運んできた細粒な砂が堆積する環境であった．

やや寒冷なMIS 7 bになると洞庭湖の水位が低下し，I面にあたる地域が離水し始めた．そして陸化した地域の砂層上部がMIS 7 aの温暖湿潤な気候下で赤色風化を受けたものと見られる．この赤色土の中から約20万年前とみられる旧石器が発見されており，離水した地表で人々の生活が始まったこと物語っている．しかし，十里などのII面分布地域は湖水域のままであり，依然として湖成粘土層が堆積していた．

寒冷なMIS 6になると乾燥気候に変わり，洞庭湖の水位が低下した．それに伴ってII面が離水するようになった．そしてI面上やII面上には寒冷で乾燥した気候条件の下でL 2黄土が風で運ばれ，堆積するようになった．MIS 6の後半になって洞庭湖の水位がいっそう低下すると侵食基準面が低下し，上流域にあたるI面分布地域では台地上を流れる河川によって侵食を受け，谷底平野の形成が始まった．

最終間氷期MIS 5になると温暖湿潤化し，S 1赤色土が生成されるようになった．この時期にはIII面が離水し，III面の段丘堆積物が赤色風化を受けるようになった．

この後，最終氷期に入り，MIS 4の寒冷乾燥期にL 1-2黄土が堆積した．MIS 3になるとやや温暖湿潤化するようになってL 1-2黄土上に褐色土L 1 SS 1が生成されるようになった．一方，この時期に河川の堆積作用が活発化し，澧水流域では砂礫が堆積するようになった．これがIV面を構成する砂礫堆積物である．

最寒冷期MIS 2になると再び寒冷乾燥化したために洞庭湖の水位が低下し，河川が下刻を始めるようになった．IV面も離水して台地化するようになった．そしてL 1-1黄土が堆積するようになった．IV面の砂礫層上にもL 1-1黄土が堆積し，IV面上にある護城のレンガ工場のL 1-1黄土中からは旧石器が出土する．

MIS 2の最寒期を過ぎ，1万7000年前から温暖化が始まり，澧陽平野の黄土台地上にも黒色土の生成が始まるようになった．しかし1万2000年前，一時的に寒冷な新ドリアス期に再び乾燥化し，YD黄土が堆積した．

完新世に入ると夏季モンスーンが活発になり，流量を増した河川は流域に氾濫を繰り返して氾濫原を形成し，河道沿いに自然堤防が発達するようになった．

9
最終間氷期以降における
風成塵堆積量の変化

　黄土を構成する物質はすべて風成塵である．したがって風成塵フラックスは，風成塵フラックス EF（g cm^{-2}・1000年）＝乾燥容積重 DBD×厚さ H/堆積時間 T で求まる．しかし黄土高原では黄土中にカルサイト CaCO$_3$ が集積しているので，そのままではフラックスを求めることができない．そこで An ほか（1991 a）は，洛川黄土断面でカルサイトを除去した最終間氷期以降のフラックスを求めている．

　彼らの分析によると，風成塵フラックスは最終間氷期（6.04〜7.5 g cm^{-2}・1000年）よりも最終氷期（17.22 g）で増加し，とくに 7.5〜6.5万年前と 2.5〜1.5万年前で 25.60 g に増加し，5.5〜3.5万年前（10〜12 g）に減少する．完新世初期（15.87 g）には 5.5〜3.5万年前よりも多く，完新世中期にはいったん減少するものの，完新世後半から人為によるフラックスが増加する．Xiao ほか（1992）は，フラックスが増大する時期に黄土が粗粒化するのは冬季季節風が強くなったからだと考えた．こうした黄土高原での風成塵フラックス変動が日本のレスにどのように記録されているのであろうか．

9.1　風成塵堆積量の分析方法

　風成塵の量的な変化は，既知の火山灰年代から単位時間あたりの堆積量，すなわち風成塵フラックス（g cm^{-2}・年）として表すことができる．しかし，この方法では，例えば AT と DKP（大山倉吉）両火山灰に挟まれるレスのフラックスは，その期間における平均的な量としてしか表すことができない．ここで明らかにしたいのは，もっときめ細かな量的変化であるので，現地においてレス断面から 10 cm 等間隔で試料を採取し，単位体積中の堆積量（g cm^{-3}）を求めることにした．堆積量は，堆積量（g cm^{-3}）＝厚さ（1 cm）×単位面積（1 cm^2）×乾燥容積重（g cm^{-3}）×＜20 μm 重量％である．

　採土器に装着した容量 100 cc のステンレス管で採取した試料を 105℃で乾燥させた後，乾燥容積重を求めた．なお，粒度を＜20 μm（以下）としたのは風成塵

の平均粒径が3～30μmであり，しかも30μm以下とシルト以下（20μm以下）の両画分の量は1g cm^{-3}以下にすぎず，ほとんどが20μm以下にすぎないからである．

9.2 九州～北海道のレスに記録された風成塵堆積量

風成塵堆積量を求めるために，日本海沿岸に発達する古砂丘地から8ヶ所を選び，風成塵を主な母材とするレスを採取した（図9.1）．古砂丘地を選定した理由は，①周囲から流水物質が流れ込むことが少ない地形であることと，②日本列島のように降水量の多い地域では土壌侵食が激しいために，レスの多くが削剥されているので堆積量の試算には不適当なレス断面が多いが，砂丘地は風成砂によってレスが被覆されているために保存状態が比較的良いからである．

8地域のレスに関して，三里松原は成瀬・井上（1982），出雲は成瀬・井上（1983），鳥取・網野は成瀬（1989），潟町は成瀬（1993），能代・津軽半島屏風山砂丘は劉（1992），北海道羽幌は成瀬ほか（1997）によって，それぞれの層序・堆積年代の分析が行われている．

8地域のレスは，図6.3に示すようにMIS 5 e以降の風成砂の間に堆積する2

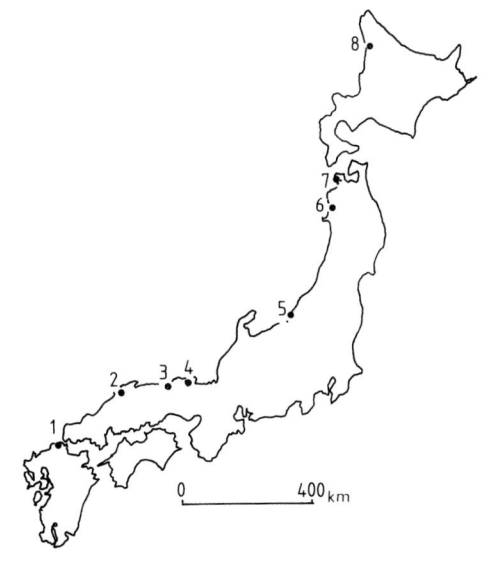

図9.1　試料採取地点
1三里松原，2出雲，3鳥取，4網野，5潟町，6能代，7屏風山，8羽幌．

〜5dの5層に区分される．レス2はMIS 2，レス3はMIS 3，レス4はMIS 4，レス4bはMIS 5b，レス5dはMIS 5dにそれぞれ対比される．このレスについて堆積量（g cm^{-3}）を測定した結果は，次のようにまとめられる（図9.2）．

a. 最終間氷期 MIS 5

MIS 5e，5c，5aの3温暖期は相対的に海水準が高く，当時の海浜から砂が供給され，砂丘が形成された．一方，レス5dとレス5bは，MIS 5dおよびMIS 5bの相対的な寒冷期に堆積したものである．この時期のレスは第7章の韓国全谷里レスでも認められ，風成塵が増加した時期である．レス5dの堆積量は出雲で0.71g，屏風山で0.44gである．レス5bは三里松原，出雲，屏風山に分布し，三里松原0.5g，出雲0.74g，屏風山0.37gである．

b. 最終氷期 MIS 4〜MIS 2

最終氷期に堆積したレス2・3・4の堆積量は全域で増加し，とくにレス4とレス2で多く，なかでもMIS 2に対比されるレス2で最も堆積量が多い．レス

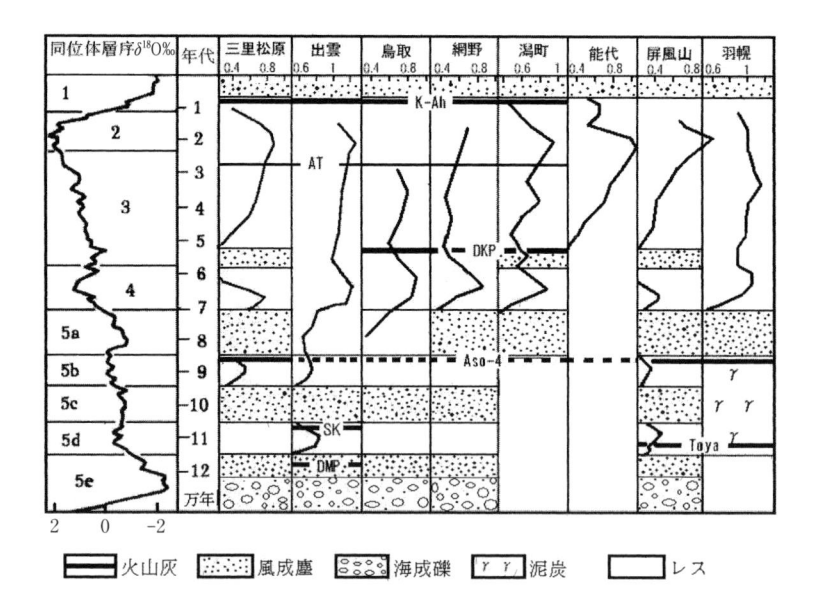

図9.2 MIS 5以降の風成塵堆積量(g cm^{-3})
DMP：大山松江，SK：三瓶木次，Toya：洞爺，Aso-4：阿蘇4，DKP：大山倉吉，AT：姶良Tn，K-Ah：鬼界アカホヤ．

3はAT直下でピークが認められる．

　MIS 4 のレス 4 は，三里松原 0.76 g，出雲 1.28 g，鳥取 0.97 g，網野 0.85 g，潟町 0.74 g，屏風山 0.44 g，羽幌 1.05 g である．MIS 3 のレス 3 は，レス 4 やレス 2 ほどではないが，やはり堆積量が多い時期である．三里松原 0.70 g，出雲 1.1 g，鳥取 0.8 g，網野 0.55 g，潟町 0.8 g，能代 0.76 g，屏風山 0.5 g，羽幌 1.15 g である．

　MIS 2 にあたるレス 2 の堆積量は最終氷期中では最も多く，三里松原 9.0 g，出雲 1.23 g，網野 0.7 g，潟町 0.96 g，能代 1.06 g，屏風山 1.02 g，羽幌 1.0 g である．

c. 完 新 世

　完新世に形成された砂丘に埋没するクロスナにも大陸起源の風成塵が多く含まれている（成瀬，1989）．北海道天塩砂丘のクロスナに含まれる微細石英（1〜10 μm）の酸素同位体比は 15.6，浜頓別砂丘のクロスナのそれは 15.9‰ であった（Naruse ほか，1986）．この数値は，クロスナに含まれる微細石英がアジア大陸起源であり，完新世においてもアジア大陸起源の風成塵が砂丘上に堆積し，土壌母材になったことを示している．こうした風成塵が砂丘上に堆積することによって劣悪な砂丘表層の理化学性が改良され，砂丘上に植生の進入が促され，クロスナの生成が加速されたのであろう．

　図 9.2 には示していないが，クロスナに含まれる風成塵の堆積量は三里松原 0.15 g，潟町 0.49 g，能代 0.49 g，屏風山 0.47 g である．したがって最終氷期最盛期のレス 2 は完新世のクロスナに混入した風成塵の約 2.0〜4.7 倍であるので，最終氷期の風成塵の飛来量がはるかに多かったことが示されている．

9.3　風成塵の堆積量と古環境変化

　北九州から北海道にかけて測定された，日本海沿岸における最終間氷期以降の風成塵堆積量の平均値は，AT 上に堆積するレス 2 が 0.98 g と最大で，つづいて DKP と Aso-4 間に堆積するレス 4 が 0.87 g と多く，レス 3 が 0.80 g となっている．そして最終間氷期のレス 5b は 0.54 g，レス 5d は 0.58 g，完新世のクロスナは 0.4 g である．

　一方，黄土高原で風成塵フラックスが増加する時期は，An ほか（1991a）によれば，レス 4 に対比される MIS 4 とレス 2 に対比される MIS 2 の両時期である．したがって風成塵の堆積が活発化したのは，中国大陸と日本列島でほぼ同じ

時期と考えてよい．

　このように東アジアにおいて同じように最終氷期に風成塵堆積量が多く，最終間氷期と完新世に少ないという結果は，気候変動，とくに風成塵を運ぶ冬季モンスーン変動を反映したものといえよう．

　東アジアにおける最終氷期は，安田（1987）によると，寒冷で乾燥した気候が卓越した時期であった．とくに MIS 4 と MIS 2 の両時期には南西モンスーンが弱体化し，アラビア海の深海底コアに含まれる湿潤熱帯植生の花粉が10％以下にまで減少し，とくに1.8万年前には最低の出現率であったという．日本列島では MIS 2 と 4 の両時期にスギ属の花粉が減少し，乾燥化したようである．このような乾燥・寒冷な環境下において，東アジアでは風成塵の輸送が増加し，レスが堆積したのであろう．

　MIS 2 と 4 の両時期は，Ono（1991）によれば，日本をはじめ東アジアにおいて氷河の発達した時期であった．両時期には，天山山脈やクンルン山脈などに発達した氷河からタクラマカン沙漠やゴビ沙漠にレス物質が大量に供給され，これらの沙漠から舞い上がった風成塵が黄土高原や日本列島に大量に飛来したと思われる．この両時期のほかに，黄土高原では約3.3万年前から風成塵フラックスが増加し始めているが，日本列島でもこの時期に風成塵の堆積量が増加している地域が鳥取，潟町，羽幌に認められる．

　さて，黄土高原において An ほか（1991a）は，洛川の風成塵フラックス（$g\ cm^{-2}\ yr$）が MIS 2 と 4 で同じか，むしろ MIS 4 において多いことを報告したが，Anderson and Hallet（1996）は図9.3に示すように MIS 2 の堆積量（$mm\ yr^{-1}$）が MIS 4 よりも約1.3倍多かったことを明らかにしている．彼らの結果は Petit ほか（1990）による南極ボストークコアで検出された風成塵の量的変化とも一致している．もし，黄土高原における堆積量やフラックスが気候変動を反映したものであれば，黄土高原も日本列島も同じ変化が見られるはずである．

　MIS 2 と 4 の堆積量（$g\ cm^{-3}$）の違いを北九州の三里松原と青森県屛風山砂丘地の例で見ると，三里松原では MIS 2 のほうが MIS 4 よりも約1.3倍多いのに対して，屛風山の場合には2.5倍ほど多い．これはアジア大陸の中緯度沙漠を風成塵の給源とする北九州と，図8.4に示したように，最終氷期においてアジア大陸の北方に広がった沙漠（Wang and Sun, 1994；Ding ほか, 1999）を給源とする北日本への風成塵飛来量の違いを反映しているのではないだろうか．

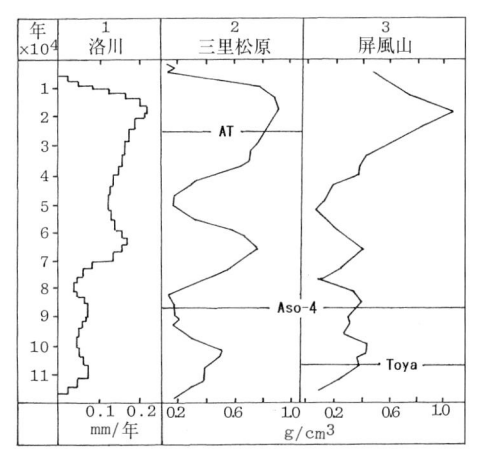

図 9.3 黄土高原洛川，福岡県三里松原，青森県屏風山の風成塵堆積量(成瀬・小野，1997)
洛川は Anderson and Hallet(1996)による．

　このほかに，とくに北九州の場合は，大陸起源の風成塵フラックスの違いに加えて，氷期に陸化した東シナ海や黄海の大陸棚面積が MIS 4 よりも MIS 2 において拡大したことを考慮に入れる必要がある．

　海水準が低下した最終氷期の日本列島では，アジア大陸からだけでなく陸化した大陸棚から舞い上げられた風成塵が飛来堆積したと考えられる．小野 (1988) は，日本列島の山岳氷河の拡大規模が MIS 2 よりも MIS 4 に大きかった理由として，両時期の大陸棚面積に差異があったためと考えている．すなわち，MIS 2 のほうが MIS 4 よりも大陸棚の陸化面積が広く，そのため風成塵の給源が拡大した可能性があり，風成塵の堆積量が増加したと考えられる．

　両時期の堆積量が異なるのは，大陸棚からの供給量が異なったためで，これを支持するデータとして，古砂丘に埋没するレスの微細石英の酸素同位体比がある．

　成瀬 (1989) は，日本海沿岸に発達する唐津から福井までの 6 砂丘地において，レスに含まれる微細石英の酸素同位体比が 12.3～14.8‰であり，現在飛来する黄砂 (16～17‰) の酸素同位体比よりもかなり低いことを指摘した．それは最終氷期に陸化した大陸棚から運ばれた風成塵がレスに混入したためと考えている．完新世になると水没した大陸棚からは風成塵が供給されず，もっぱら大陸から飛来する風成塵だけが堆積するようになった．例えば，北海道天北海岸に発達する新砂丘のクロスナ層に含まれる微細石英の同位体比は 15.6～15.9‰であり，

黄砂の数値にほぼ一致するので，この推論を裏付けている．

　以上のように，日本列島では風成塵の堆積量が最終間氷期には少なく，最終氷期になって増加し，とくに大陸棚が最も拡大したMIS 2に最大に達した．日本列島では，アジア大陸だけから風成塵が飛来したのではなく，陸化した大陸棚から飛来した風成塵が加わることによって，時期的，あるいは地域的な堆積量の違いを生じたのであろう．

10 ボーリングコアに含まれる風成塵から見た MIS 3 以降のモンスーン変動

　一般に，陸上では堆積よりも侵食が速く進む場合が多く，陸上堆積物を対象とした風成塵フラックスや堆積量変化の高精度分解能は劣っている．一方，海底も堆積量が少ないために高精度分解能での研究の条件に適うものは限られているという（多田ほか，1998）．しかし，泥炭層の中に含まれる風成塵は堆積当時の状態が比較的良く保存されるので，高精度分解能研究にとって好条件を備えている（阪口，1977）．この考えにしたがって，韓国済州島，岡山県細池湿原，福島県矢の原湿原，北海道剣淵においてボーリングコアを採掘し，泥炭あるいは有機物に含まれる風成塵物質について $10^1 \sim 10^2$ 年精度の堆積環境復元を試みた（図10.1）．

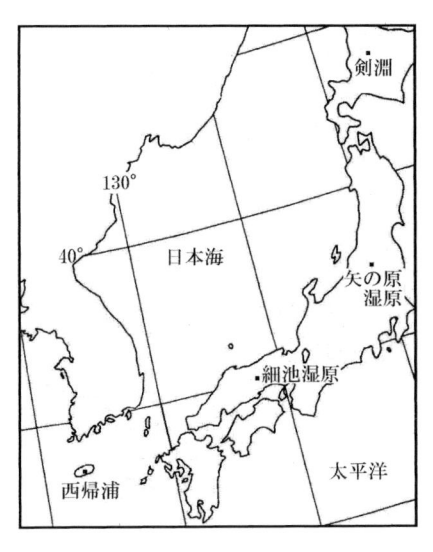

図10.1　研究地域

10.1 韓国済州島

済州島の南海岸に近い西帰浦（ソグィポ）マール（33°14′N，126°32′E）の底には厚さ9.4 mの有機質層が堆積しており，最下層の年代は2万9128 cal yr BP（GX-25164）である．有機質層に含まれる無機物の粒径は60 μm以下であり，マール内に流水物質を運ぶ水系がほとんどないので，そのほとんどが風成物質とみられる（Yatagaiほか，2002）．

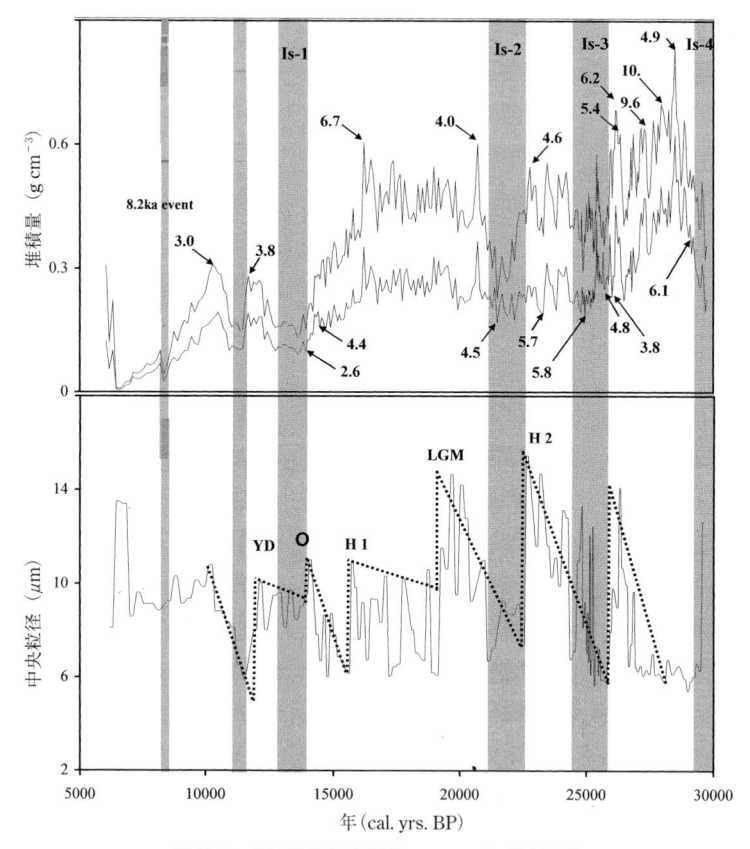

図10.2 韓国済州島西帰浦マールコアの分析結果
上図：風成塵堆積量．上の線は全量，下線は20 μm以下の量．数字は20 μm以下の微細石英の酸素空孔量（1.3×10^{15} spin/g）．
下図：中央粒径値．Is-1〜Is-4：亜間氷期，H：ハインリヒイベント，LGM：最終氷期最盛期，O：古ドリアス期，YD：新ドリアス期．中央粒径値が寒冷なH 2やLGMに粗く，温暖なIs-3，Is-2に急減する鋸歯状の変化が見られる．

マールに堆積する無機物量は比較的温暖な亜間氷期 Interstadial (Is) に減少し，逆に寒冷な時期に増加する（図10.2）．ことに 20 μm よりも粗粒物質の変動量が大きい．この粗粒物質は，その大きさから見てアジア大陸から風で運ばれたものではなく，氷期に干陸化した黄海や東シナ海から舞い上げられたものであろう．一方，20 μm 以下の微細物質の多くは，干陸化した陸棚から運ばれたもののほかに，アジア大陸から運ばれた風成塵が混じっていると思われる．

2.9〜2.6万年前の地層に含まれる微細石英の酸素空孔量は 9.6〜10.4 という高い値を示すので，その多くがアジア大陸の先カンブリア紀岩地域から飛来した風成塵と考えられる．ところが 2.5〜1 万年前になると酸素空孔量が 2.6〜6.7 へと極端に低くなる．この数値は先カンブリア紀岩の石英値（10.0以上）ではなく，第三紀層（2.0〜2.8）〜古生代（3.3〜4.7）の石英か，あるいは黄土高原の黄土（5.8〜8.7）が示す値に近い．

2.5万年前から海水準が低下して，済州島の周りの海域は第三紀層などが広く分布する東シナ海や黄海が陸化するようになった（斉藤，1998）．とくに黄海には，黄河が上流域から運んだ黄土物質が厚く堆積している．酸素空孔量から見ると，大陸棚が干陸化して，そこに堆積していた物質が風成塵となってマールに運ばれたのではないだろうか．それにタクラマカンやゴビ沙漠などから偏西風によって運ばれた風成塵が混入している可能性がある．この傾向は MIS 1 に再び海水準が上昇し，東シナ海が水没するまでつづく．

中央粒径 Md（50%値）を見ると，最終氷期中の寒冷期に向かって徐々に粗粒化し，亜間氷期 Is に急激に細粒化する．例えばハインリヒイベント H 2 に向かって 6 μm であったものがしだいに粗粒化し，H 2 において 15 μm になる．しかし，その直後の亜間氷期 Is-2 において 7 μm へと急に細粒化する．このような変化は，風成塵を運ぶ冬季モンスーンの風の強さが H 2 に向かって徐々に強くなり，Is-2 において急激に弱くなったことを示しているのではないだろうか．こうした中央粒径の鋸歯状変化は，大西洋海底コアで明らかになった鋸歯状の気候変動-ボンドサイクルにじつによく似ている（Bondほか，1993）．

10.2 岡山県細池湿原

岡山県の北東端，標高 970 m の 細池湿原（35°15′56″N，135°4′42″E）に流れ込む五輪原川の集水域には第四紀玄武岩が分布しており，湿原には最終氷期の 2.7 万年前から完新世にかけて層厚約 3 m のシルト，砂礫，泥炭が堆積している

写真 10.1 岡山県細池湿原でのボーリングコア掘削作業

(写真 10.1). Miyoshi (1989), 安田・三好 (1998) は, この湿原において過去3.3万年間に5花粉帯が識別されること, 野村ほか (1995) はボーリングコアを掘削し, 12枚のテフラを検出している.

細池湿原のC1とC2のボーリングコアは表層から泥炭, シルト, 砂礫, シルト質砂からなる. このうち礫は玄武岩の風化物, 砂は火山灰と玄武岩風化物, シルトの大部分は風成塵と火山灰物質である. コアには5枚の火山灰が挟在してお

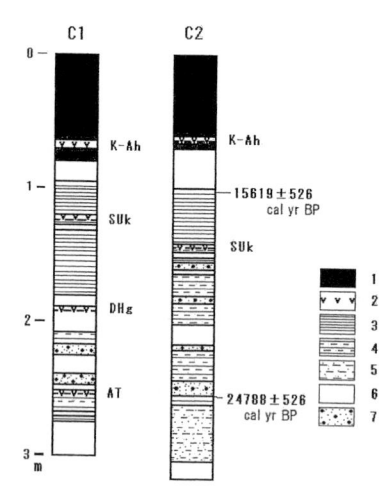

図 10.3 岡山県細池湿原コア柱状図(鈴木, 2002)
SUk：三瓶浮布, 阪手, DHg：大山東大山.
1 泥炭, 2 テフラ, 3 黒色シルト, 4 黒褐色シルト, 5 シルト砂, 6 褐色シルト, 7 砂礫.

り，上からK-Ah，SUk（三瓶浮布，阪手），DHg（大山東大山），ATである（図10.3）．このほかC2の深度99 cmに含まれる木材の^{14}C年代は1万5619±526 cal yr BP（Beta-181007），同256 cmに含まれる木材の^{14}C年代は2万4788±526 cal yr BP（Beta-181008）である．

　両コアの無機物量（g cm^{-3}）は27.5 ka（千年）〜DHg間のIs-4〜Is-3で多く，0.75 gを超える．DHg直後から0.5 g以下に減少するが，温暖なIs-2において再び0.70 gを超えるピークが出現する（図10.4）．その後，両コアとも無機物量が減少し，15 ka層準まで0.25 g以下が続く．しかし，Is-1から上層になると無機物量が急増し，幅広いピークが現れる．

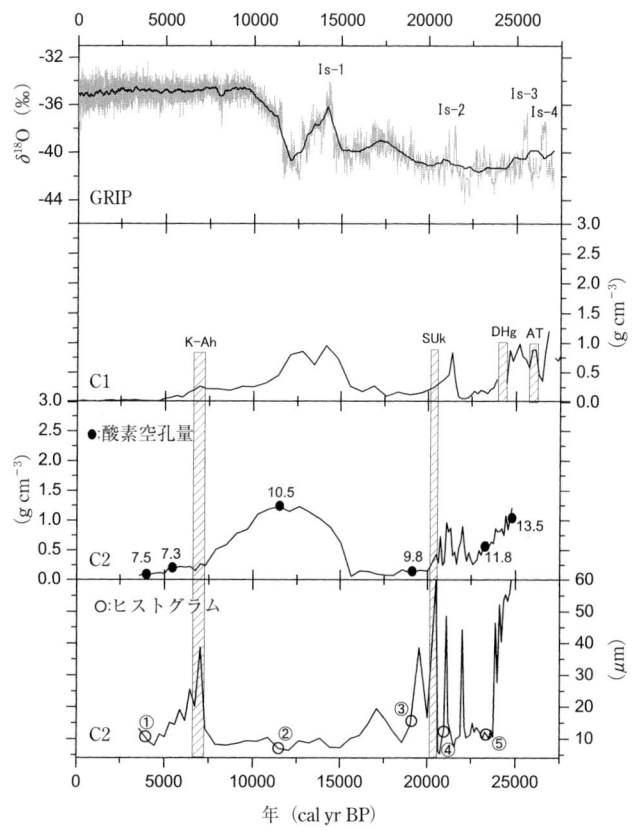

図10.4 細池湿原C1コアの無機物量，C2コアの無機物量，中央粒径値．C2コアのヒストグラム①〜⑤は図10.5に示す．無機堆積量と中央粒径値は，Is-1〜Is-3に増加するほか，粗粒火山灰層準で増加する．

C1では14 kaに1.13 gのピークと，12.5 kaに第2のピークが出現した後は，11 kaから減少するようになり，K-Ah層準まで0.20～0.25 gを前後する．C2も同様に幅広いピークが出現するが，10 ka層準あたりから減少するようになり，K-Ah層準直下で0.25 gに低下する．K-Ah層準では同テフラ鉱物の添加によるわずかな増加が見られるものの，K-Ahよりも上の層準になると無機物量が減少し，とくに5 ka層準よりも上層は0.07～0.23 gに激減する．

C2の中央粒径Mdは，テフラ層準およびその直後の層準を除いて，無機物量が多い層準でMdが粗く，無機物量が少ない層準で細粒化（7～11 μm）する．つまり無機物量が多い層準は粗い物質からなり，少ない層準は細粒物質からなる．

30 kaからDHg（大山東大山）層準の24 kaにかけては無機物量が多く，C2では粗粒な玄武岩礫や火山砂を多く混じえ，45 μmよりも粗い物質が43％（重量％）も含まれる流水物質からなる．この層準に10％ほど含まれる微細石英は，その酸素空孔量13.5から見て先カンブリア紀岩地域を給源とする風成塵とみられる．すなわち，この層準の堆積物はIs-4とIs-3に対比される相対的に温暖で降水量の多い時期に，それまでに玄武岩山地斜面に堆積した風化礫，テフラ物質，風成塵がともに流水によって湿原に運搬されたものであろう．

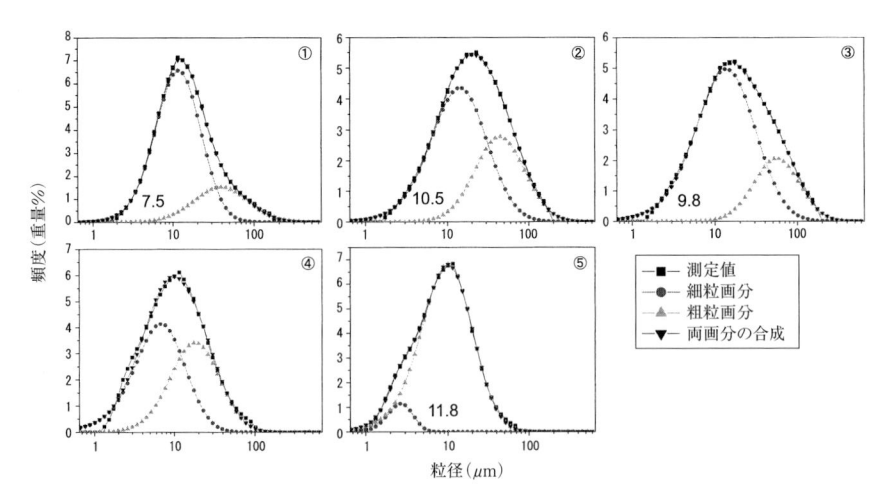

図10.5 C2コアのヒストグラム（成瀬ほか，2005 b）
①～⑤は図10.4に示す．図中の数値は微細石英（20 μm以下）の酸素空孔量．①，③，⑤は風成塵が多く，②と④は風成塵と流水物質がおよそ半分ずつを占める．

DHg 堆積後の 24 ka から 22 ka にかけて無機物量が減少し，細粒化する．Weibull 分布（Sun ほか，2002）によって求めた図 10.5 の⑤に示すように 10.8 μm にモードのある正規分布集団は，微細石英の酸素空孔量 11.8 から判断して大部分が風成塵からなるとみられる．⑤には，わずかではあるが 2.8 μm にモードのある正規分布集団が認められる．この集団は風成塵の粒径よりもかなり細粒であり，流水浮遊物質の可能性がある．すなわちこの時期には流水物質が減少し，風成塵が増加したことを示す．

Is-2 に対比される 21 ka になると無機物量が 0.8 g cm^{-3} 前後に急増し，④に示すように 7 μm と 20 μm にモードのある 2 つの正規分布集団からなる．前者は風成塵，後者は流水物質と考えられ，両者の比率はほぼ同じである．したがって，この時期までに山地斜面に堆積した粗粒物質と風成塵の両方が流水によって湿原に運び込まれるような湿潤環境に変わったとみられる．

最終氷期最盛期 LGM に対比される 21 ka〜15 ka になると，SUk（三瓶浮布）および SUk の再堆積物からなる 3 つのピークを除いて無機物量が減少し，7〜15 μm になる．C2 コアの層準③では，13 μm と 60 μm にモードを持つ 2 つの正規分布集団が認められる．前者は酸素空孔量 9.8 から見て風成塵物質であり，後者は SUk の再堆積物質である．この層準では 13 μm にモードを持つ細粒物質の量が多いことから，SUk の再堆積の影響が薄れ，風成塵の堆積が凌駕する環境に変わり，流水物質が減少した乾燥環境を推測させる．

LGM とは対照的に Is-1 に対比される 15 ka あたりから無機物量が増加し，幅広いピークを形成する．C2 コアの層準②では，14 μm と 45 μm にモードを持つ 2 つの正規分布集団に区分され，前者は酸素空孔量 10.5 から見て風成塵物質であり，後者はその粒径から見て流水物質と判断される．その量的な比率はヒストグラム③よりも粗粒画分が増加し，細粒画分が減少する．

このことは LGM において山地斜面に堆積した風成塵が，15 ka から増加し始めた流水によって山地斜面から粗粒物質とともに湿原に運搬されたことを示す．すなわち，15 ka に温暖化が始まる時期あたりから流水環境が卓越し，植生が乏しい山地斜面で土壌侵食が進むようになったのではないだろうか．

11 ka あたりから無機物量が減少するのは，ブナを主体にした常緑広葉樹林の植生被覆が土壌侵食を抑制するようになったか，あるいは温暖化に伴って植生が増加して湿原への有機物供給が相対的に増加したことによるであろう．

K-Ah（鬼界アカホヤ）層準およびその後の層準において K-Ah の再堆積の影

響が5kaまで継続する．酸素空孔量7.5を示す層準①では，12μmと40μmにモードを持つ2つの正規分布集団からなる．前者はその酸素空孔量から見て風成塵であり，後者は流水物質と考えられ，無機物の多くが風成塵からなることを示している．

以上のように，30ka以降において，Greenland Ice Core Project（GRIP）の$\delta^{18}O$変化によって示された気候変動（Dansgaardほか，1993）と，細池湿原の無機物量との間の対比が可能である．そして亜間氷期にあたる時期に夏季モンスーンが活発化し，降水量が増加して流水物質が増加したこと，および寒冷期に風成塵が多く堆積したことを示唆する．

一方，MIS 2と3における微細石英の酸素空孔量は9.8〜13.5であり，MIS 1は7.3〜7.5である．両者の違いは，給源の変化，すなわちMIS 3と2においてこの地域がポーラーフロントの北側に位置し，先カンブリア紀岩地域から風成塵が運ばれ，MIS 1にはこの地域がポーラーフロントの南側に入り，中国内陸部の乾燥地域から風成塵が運ばれるようになったことを示している．

10.3 福島県矢の原湿原

福島県大沼郡昭和村にある標高700mの矢の原高原には，野尻川とその支流がせき止められて生じた54haの矢の原湿原がある．湿原において採取したコアの長さは3.2mであり，そのうち−3.1〜−2.7mは褐色泥炭で，間に厚さ9cmのDKPが堆積する（図10.6）．DKP上には黒色泥炭，暗灰黄シルトが堆積し，厚さ3cmのATが挟まれる．その上には泥炭混じりシルト層，未分解の植

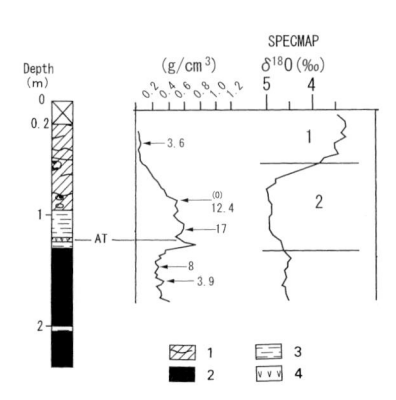

図10.6 福島県矢の原湿原コア柱状図と無機物堆積量，酸素空孔量(蓑輪，2001)
 1 黒泥，2 泥炭，3 粘土，4 火山灰．3.6〜17.0は微細石英の酸素空孔量．

物未分解層，最表層は植物根層が堆積する（叶内，1988；蓑輪，2001）．

無機物量（g cm^{-3}）は DKP～AT 間で 0.2～0.3 g を推移するが，AT の直下から無機物量が増加し，0.7 g のピークを形成する．AT よりも上層の MIS 2 に対比される層準においても多く，0.5～0.6 g である．しかしその後は無機物量が減少するようになり，とくに −0.65 m～−0.2 m は 0.05 g に減少する．

粗粒石英のうち，第四紀に噴出した火山岩石英の酸素空孔量は 0～0.8 を示し，現地物質であるが，MIS 2 に対比される層準の微細石英は 17.0 と 12.4 を示し，微細石英が現地物質ではなく，先カンブリア紀岩由来の外来石英であることを示す．しかし，矢の原湿原では堆積速度が遅いために，高精度分解能による環境復元は不可能であった．

10.4 北海道剣淵盆地

名寄盆地の和寒町北原剣淵（44°03′N，142°23′E）には，4.2～2.2 万年前にかけて泥炭が堆積している．八幡ほか（1997）は剣淵の第四紀堆積物に含まれるイライトが風成塵起源であること，伊藤ほか（2000）や北川ほか（2003）はこの一帯に分布する重粘土の母材が風成塵起源であると指摘している．

剣淵泥炭層に含まれる無機物は中央粒径値のほとんどが 20 μm 以下で，その微細石英の酸素空孔量が 8.7～14.0 であるので現地物質ではなく，アジア大陸から飛来した風成塵が大部分とみられる．

風成塵が主体の無機物量は，済州島コアとよく似た鋸歯状変化を示す（図 10.7）．例えばハインリヒイベント 4 に向かって無機物量が増加した後，Is-8 において激減する．H 3 や H 2 に向かって再び増加するものの，同じように Is-4 や Is-2 において激減する．しかし，済州島と異なる点は，済州島では寒冷期に粗粒化するのに対して，北海道では逆に細粒化することである．

北海道では無機物量のピーク直後に，いずれも無機物量が 0.2～0.6 g cm^{-3} に急減するが，この時期の Md とモード径はいずれも粗粒化する．例えば Is-8 に対比される時期には Md が 17 μm，モード径が 60 μm を示し，この堆積物が流水性粗粒物質からなることがわかる．MIS 2 にも大きなピークが認められ，それは最終氷期最盛期（LGM）に対比される 19 ka の 1.2 g cm^{-3}，H 1 に対比される層準の 1.4 g cm^{-3} の 2 つである．

なお，図 10.7 には示していないが，深度 200 cm から抽出した泥炭の年代は約 3000 年前であり，中に含まれている微細石英の酸素空孔量は 6.0 であった．

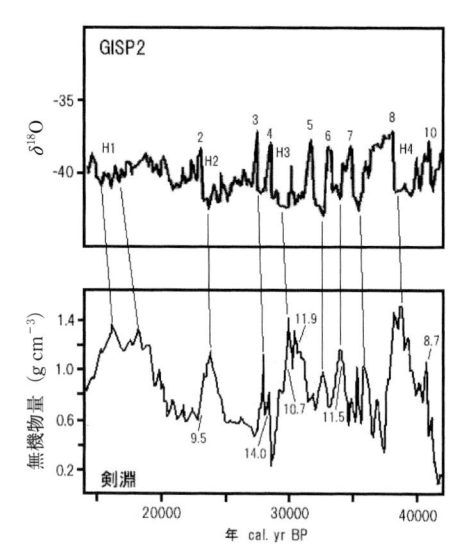

図 10.7 北海道剣淵コアの無機物量と酵素空孔量(矢田具真一原図) GISP 2 の 2〜10 は Interstadial, H 1〜H 4 はハインリヒイベント. 剣淵の数値は微細石英の酸素空孔量.

10.5 古モンスーン変動

a. MIS 3 (5.9 万年前〜2.4 万年前)

ステージ 3 は平均気温が激しく変動した時代であり，相対的に温暖な亜間氷期 Interstadial period と寒冷な亜氷期が繰り返す．その間，とくに寒冷なハインリヒイベント H 4 が Is-9 と Is-8 の間に，H 3 が Is-5 と Is-4 の間，H 2 が Is-3 と Is-2 の間にある．

4 地域のボーリングコアにも，この間の気候変動の様子が克明に記録されている．剣淵コアには約 4 万年前の H 4 に対比される時期に無機物が増加し，Is-8 の直前でピークに達した後，Is-8 で急減する．図には示していないが，このピーク層は Md 8 μm の細粒な風成塵からなり，急減層にあたる Is-8 では Md 18 μm の粗粒な流水物質からなる．

同じように大きなピークは H 2 をはじめいくつか認められ，それぞれのピークは同じように各寒冷期に向かって徐々に増加し，亜間氷期に急減している．そしてピーク時はすべて細粒物質からなるが，ピーク直後に中央粒径が粗くなる．こうした粒径の変化は，Is-10〜Is-2 などの相対的に温暖な亜間氷期に急激な温

10.5 古モンスーン変動

暖化が起こり，夏季モンスーンが活発化したことによって降水量が増加し，その結果，流水性の粗粒物質が増加したことを示しているのであろう．

済州島においても同じような傾向が認められ，H2に向かって徐々に無機物量が増加し，H2においてピークとなる．しかし，北海道剣淵とは異なって，亜氷期に粗粒化し，亜間氷期に細粒化する．それはピーク時における微細石英の酸素空孔量から見て，寒冷期には優勢なシベリア高気圧から吹き出す強い冬季北西季節風によって干陸化した陸棚から粗粒な風成塵が運ばれてマール底に堆積したからであろう．そして亜間氷期 Is に急激な温暖化が起こり，冬季モンスーンが弱くなったために粗粒な風成塵の供給が減少したのであろう．しかし大陸から運ばれてくる細粒な風成塵は減少せず，依然として堆積していたようである．

このように MIS 3 において，寒冷期に向かって徐々に無機物量が増加する．逆に温暖期において急減するといった，無機物の量的な変化，あるいは済州島のように中央粒径における鋸歯状変化が何度も繰り返している．こうした無機物量や粒径の鋸歯状変化は，気候変動，とくに風成塵を運ぶ風の強弱と降水量の増減を示唆し，モンスーン変動を反映したものと考えられる．

細池湿原のように背後に山地があるところでは，温暖期に流水作用が活発になり，それまでに山地斜面に堆積していた風成塵，風化物質，火山灰物質が流水によって運ばれ堆積している．

b. MIS 2（2.4万年前～1.2万年前）

ステージ2になると，アジア大陸北方ではシベリア高気圧が発達し，沙漠が拡大した．ここから吹き出す北西季節風や寒帯前線ジェット気流によって，先カンブリア紀岩地域に広がっていた沙漠で舞い上がった大量の風成塵が日本列島に飛来した．

北海道ではこの時期に風成塵からなる無機物量が増加し，矢の原湿原では流水環境が認めにくくなり，流水物質が極端に減少する一方で，アジア大陸から飛来した風成塵の堆積が卓越する乾燥環境になった．宮城ほか（1996）は，2.3万年～1.1万年前に東北地方では流水作用が認められず，岩屑のマトリクスを洗脱するような流水が少ない極寒冷乾燥環境を想定している．矢の原湿原に運ばれた風成塵の酸素空孔量は 12.4 と 17.0 であり，Md も 10 μm 以下であった．

細池では，堆積量は少ないもののやはり風成塵が主に堆積し，済州島ではLGM と H1 に風成塵の堆積が増加している．

このように，MIS 2 においても MIS 3 のように寒冷期に風成塵が増加し，温

暖期に減少する傾向は同じであるが，とくにこの時期は風成塵の堆積が卓越し，流水物質が減少するような，きわめて乾燥した気候環境であったと思われる．

済州島では，1.4万年前あたりから風成塵の堆積量が減少し始める．例えば最終氷期最盛期 LGM と Is-1 の堆積量を比べると4.5倍，2.9万年前とでは6.6倍の差がある．気候が温暖化し始め，風成塵の給源地の環境が変化して風成塵物質の供給が減少するとともに，風成塵を運ぶ風が弱くなったことが原因であろう．済州島の場合には干陸化した大陸棚の面積が海水準の上昇によって狭まったことも，風成塵の減少に影響したのであろう．

c. MIS 1（1.2万年前〜現在）

MIS 1になると無機物量は極端に減少するとともに Md が粗粒化し，流水物質が増加した．すなわち本州中央部の夏季モンスーンが活発になり，降水量が増加するとともに，給源地が湿潤化して風成塵の供給が減少したこと，および風成塵を運ぶ卓越風が弱くなったことなどが風成塵の減少した理由であろう．

細池湿原の5000年前頃の泥炭層に含まれる微細石英の酸素空孔量7.3と7.5および北海道剣淵の約3000年前の微細石英は6.0であった．これは，中国内陸沙漠から亜熱帯ジェット気流によって北海道にまで風成塵が運搬されるようになったことを示す．すなわち MIS 1にポーラーフロントが北海道北部まで北上し，夏季亜熱帯ジェット気流が中国内陸沙漠から北海道に風成塵を運んだとする Toyoda and Naruse (2002) の考えとも調和的である．西日本では，MIS 1に温帯落葉樹林が出現したために湿地へ運ばれる流水物質が減少した．そして温暖化による夏雨の増加や日本海への対馬暖流の流入による降雪の増加によって，現地性の粗粒物質が多く流入するようになった．

11
文明の基盤となった風成塵とレス

　地中海沿岸地域や西アジアにかけて1000 km以上も離れたサハラ沙漠などから風成塵が運ばれてくる．南からやってくる風成塵は，ポーラーフロントが地中海を頻繁に通過した氷期にとくに多かった（Yaalon, 1987）．風成塵は植生のある場所に堆積し，石灰岩地域ではテラロッサの主母材になったほか，古代文明が栄えた地中海から西アジアにかけて肥沃な土壌の母材になった．インダス河流域でもタール沙漠や氾濫原から風で運ばれた沙漠レスが堆積して，かつてこの流域に栄えたインダス文明期の農業を支えた．中国の黄河や長江中流域に栄えた古代文明もまた黄土地帯に展開した．これらの地域では，いずれも沙漠レスの表層に発達した黒土が農業に適していたからである．しかしその黒土の多くはやがて土壌侵食によって失われ，文明そのものも衰退した．

11.1　イスラエルのレス

　地中海に面したイスラエルの海岸には，幅2〜5 kmの海岸砂丘が発達している．この砂丘は内陸側の更新世古砂丘と海側の完新世新砂丘に分けられる．古砂丘の中や上には沙漠レスが堆積し，ハムラ土壌を形成している（写真11.1；写真11.2）．この沙漠レスは南部のナミブ砂漠や，サハラ沙漠方面から吹く風のハブーブやハムシンで運ばれた風成塵が堆積したものであり，海岸砂丘上だけでなくイスラエル全土に分布している（図11.1）．

　沙漠レスはとくに中央平原に厚く堆積しており，道路工事の際に発見されたネティボツ（Netivot；北緯31°25′，東経34°25′）には少なくとも厚さ12 m近いレスが堆積している（図11.2）．このネティボツ断面には，明黄褐〜褐色をした7層のレスが認められる．レスの厚さは各1 m前後であり，レスの間には6層の古土壌SCHが埋没している．古土壌は白灰色のカルサイトノジュールが特徴的な土壌型Calciorthidsないしvertic Natrargidsであり，厚さは最大100 cmである（写真11.3）．この古土壌は，土中から水分が蒸発する際に水分とともに上

写真 11.1　海岸砂丘地の古砂丘に埋没する沙漠レス(ハムラ土壌)

写真 11.2　海岸砂丘上に堆積するハムラ土壌(沙漠レス)

昇してきたカルシウムが地表に集積してできたものである．

　Dan and Yaalon (1980) によると，レスは寒冷湿潤な気候で植生のある地表に堆積し，古土壌 SCH は半乾燥気候下で蒸発散が盛んな時期に生成されたものであるという．その堆積年代については，SCH-1 と SCH-2 の間のレスに挟まれる陸貝のカタツムリ化石が示す ^{14}C 年代 3 万 0283±1735 cal yr BP だけである (Bruins and Yaalon, 1979)．

　そこで，現地において 6 枚の古土壌のうち SCH-3, 4, 5, 6 からカルサイトノジュールを 200 g ずつ採取し，超音波洗浄器で洗浄した後，室内乾燥させた．

11.1 イスラエルのレス　　　　　　　　　　　139

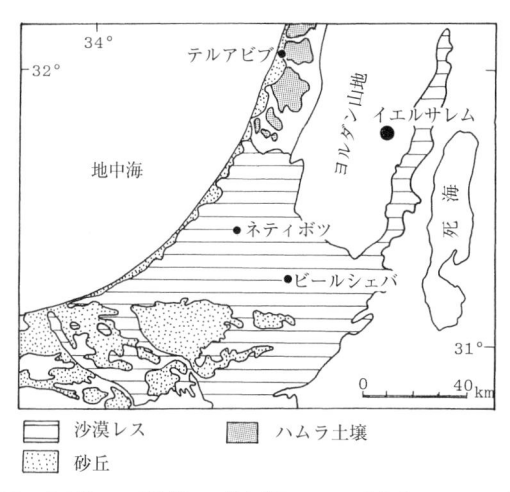

図11.1　イスラエルの沙漠レス分布(Naruse and Sakuramoto, 1991)

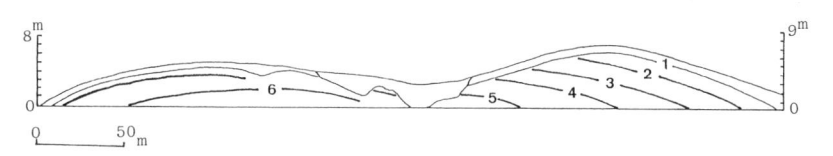

図11.2　ネティボツの沙漠レス断面(Naruse and Sakuramoto, 1991)
1～6は古土壌(SCH).

写真11.3　ネティボツ沙漠レス断面

表 11.1 SCH-6 古土壌の年間線量率

試料	U, Th, K の含有量			年間線量率 (Bell, 1979) (mGy/年)			
	U (ppm)	Th (ppm)	K (%)	α-ray*	β-ray	γ-ray	計
SCH-6	7.6	2.1	0.14	2.27	1.29	1.02	4.58

*欠陥発生率=0.1

表 11.2 ネティボツ古土壌の ESR 年代

試料	総線量 TD (Gy)	年間線量率 DR (mGy)	ESR 年 (ka: 1000 年)
SCH-3	370	4.58	80
SCH-4	390	4.58	85
SCH-5	610	4.58	133
SCH-6	790	4.58	172

ノジュールを粉砕後，0.25〜0.35 mm の粒子にそろえ，ESR 年代測定を行った (Naruse and Sakuramoto, 1991)．

年代測定にあたって，まず SCH-6 の年間線量率を求めた．それは古土壌層の中でこの土壌層の層厚が 100 cm と最も厚く，炭酸塩含有量も 39% と最も多いからである．SCH-6 に含まれる U, Th, K の量を求め，Bell (1979) の式から年間線量率を求めたところ 4.58 m Gy/年であった (表 11.1)．

つぎに総被爆線量 (TD) は，室温で X-band ESR spectrometer (日本電子 FE 1 XG) によって測定した．測定条件は microwave output：1.0 mW, magnetic field modulation：0.1 mT (100 kHz), amplitude：5×10, time constant 0.3 秒，magnetic field：335±5 mT, time scan：16 分である．g-value 信号は 2.004 を使用した．ESR 信号強度の測定にあたって，自然線量 (TD) は $Iq = I\infty[1-\exp\{-(TD+Q)/a\}]$ で求めた．

表 11.2 は 4 試料の総被爆線量である．これをもとに，古土壌の ESR 年代を t=TD/DR で求めた．t は ESR 年代，DR は年間線量率 (m Gy/年)，TD は総被爆率 (Gy) である．

その結果，SCH 3〜6 の年代は，SCH-3 が 80 ka (1000 年前)，SCH-4 が 85 ka, SCH-5 が 133 ka, SCH-6 が 172 ka であった．したがって，ネティボツの風成塵堆積量は，レスの厚さと ESR 年代によって 1100 cm/17.2 ka, あるいは 430 cm/80 ka の結果から 1 年に 0.5 mm〜1.0 mm と見積もられる．

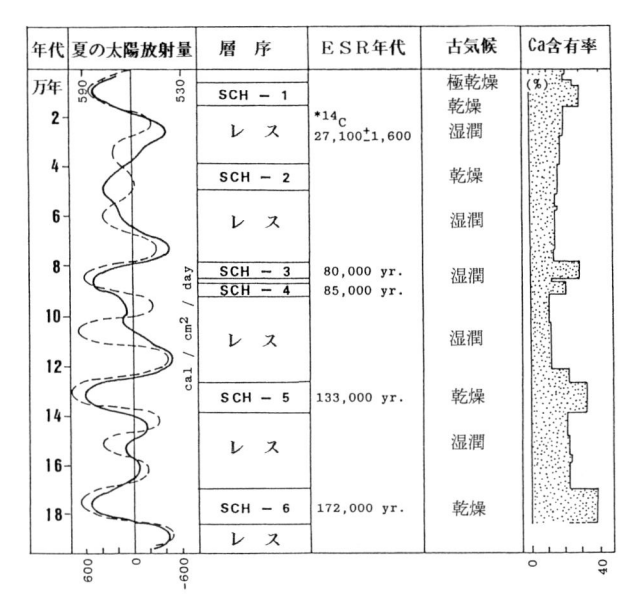

図11.3 ネティボツの沙漠レス-古土壌編年（Naruse and Sakuramoto, 1991）
実線は Milankovitch(1930)，破線は Kashiwaya(1987)，層序，古気候は
Bruins and Yaalon(1979)，Ca 含有率は Dan and Yaalon(1980)による．

a. 沙漠レスの堆積時期

ESR 年代測定の結果，図 11.3 のように古土壌はいずれも北緯 65°の太陽放射の極大期（Milankovitch, 1930），あるいは北半球の平均放射量の増大期（Kashiwaya ほか，1987）に一致している．したがって Yaalon（1987）が指摘したように，古土壌は温暖で乾燥した時期に，レスは寒冷で湿潤な時期に堆積したことになる．

増大した太陽放射はハドレー循環の活発化と，ポーラーフロントの北上をもたらした．その結果，イスラエルはハドレー循環が下降する中緯度発散帯に入り，乾燥気候が卓越した．そして現在のシナイ半島で見られるようにカルサイトが集積する土壌生成作用が進んだ．一方，太陽放射の減少期には極気団が優勢となり，現在の地中海に冬雨をもたらすポーラーフロントがしばしば南下するようになった．そのため，イスラエルにはポーラーフロントが頻繁にかかるようになり，低気圧がしばしば通過した．この低気圧は雨をもたらすだけでなく，南の沙漠から風成塵を運び込んでくる（図 11.4；写真 11.4）．こうした寒冷期に降水量が増加したことを裏付けるように，4万 5000～2万 2000 年前のヨルダン川の谷

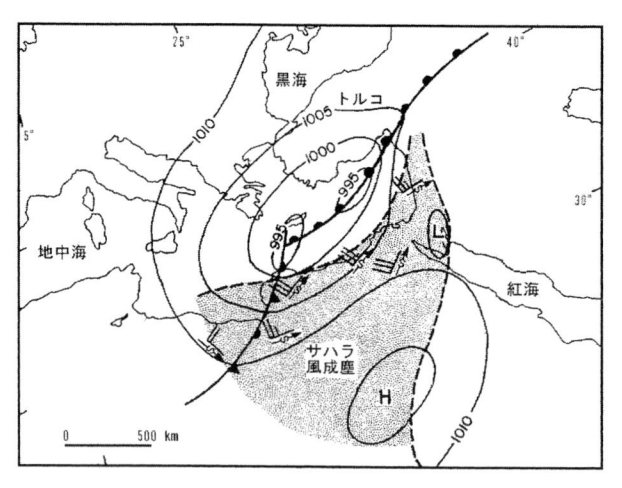

図11.4 地中海の低気圧とサハラ風成塵の輸送

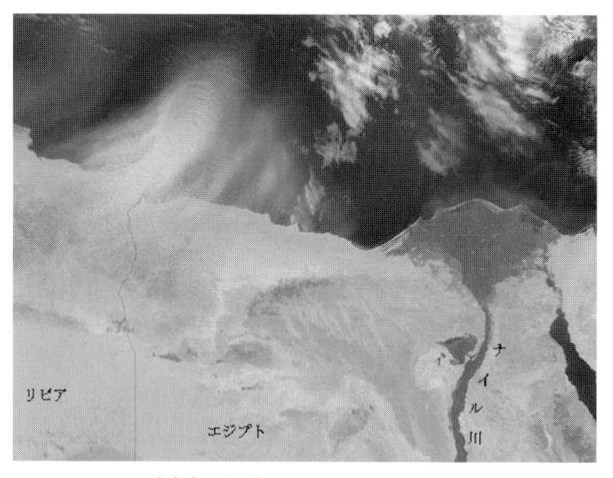

写真11.4 リビアから地中海に運ばれるサハラ風成塵（NASA NOAA画像に加筆）

は湿潤な気候であり，死海の水位も高かったといわれる（Kronfeldほか，1988）.

　風成塵の給源地であるネゲブ沙漠やサハラ沙漠北部は，氷期において低気圧が頻繁に通過し，湿潤な環境に変わった．そして低気圧が通過するときに発生する雷雨がワジ（涸川）やプラヤ（沙漠の沖積低地）に細粒物質を運びこんだ．さらにこのワジやプラヤから砂嵐によって舞い上げられた風成塵が地中海方面に運ば

れた．一方，湿潤化したイスラエルは地表が植生で覆われ，そこに沙漠から運ばれた風成塵が堆積して砂漠レスが形成された（Pye, 1987）．

11.2　トルコ，アナトリア高原のレス

　標高 800〜1000 m のアナトリア高原では，地中海性気候特有の高温で乾燥した夏が終わり，10月中旬になるとポーラーフロントが南下して低気圧が通過することが多くなる．低気圧がやってくると，まず南風が吹くようになる．この南風にはサハラ沙漠などから運ばれた風成塵が混じっている．やがて低気圧の中心がアナトリア高原にさしかかると雨が降り始める，と同時にあたり一面に土埃の匂いが立ち込める．これは沙漠から運ばれてきた風成塵と，乾ききった夏のアナトリア高原で発生した小さな竜巻によって舞い上げられ上空に滞留していた土壌粒子が，ともに雨に混じって降ってくるからである．

　アナトリア高原には多くの湖や盆地がある．湖や盆地には，かつて湖水域が広く水位も高かった跡がはっきり残っている（Erol, 1978；安田, 1990）．例えばコンヤ盆地やトウズ湖は最終氷期に湖水域が拡大し，逆に温暖な時期に縮小している（Roberts, 1983；成瀬, 1996 b；成瀬・鹿島, 1999）．この湖水域の消長は，最終間氷期あるいはさらに古い時期にまでさかのぼることができる（写真11.5；Inoue ほか, 1998）．

　こうしたアナトリア高原のコンヤ盆地に堆積する湖成粘土，ベイシェヒール湖

写真 11.5　トルコ，アナトリア高原，コンヤ盆地北縁の湖食崖
約2万年前の最終氷期最盛期 MIS 2 にはコンヤ盆地の水位が 15 m 近くまで高まり，巨大な湖水であった．

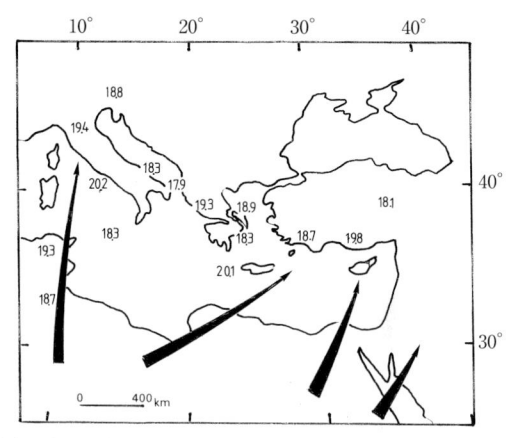

図11.5 地中海沿岸に分布するテラロッサ，湖成堆積物，古土壌に含まれる微細石英の酸素同位体比(‰)(Jacksonほか，1982；Mizota and Inoue 1988；Rapp and Nihlén, 1991；Inoueほか，1998)

沿岸の石灰岩地域に発達するテラロッサ，エルジエス火山（標高3917 m）山麓の火山灰に埋没する黒褐色古土壌を採取し，微細石英（1～10 μm）の酸素同位体比を求めた．

これにJacksonほか（1981），Mizota and Inoue（1988），Inoueほか（1998）のデータをまとめて表したものが図11.5である．トルコでは，コンヤ盆地の湖成粘土は19.8と20.6，テラロッサは18.7，エルジエス火山山麓の古土壌は18.1～18.3であった．コンヤ盆地の値がやや高いのに対して，テラロッサと黒褐色古土壌の値が一致している．さらにクレタ島のテラロッサ20.1と22.2とイタリア中部テラロッサの20.2を除いて，ほかの地域はトルコとほぼ同じ17.6～19.4の範囲に収まっている．さらに北アフリカのチュニジアレスの示す18.7と19.3は，シロッコ，ギブーブ，ハムシンなどによって運ばれたサハラ風成塵が地中海沿岸に運ばれ，湖沼堆積物や土壌母材になったことを示している．

11.3　沙漠レスの保全

サハラ沙漠は沙漠の周辺地域に大量の風成塵を供給している．大西洋に吹く北東貿易風ハルマッタンをはじめ，シチリアやイタリアに吹く乾熱風シロッコなども風成塵を運ぶことで有名である．上述したように，地中海方面に運ばれる風成塵は地中海沿岸の石灰岩地域に発達するテラロッサの主母材になることが知られている（Rapp and Nihlén, 1986；Nihlén and Olsson, 1995）．

写真 11.6 砕石を積んでつくった古代の畦畔(イスラエル, ビールシェバ)
浅い谷を堰き止めるようにつくられ, 畑地土壌が下流に流れないように工夫してある.

写真 11.7 イスラエルの荒野
旧約聖書には, この地は豊かな農地であったと記されている.

　イスラエルでは風成塵が年間 0.5〜1 mm の割合で堆積している.「蜜とミルクの流れる土地」といわれたカナンの地は, 石灰岩の上にサハラ風成塵が厚く堆積し, 肥沃な土壌が分布する土地であった. しかし, イスラエルの土壌に典型的なように, 風成塵を主母材とする土壌は乾燥すると深い亀裂が入り, 団塊状になりやすい. そこに地中海特有の雷雨が地表を激しくたたきつけると, 土壌管理がおろそかな畑の土は容易に侵食され, 一夜にして流亡してしまう.
　「勤勉で細心な者にとって豊穣だが, 少しでも油断すると雨が土壌を流し去り,

写真 11.8 植林が進むイスラエル

写真 11.9 スモールバンク法による沙漠の植林
斜面に小さな土手をつくり，その内側に斜面上方から流れてきた土壌物質が堆積するように工夫し，土手の部分に植林する．

すぐさま細々と羊を飼う以外に方法がない荒蕪地に変わってしまう」というイスラエルの古くからの戒めは，イスラエルで生活を維持するためには土壌管理が大切であることを物語っている．

このため，古くから畑の周りに砕いた石で畔を作ったり（写真 11.6），雨が降る前に畑を耕して表面に凹凸をつけ，雨が地表を流れて土壌を侵食しないようにしたりして土壌侵食を防いできた．このほか，雨が降る前に耕して土壌表面を柔らかくしておくことで雨水が土中に浸み込みやすいようにして，土壌水分の補給

を図ってきたのである．

しかし，長い遊牧の歴史は肥沃な土壌をすっかり流し去ってしまった．ベツレヘムの南に広がる岩だらけの曠野に残されたシナゴーグ（教会堂）の廃墟は，私たちに土壌保全の大切さを無言で訴えかけている．この地は『旧約聖書』にブドウと穀物の収穫が約束された豊かな土地であったと記されている（写真 11.7）．同じように，かつて森林に覆われ，サハラ沙漠から運ばれた肥沃な沙漠レスが堆積するギリシャの土地も土壌保全がおろそかにされ，たちまちのうちに岩だらけのやせた土地に変わったとされる（安田，1990）．

このように土壌が流亡し，岩だらけになってしまった曠野を，元の豊かな土地に戻すために植林が盛んに行われている．樹木は沙漠から飛んでくる風成塵を捕獲し，保持する機能がある（写真 11.8）．沙漠の緑化計画も重要であって，イスラエルでは岩石沙漠の緑化事業の一つにスモールバンク計画が採用されている．スモールバンク計画とは，岩石沙漠の斜面にバンク（小さな土手）をつくり，その内側に斜面上方から流れてきた水分や細粒物質を確保するとともに，バンクに植えた樹木の成長促進をはかるものである（写真 11.9）．

西アジアでも同じように最終氷期に多くの風成塵が運ばれ，沙漠レスを形成した．とくに「肥沃な三日月地帯」と呼ばれるヨルダン山地-トルコ東部山地-ザクロス山脈の南斜面は，南から運ばれてくる風成塵の恰好の堆積場であった．そして 1.4 万年前から始まった気候温暖化によって沙漠レスの表層に肥沃な黒土が生成したのである．この黒土は小麦の生育にとって非常に良い土壌であった．

11.4　インド北西部のレス

a.　インダス流域の気候変動

インダス中下流域には，パンジャーブ平原やタール沙漠が広がっている．現在のパンジャーブ平原は年降水量が 300〜700 mm，タール沙漠は 300 mm 以下である．タール沙漠は，最終氷期には夏季モンスーンが弱体化したために乾燥がひどく，このために沙漠が拡大し，各所に巨大な化石砂丘が発達した（図 11.6）．

約 1.4 万年前から地球規模で温暖化が始まったためにヒマラヤ・チベット高原を熱源とする夏季モンスーンが活発化するようになった．このため，インダス流域では夏雨が増加し，氷期の巨大な化石砂丘上にも植生が繁茂するようになった．流量を増したインダス河の氾濫原には上流から運ばれてきた大量の砂やシルトが堆積した．そして夏に吹く南西季節風が氾濫原や沙漠表面から風成塵を舞い

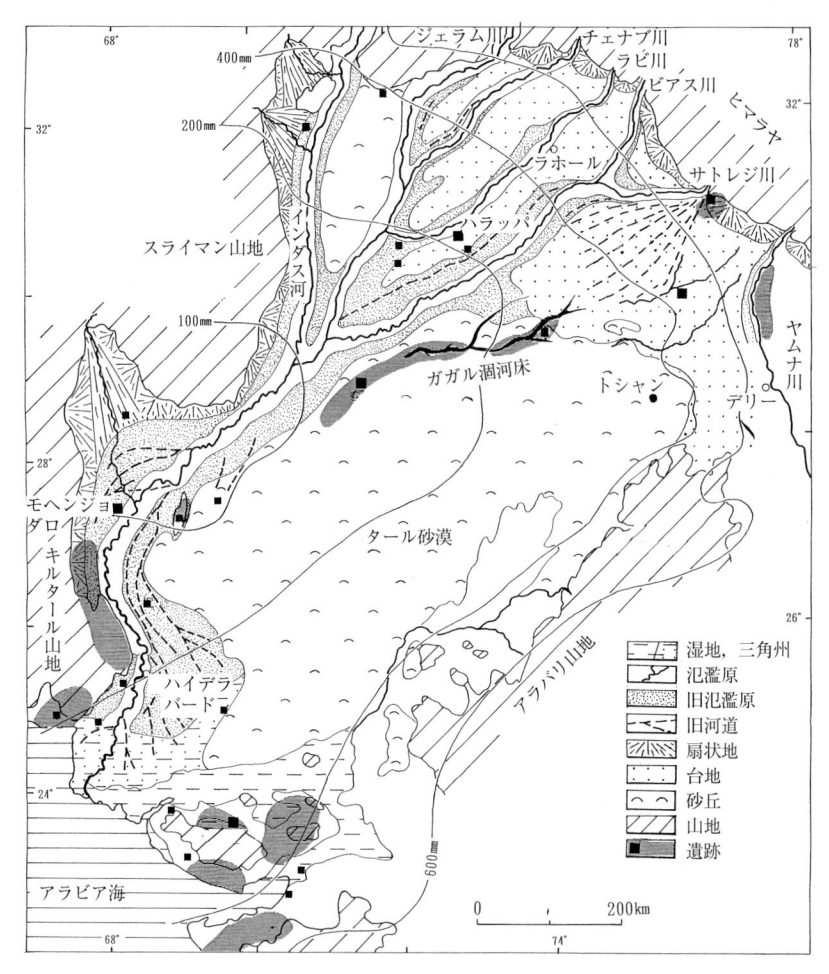

図11.6 インドタール沙漠の地形学図

上げ，植生に覆われた化石砂丘上や砂丘間低地に風成塵を運び，沙漠レスが形成されるようになった．

　図11.7は沙漠北部のトシャンにおける露頭断面である．最終間氷期 MIS 5 に形成されたカンカルと呼ばれるカルサイト集積層の上に，最終氷期に発達した化石砂丘砂が堆積している．トシャンでは，氷期に発達した化石砂丘の砂は 3 m 程度の厚さしかないが，場所によっては数十 m を超す厚い砂層からなる（写真11.10）．この化石砂丘上には沙漠や氾濫原から運ばれた風成塵を母材とする沙漠

11.4 インド北西部のレス

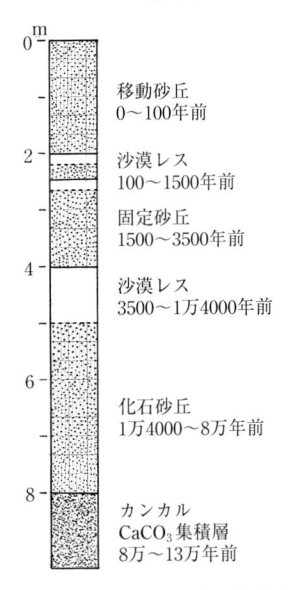

図 11.7 トシャンの砂丘断面図
最下部に最終間氷期に形成された炭酸カルシウム集積層(カンカル)があり，その上に最終氷期に形成された古砂丘，完新世の固定砂丘，移動砂丘が堆積している．沙漠レスは少なくとも3層が認められる．

（図中の凡例）
- 移動砂丘 0～100年前
- 沙漠レス 100～1500年前
- 固定砂丘 1500～3500年前
- 沙漠レス 3500～1万4000年前
- 化石砂丘 1万4000～8万年前
- カンカル $CaCO_3$ 集積層 8万～13万年前

レスが150 cmほど堆積している（写真11.11）．この沙漠レスは1万4000～3700年前に堆積したものである．

沙漠レスには雲母が多く含まれている．しかし沙漠の砂には雲母がほとんど含まれていないので，その多くがインダス河およびその支流の氾濫原からもたらされたものであろう．

トシャンの北西約120 kmには沙漠の中に長大な川の跡が残されている．この川の跡は，現在のサトレジ川が南流していた時代の河道である（Naruse, 1985）．やがてサトレジ川は北に流路を移動するようになり，現在のサトレジ川の位置に河道が固定されるようになった．現在のサトレジ川氾濫原はもちろん，サトレジ川が残した川の跡には大量の沖積砂が堆積しており，その砂には雲母が多く含まれている．したがって，沙漠レスに含まれる雲母はこのサトレジ川氾濫原から風で運ばれたものと考えられる．

この沙漠レスの中には，インダス文明期に属する耕地跡や遺跡が見つかっている．したがってインダス文明期には，現在は沙漠になっているが，かつては沙漠レスが堆積する平原上に耕地が開け，集落が展開していたのであろう．

写真 11.10　タール沙漠の風景
3500年前にできた植生がある巨大砂丘と近年の人為的な沙漠化によって形成された移動砂丘が見られる．

写真 11.11　沙漠レス
砂層の間に褐色の沙漠レス層が埋没している．このレス層にインダス文明期の遺物や耕作跡が発見されることが多い．

b. 沙漠レスとインダス文明

　今日のパキスタンから北西インドにかけて，紀元前2800年頃から先インダス文化が芽生えはじめ，前2500〜前1500年にインダス文明が栄えたことが20世紀初頭に知られるようになった．その後も相次いで同時代の都市遺跡が発見され，現在ではハラッパやモヘンジョダロなどに代表される5都市を中心に多くの

遺跡が分布していることが知られている（Schwartberg, 1982；小磯, 1995）．

　土地条件が劣悪な地域に，約1000年間にわたってインダス文明期の都市や集落が展開したことについて，過去と現在では異なった自然環境，すなわち自然環境変動説が登場したのは当然のことであった．

　インダス文明期に先立つ前5千年紀〜4千年紀前半はヒプシサーマル期にあたる．当時はチベット高気圧が優勢であり，夏雨・冬雨ともに増加して，パンジャーブ平原やタール沙漠は現在よりも湿潤化していた．このためルンカランサール湖などの湖水にも流入水が増加して湖水域が拡大した．

　こうした前4千年紀の前半にインダス本流からかなり離れた地域に農耕文化が現れた．そして前3千年紀になるとインダス流域全体に本格的に農耕文化を受け入れる条件が整った．それは，この時期までに肥沃な沙漠レスが堆積した土地が広がったこと，流量を増した河川が肥沃な土壌物質を堆積したこと，夏と冬の降水量が増加したことも，条件の一つではなかっただろうか．

　そして前3千年紀後半から前2千年紀前半のインダス文明期に入ると小麦・大麦などの冬作物，トウモロコシ，シコクビエなどの雑穀やイネなどの夏作物の出土が明瞭になり（近藤，1991），前2千年紀の初頭に，それまでの西アジア型の伝統的農耕体系「冬作物で構成」が転換したという（小西・近藤，1996）．こうした夏と冬を混交させた農耕体系を「インド型農耕」と呼んでいる（小磯，1995）．

　しかし前1700年頃から寒冷期を迎え，降水量が現在よりも200 mm近く減少し，湖水も消滅していった．現在の可耕限界地（無灌漑の場合）は降水量200 mmと400 mmの間にあるので，この時期に降水量が200 mmほど減少したとすれば400 mmと600 mmの間が可耕限界地にかわる．すなわち前1700年頃からパンジャーブ平原のほとんどが不毛の地にかわったことを意味している．その結果，大規模な砂丘が押し寄せ，耕地は砂の下に埋まった．やがてインダス文明はアラビア海沿岸とガガル川下流域を除いて衰退を余儀なくされてしまった．

12
風成塵・レスと気候変動

　約260万年前に黄土高原でレス-古土壌の堆積が始まってから，その分布範囲がしだいに広がり，約78万年前からレスの分布域が世界各地で一気に拡大した．その理由は氷期の寒冷化がいっそう進んだことによる．そして極域の氷床コアに含まれる風成塵の量や黄土高原の黄土粒子の大きさが，古アジアモンスーンの強さを反映していることもわかるようになった．氷期の厳しい自然環境の下で沙漠や氷河末端から運ばれた大量の風成塵が土壌母材になり，生成した肥沃な土壌は約1.2万年前から農耕を開始するようになった人類にとって，かけがえのない農業基盤となった．私たちが今日，豊かな食生活を享受している背景には，氷河時代の沙漠や氷河がもたらした大量の風成塵という贈り物があったことを忘れてはならない．

12.1　レスの堆積開始時期と気候変動

　氷河末端の扇状地や沙漠から舞い上げられた細粒物質が風成塵となって風下に運ばれ，やがて地表や海底に堆積し，レス・黄土を形成した．その大部分が氷期に運ばれたものであって，その量は現在よりも最大で6倍多かったとみられる（成瀬・井上，1982）．

　この風成塵・レスが過去の気候変動を反映したものとする研究が20世紀初頭に始まり，1970年代にレス-古土壌の古地磁気測定法が導入されるようになってから，本格的なレス-古土壌編年が確立されるに至った．例えば，Kukla (1975)やFink and Kukla (1977) が，フランスとドイツのレスが約78万年前のブリューヌ/マツヤマ境界あたりから堆積し始めたことを指摘したのをはじめ，世界的に有名なオーストリアのクレムスレス（写真1.10）が1.0 Maから堆積し始めたことなどを明らかにしている．その後，古地磁気測定，熱ルミネッセンス，OSL, ESRなどの年代測定法によって，レスが氷期に堆積し，古土壌が間氷期に生成されたことが確認されるようになった．

　黄土高原では洛川黄土の堆積が地球規模の気候変動に連動していること（Heller and Liu, 1982), 約260万年前から宝鶏黄土-古土壌の堆積・生成が開始したことが判明した (Rutter ほか, 1990；Ding ほか, 1993). こうして中国黄土高原の洛川と宝鶏の黄土断面がレス研究の模式地となり，約260万年間のレス-古土壌編年やアジアモンスーン変動の復元（図1.6）や古土壌の帯磁（初磁化）率による環境の復元が進んでいる（鳥居・福間, 1998).

　こうした研究によれば，レス-古土壌が堆積・生成した原因は第四紀の気候変動に深く関わっているとされる. 図12.1は約275万年前から北半球の氷期が始まり，平均気温が現在よりも低下するようになったことを表している. 約270万年前から4万1000年周期で繰り返す氷期-間氷期が明瞭になり，ほどなく黄土高原やロシアのドニエプル中下流でレスが堆積し始めた. これよりもやや遅れて，氷河が発達する中央アジアのタジキスタンのチャスマニガルやアルプス山麓のクレムスで，ほぼ4〜5万年周期でレスあるいは古土壌が繰り返し堆積・生成している (Dodonov, 1991). おそらくヒマラヤ山脈・チベット高原といった起伏の大きい山地の隆起という原因が加わって氷河の規模が大きくなるとともに，海洋からの水分補給が山地によって遮断されるようになった. このために内陸部の沙漠が拡大し，氷河と沙漠からもたらされる風成塵が増加したとみられる.

　中期更新世が始まる約78万年前からは急速にレスの堆積域が拡大している. 中国大陸の長江中・下流域に分布する下蜀黄土もこの時期から堆積するようになった（Yangほか, 2004).

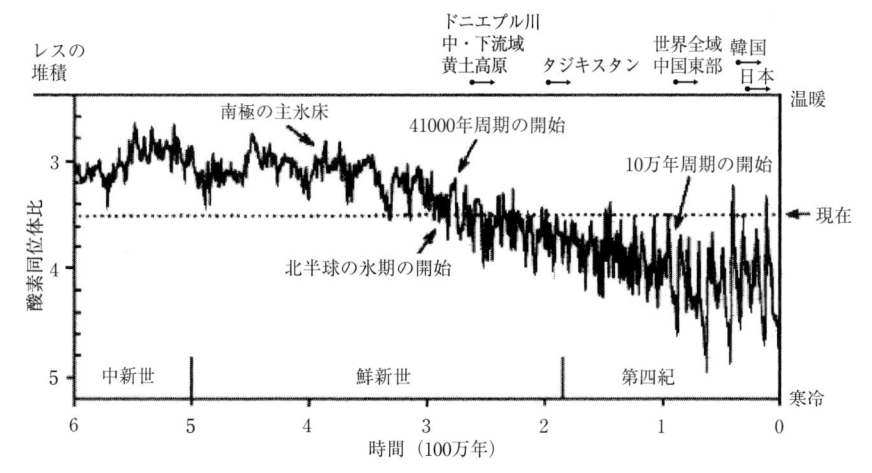

図12.1 過去600万年間の気候変動とレスの堆積開始時期
気候変動図は Pisias and Delaney eds.(1999)による.

ヨーロッパのオーストリア，チェコ，ハンガリーではレスの堆積が約90万年前から始まっている（Larrasoañaほか，2003）．さらにフランス，ドイツなど多くの地域では約78万年前から始まり，レス-古土壌の堆積・生成を約10万年周期で繰り返している．この10万年周期は深海底コアの酸素同位体比から知られる気候変動周期とほぼ一致している．

このように約78万年前から氷河・沙漠起源のレスが世界全体に広く分布するようになったのは，いくつか理由がある．

それは約90万年前から10万年周期で気候が変動するとともに，氷期の気温がいっそう低下するようになったために氷河と沙漠が拡大して風成塵の供給量が増加し，しかも風成塵を運ぶ風が強まったことによる（町田ほか，2003）．

氷期になると氷河が拡大し，谷を流れ下る氷河が岩盤を削って岩粉を多く生産する．岩粉は氷河の下を流れる融氷水によって氷河末端まで運ばれ，扇状地に堆積する．そして氷期には極域の寒気団と低緯度側の暖気団との間の温度差が大きくなり，両気団の境界を吹く偏西風が強くなる．この強い偏西風が扇状地に堆積した岩粉を遠隔地に運んだ．このため氷河レスは偏西風帯に沿って帯状に分布している．

一方，氷期には海面が低下して海洋面積が縮小し，海面温度も低くなって海面から蒸発する水蒸気量が減少した．このため沙漠が拡大して風成塵の給源域が拡大し，沙漠レスが多く供給されるようになった．とくにサハラ沙漠で舞い上げられた風成塵はサハラダストとして知られ，その多くが北東貿易風ハルマッタンによって大西洋海域に運ばれたほか，サハラ南部のサヘルや，北部の地中海一帯にも運ばれ，地中海沿岸の石灰岩上に生成するテラロッサの主母材になった（Naruse and Sakuramoto, 1991；Inoueほか，1998）．

東アジアでは，南京で約80万年前，韓国で約50万年前，日本列島では鳥取県倉吉市や沖縄本島において約30万年前からレスの堆積が始まっている．しかし上述のように，今後，韓国や日本では約78万年前までさかのぼるレス-古土壌層が発見される可能性が高い．

12.2 気候変動の指標としての風成塵・レス

レス-古土壌の堆積・生成が深海底コアの酸素同位体比が示す気候変動と連動していることが明らかになったが，同時に風成塵による気候変動の高精度分解能の研究も進むようになった．

グリーンランド DYE 3 コア（Dansgaard ほか, 1989）や南極のボストークコア（Petit ほか, 1990）による高精度分解能の気候変動が明らかにされて，従来の気候変動観に変革をもたらしたが，中国黄土高原でも黄土の粒度組成によって高精度分解能のモンスーン変動が明らかにされるようになった（Porter and An, 1995；Xiao ほか, 1995；町田ほか, 2003）．これによるとハインリヒイベントのような寒冷な時期に冬季季節風が強くなって風成塵粒子が粗くなり，温暖な時期に季節風が弱くなったために細粒化したとされる．

グリーンランドの DYE 3 コアに記録された最終氷期末期の気候変動と風成塵堆積量の変化がみごとに一致している研究例（Dansgaard ほか, 1989）は，風成塵が大気中を浮遊し，最終的には極域に運ばれて氷床に保存されること，風成塵が気候変動に敏感に反応する物質であり，高精度分解能による気候変動研究にとって優れた指示物であることを証明した（図 12.2）．

図 9.2 で示したように，10^3 年精度で見た風成塵堆積量は MIS 1 で極端に少なく，MIS 2 で最も多く，ついで MIS 4，MIS 3 の順である．MIS 2 が風成塵の堆積量やフラックスが急増するのは世界的な現象であって，東北地方では MIS 2 において乾燥化が著しく，流水物質が極端に減少し，風成塵が主に堆積するような環境であった（成瀬, 1993；張ほか, 1994；Ono and Naruse,

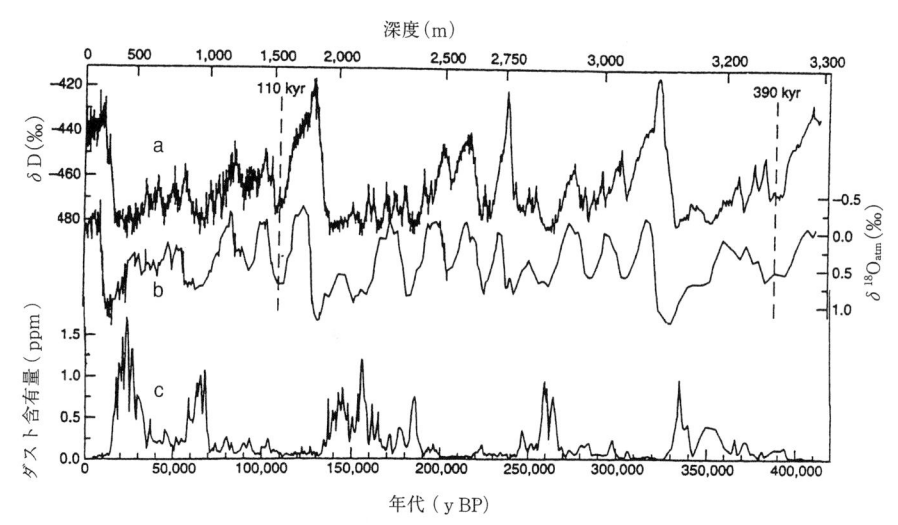

図 12.2 南極ボストークコアの過去 42 万年間の重水素比，酸素同位体比と風成塵含有量（Petit ほか, 1999）
a：重水素比，b：酸素同位体比，c：風成塵含有量．

1997).当時の日本海の表層水は低塩分濃度の水に覆われ,とくに日本海側の気候は寒冷乾燥化した(Oba ほか,1991;大場ほか,1995;池原,1998).

こうした日本海をめぐる自然環境の中で,韓国済州島の西帰浦マールコア,岡山県細池コア,北海道の剣淵コアの分析結果で明らかになったことは,①夏季モンスーンが優勢な温暖期 Is-3 や Is-2 において細池湿原では湿原に流入する小河川が運んだ粗粒な流水物質が卓越し,流入河川のない剣淵と済州島では無機物の堆積量が減少している(図 12.3).②冬季モンスーンが強かったハインリヒイベント H 4～H 1 などの寒冷期に細池湿原では堆積量が減少し,逆に剣淵や済州島

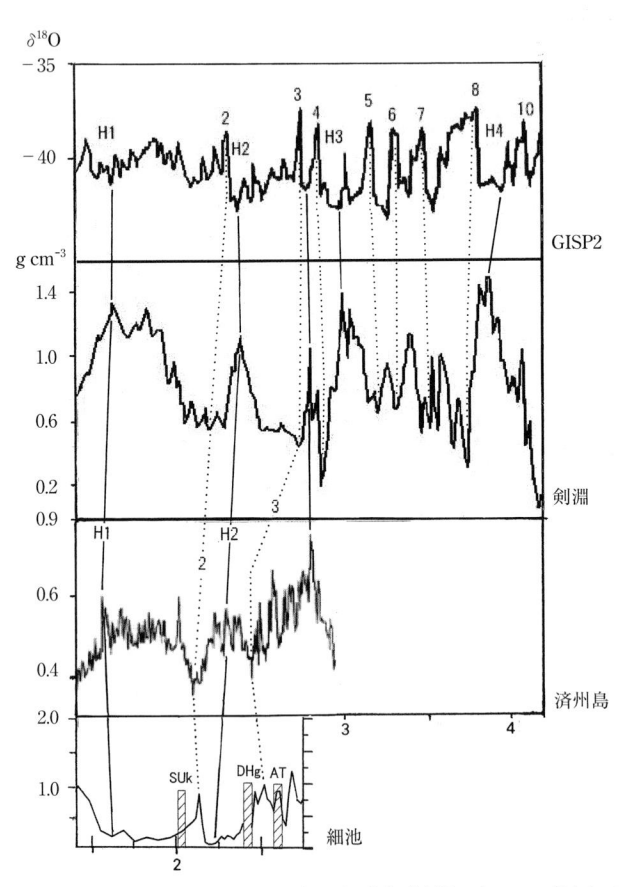

図 12.3 韓国済州島,岡山県細池湿原,北海道剣淵の各コアに見られる風成塵と流水物質の堆積量の対比
2～10 は亜間氷期インタースタディアル,H 1～H 4 はハインリヒイベント.

では風成塵からなる無機物の堆積量が増加している．③つまり最終氷期中のハインリヒイベントH2やH1といった，とくに寒冷な時期に風成塵が多く飛来・堆積し，逆に亜間氷期 Is-4～Is-1 などの温暖期には風成塵が減少し，細池湿原のような背後山地から小河川が流れ込むような場所では流水物質が相対的に増加したことである．

それは寒冷な時期にアジア北方地域が乾燥して沙漠が拡大し，風成塵の給源域が拡大し，しかも風成塵を運ぶ風が強くなったことによる．一方，温暖な時期には冬季モンスーンが弱くなり，風成塵の運搬が減少するとともに，給源地が湿潤化して風成塵の供給が減少したと考えられる．

12.3 風成塵・レスから見た MIS 2 と MIS 1 の古風系復元

風成塵を運搬するのは風であるので，風成塵の給源地と堆積地，そして堆積年代がわかれば，過去のジェット気流，貿易風，偏西風などの古風系が復元できる．

第4章で述べたように，電子スピン共鳴（ESR）分析によって求められた酸素空孔量は石英の大まかな生成年代を示すもので，現地性粗粒石英と外来物質である微細な風成塵石英とでは数値が異なっている．粗粒石英の酸素空孔量は現地性の石英年代値とほぼ同じ数値を示し，外来の微細石英はこれよりはるかに高い値（年代が古い）を示す（図4.4）．

表4.2 に示した測定値のうち，現地物質の混入の影響が少ない試料について MIS 2 と MIS 1 の2時期に分けて表したものが図12.4と図12.5である．全体的に見ると MIS 2 のほうが MIS 1 よりも高い数値を示す地域が多く，両時期で風成塵の給源が異なっていることがわかる．

a. MIS 2（2.4～1.2万年前）の風系

東アジアの各地で採取した風成堆積物のうち，最終氷期中の最寒冷期 MIS 2 に堆積したレスに含まれる微細石英（20 μm 以下）は，アジア大陸北方の先カンブリア紀岩地域，中国東北部，韓国のレスに含まれる微細石英がほぼ同じ数値である．日本では瀬戸内海よりも北において 10 以上の高い値を示す．この数値は先カンブリア紀岩の数値に収まるので，中国東北部からシベリアにかけて先カンブリア紀岩が広く分布する地域から運ばれたものと思われる．

MIS 2 にはシベリア高気圧が発達して，アジア大陸北方に広がる先カンブリア紀岩地域が極度に乾燥したために降雪量が現在よりも減少し，冬でも雪に覆わ

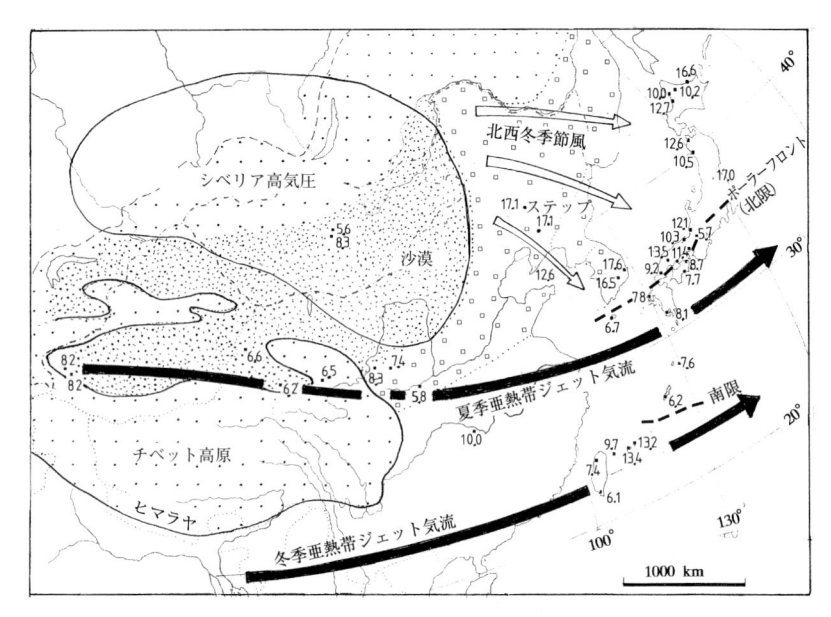

図 12.4　MIS 2 のレス，レス質土壌，火山灰質レス，泥炭層に含まれる微細石英の酸素空孔量から見た古風系

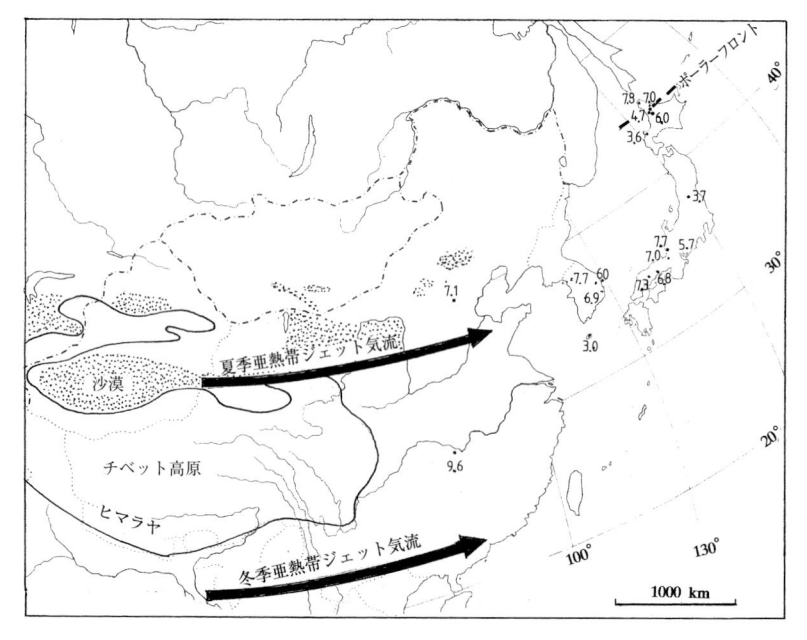

図 12.5　MIS 1 における風系

れない沙漠が拡大した（Ding ほか，1999；Wang and Sun, 1994）。この時期，中国東北部，韓国，瀬戸内海〜北海道に堆積したレスの酸素空孔量は，アジア大陸北方の先カンブリア紀岩分布地域を給源とする風成塵が，シベリア高気圧から吹き出す強い北西季節風，あるいは寒帯前線ジェット気流によって運ばれたことを物語っている．そして当時，ポーラーフロントが瀬戸内海に存在した可能性が高い（Toyoda and Naruse, 2002；小野ほか，1983）．

一方，瀬戸内海〜沖縄本島の微細石英は 5.7〜8.7 の値を示し，中国内陸沙漠や黄土高原の酸素空孔量と近似している．したがってこの地域には，現在の黄砂が運ばれるルートと同じようにタクラマカンやゴビといった沙漠から，夏季亜熱帯ジェット気流によって風成塵が運ばれたのであろう．

宮古島以南では微細石英の酸素空孔量が 10 以上と再び高くなる．ほぼ同じ緯度にある中国湖南省のレスが 8.4〜12.9 を示すので，宮古島以南の地域に堆積する風成塵が中国南部，チベット高原などの先カンブリア紀岩地域から冬季亜熱帯ジェット気流によって運ばれた可能性がある．

b． MIS 1（1.2 万年前〜現在）

MIS 1 は全体に低い数値である．例えば，細池湿原では MIS 2 に 9.8〜13.5 であったものが MIS 1 では 7.3, 7.5 に低下し，兵庫県社町でも MIS 2 の 11.4 から MIS 1 には 6.8 に低下する．

これは，MIS 1 における風成塵の給源地が MIS 2 とは異なったことを示しているのであろう．日本列島ほぼ全域において MIS 1 の低い数値は，日本に運ばれてくる現在の黄砂のようにタクラマカンやゴビといった中国内陸沙漠から亜熱帯ジェット気流によって運ばれた可能性が高い．このことは MIS 1 の湿潤な環境の下で北方アジア大陸の風成塵を供給する沙漠が消失し，かわってタクラマカンやゴビなどの中国内陸砂漠から亜熱帯ジェット気流が黄砂を運ぶようになったことを意味する．

このほか，MIS 1 の微細石英の数値が低下した原因の一つに，温暖湿潤化して降水量が増加し，酸素空孔量の低い現地流水物質が多くなり，陸上堆積物中に占める風成塵の割合が減少し，かわって流水物質が多く占めるようになったことがあげられよう．

12.4　沙漠・氷河の贈り物——風成塵・レス

風で舞い上がった物質が風下に運ばれ，やがて地表や海底に堆積する．それを

注意深く観察し，採取した試料を分析することによって，過去の風系やモンスーン変動などを復元できる可能性があることを述べてきた．そうすることによって第四紀の高精度分解能による環境変動や気候変動の研究に新たな展開を期待できるのではないだろうか．

西アジア，北西インド，中国など古代文明が栄えた地域には，いずれもレスが分布している．肥沃なレスは黒土の母材となり，チェルノーゼム，プレーリー土，パンパ土などの肥沃な土壌は現在の世界の穀倉地帯を形成している（写真12.1）．私たちが日々の食生活を享受できるのも，風成塵とレスがもたらした土壌母材がその基盤となっている．その点において，私たちにとって風成塵とレスは貴重な（沙漠や氷河の）贈り物といっていいのではないだろうか．しかし，その肥沃な土壌も大規模な農業経営によって急速に失われつつあるという．

近年，東アジアで黄砂現象の発生数が増加していることについて報道される機会が増えている．この黄砂とともに酸性汚染物質が東アジア各地へ運ばれるために，黄砂が環境悪化の代名詞になっている感がある．

1990年10月から1993年6月まで，兵庫教育大学の7階屋上で黄砂を採取したことがある．図12.6は，屋上に設置した1 m^{2}の水槽にたまった無機物と水質を分析した結果を示したものである．

写真12.1 トルコ，アナトリア高原に残る黒土
小麦の原産地に近く，レスを母材にする肥沃な黒土はかつてアナトリア高原に広く分布していたと思われる．しかし，その後の人為的な土壌侵食によって黒土が失われ，現在はほとんど残っていない．黒土の厚さは100 cmほどで，最下部に薄い炭酸カルシウム集積層が発達する．

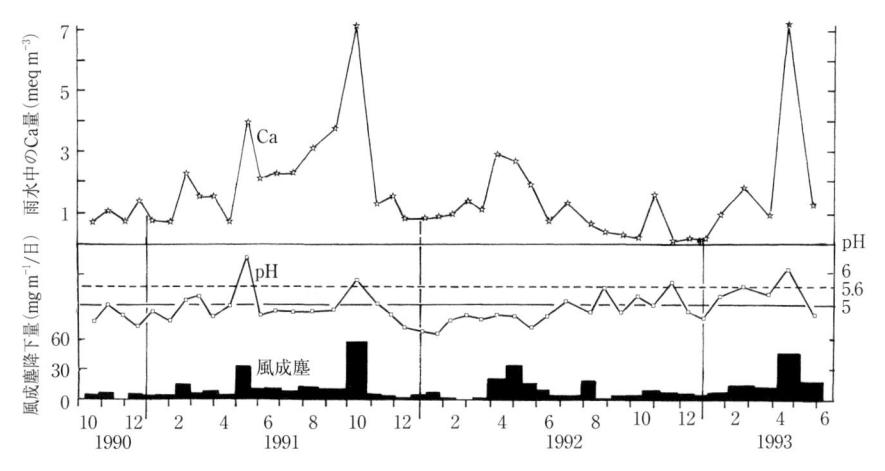

図12.6 兵庫教育大学屋上で採取した雨水に含まれる風成塵量，Ca量，pH量の月別変化(成瀬，1996a)

　20μm以下の無機物のほとんどは風成塵であり，その量は4月と5月に増加し，10月前後にも増加している．そして風成塵の量変化に対応するように，雨水のpHも変化していることが読み取れる．両者の関係についてははっきりしないが，雨水中に含まれるカルシウム量（meq/m²）の多い月に雨水pHが高くなっている場合が多い．カルシウムが人為によるものか，あるいは自然のものかについては分析を行っていないが，3年間の観測結果は酸性雨の改善に黄砂が果たす役割の一端を示唆しているのではないだろうか．

　風成塵が雨や雪の氷晶核として降水に重要な役割を果たしているだけでなく，中に含まれる物質が大気環境の改善に寄与することが多くの研究者によって明らかにされている．そして，前述したように風成塵やレスが私たちの毎日の生活に欠くことのできない食料の生産に必要な土壌母材となっているだけでなく，現在もなお定常的に風成塵が土壌母材として添加され，土壌の更新が行われている．さらに風成塵が海洋に輸送された場合には，風成塵物質が海洋あるいは海底環境を改善したりすることが指摘されている．

　近年，黄砂現象は地球環境にとってマイナス要因の一つとして取り上げられることが多くなってきている．しかし，本書において述べてきたように，第四紀の氷期という過酷な自然がもたらした風成塵とレスが現在の私たちの生活にどれだけ寄与しているか，評価する必要があるのではないだろうか．

引 用 文 献

赤木三郎(1991)『砂丘のひみつ』青木書店, 170 p.
Alexander, A.E. (1934) The dustfall of November 13, 1933, at Buffalo, New York. *Journal of Sedimentary Petrology*, **4**, 81-82.
An, Z., Liu, T., Lu, Y., Porter, S.C., Kukla, G., Xiao, W. and Hua, Y. (1990) The long-term paleomonsoon variation recorded by the loess-paleosol sequence in central China. *Quaternary International*, **7/8**, 91-95.
An, Z., Kukla, G., Porter, S.C. and Xiao, J.L. (1991 a) Late Quaternary dust flow on the Chinese Loess Plateau. *Catena*, **18**, 125-132.
An, Z., Kukla, G., Porter, S.C. and Xiao, J.L. (1991 b) Magnetic susceptibility evidence of monsoon variation on the Loess Plateau of central China during the last 130,000 years. *Quaternary Research*, **36**, 29-36.
An, Z., Porter, S.C., Zhou, H., Lu, Y., Donahue, D.J., Head, M.J., Wu, X., Ren, J. and Zheng, H.(1993) Episode of strengthened summer monsoon climate of younger Dryas age on the Loess Plateau of central China. *Quaternary Research*, **39**, 45-54.
Andersson, J.G. (1923) Essays on the Cenozoic of Northern China. *Geological Survey of China Memoirs*, **ser.A**, 3.
Anderson, R.S. and Hallet, B. (1996) Simulating magnetic susceptibility profiles in loess as an aid in quantifying rates of dust deposition and pedogenic development. *Quaternary Research*, **45**, 1-16.
Aoki, S., Oinuma, K. and Sudo, T. (1974) The distribution of clay minerals in the recent sediments of the Japan Sea. *Deep-Sea Research*, **21**, 299-310.
Arakawa, H. (ed.) (1969) *Climates of Northern and Eastern Asia*. Elsevier, 248 p.
荒木 茂 (1988) 赤色土の生成と年代. 第27回ペドロジストシンポジウム資料, 23-29.
荒生公雄・牧野保美・永木嘉寛 (1979) 黄砂に関する若干の統計的研究. 長崎大学教育学部自然科学研究報告, **30**, 65-74.
Arao, K. and Ishizaka, Y. (1986) Volume and mass of yellow sand dust in the air over Japan as estimated from atmospheric turbidity. *Journal of Meteorological Society of Japan*, **64**, 79-94.
Arrhenius, G. (1963) Pelagic sediments. In Hill, M.N. (ed.) *The Sea, 3*, 655-727, Interscience, New York.
Arrhenius, G. (1966) Sedimentary record of long-period phenomena. In Hurley, P.M. (ed.) *Advances in Earth Science*, 155-174, MIT Press, Cambridge.
Aston, S.R., Chester, R., Johnson, L.R. and Padgham, R.C. (1973) Eolian dust from the lower

atmosphere of the eastern Atlantic and Indian Oceans, China Sea and Sea of Japan. *Marine Geology*, **14**, 15-28.

Bae, K. D. (2001) The development of the Hantan River basin, Korea and the age of the sediment on the top of the Chongok basalt. *The Korean Journal of Quaternary Research*, **3**, 87-101.

Behairy, A.K.A., El-Sayed, M.K. and Durgaprasada Rao, N.V.N. (1985) Eolian dust in the coastal area, north of Jeddah, Saudi Arabia. *Journal of Arid Environments*, **8**, 89-98.

Bell, W.T. (1979) Thermoluminescence dating ; radiation dose rate data. *Archaeometry*, **21**, 243-245.

Beltagy, A.I., Chester, R. and Padgham, R.C. (1972) The particle-size distribution of quartz in some North Atlantic deep-sea sediments. *Marine Geology*, **13**, 297-310.

Betzer, P.R., Carder, K.L., Duce, R.A., Merrill, J.T., Tindale, N.W., Uematsu, M., Costello, D.K., Young, R.W., Feely, R.A., Breland, J.A., Bernstein, R.E. and Greco, A.M. (1988) Long-range transport of giant mineral aerosol particles. *Nature*, **336**, 568-571.

Bidart, S. (1996) Sedimentological study of aeolian soil parent materials in the Rio Sauce Grande basin, Buenos Aires province, Argentina. *Catena*, **27**, 191-207.

Blank, M., Leinen, M. and Prospero, J.M. (1985) Major Asian aeolian inputs indicated by the mineralogy of aerosols and sediments in the western North Pacific. *Nature*, **314**, 84-86.

Bonatti, E. and Arrhenius, G. (1965) Eolian sedimentation in the Pacific off northern Mexico. *Marine Geology*, **3**, 337-348.

Bond, G., Broecker, W.S., Johnsen, S., Jouzel, J., Labeyrie, L.D., McManus, J. and Taylor, K. (1993) Correlations between climate records from North Atlantic sediments and Greenland ice. *Nature*, **365**, 143-147.

Braby, H.W. (1913) The Harmattan wind of the Guinea coast. *Quarterly Journal of Royal Meteorogical Society*, **39**, 301-306.

Bricker, O.P. and Mackenzie, F.T. (1971) Limestones and red soils of Bermuda : discussion. *Geological Society of America Bulletin*, **81**, 2523-2524.

Brittlebank, C.C. (1897) Red rain. *Victorian Naturalist*, **13**, 125.

Bronger, A., Pant, R.K. and Singhvi, A.K. (1987) Pleistocene climatic changes and landscape evolution in the Kashimir basin, India : Palaeopedologic and chronostratigraphic studies. *Quaternary Research*, **27**, 167-181.

Bronger, A. (2003) Correlation of loess-paleosol sequences in East and Central Asia with SE Central Europe : towards a continental Quaternary pedostratigraphy and paleoclimatic history. *Quaternary International*, **106-107**, 11-31.

Brownlow, A.E., Hunter, W. and Parkin, D.W.(1965) Cosmic dust collections at various latitudes. *Geophysic Journal*, **9**, 337-368.

Bruins, H.J. and Yaalon, D.H. (1979) Stratigraphy of the Netivot section in the desert loess of the Negev (Israel). *Acta Geologia Academiae Scientiarum Hungaricae*, **22**, 161-169.

Busacca, A.J. (1991) Loess deposits and soils of the Palouse and vicinity. *The Geology of North America*, **K12**, 216-228.

Butler, B.E. (1956) Parna-an aeolian clay. *The Australian Journal of Science*, **18**, 145-151.

Butler, B.E. (1974) A contribution towards the better specification of parna and some other aeolian clays in Australia. *Zeitschrift für Geomorphology,* **20**, 106-116.

Carlson, T.N. and Prospero, J.M. (1972) Large scale movement of Saharan air outbreaks over the northern equatorial Atlantic. *Journal of Applied Meteorology*, **11**, 283-297.

Catt, J.A. (1988) *Quaternary Geology for Scientists and Engineers*. Ellis Horwood Ltd., Chichester, 340 p.

Chamberlin, T.C. (1897) Supplementary hypothesis respecting the origin of the loess of the Mississipi Valley. *Journal of Geology*, **5**, 795-802.

Chapman, F. and Grayson, H.J. (1903) On 'red rain' with special reference to its occurrence in Victoria, with a note on Melbourne dust. *Victorian Naturalist*, **20**, 17-32.

Chen, J., Ji, J., Chen, Y., An, Z., Dearing, J. A., and Wang, Y. (2000) Use of Rubidium to date loess and paleosols of the Louchan sequence, central China. *Quaternary Research*, **54**, 198-205.

Chen, L., Arimoto, R. and Duce, R.A. (1985) The sources and forms of phosphorus in marine aerosol particles and rain from northern New Zealand. *Atmospheric Environments*, **19**, 779-787.

Chester, R. and Johnson, L.R. (1971) Atmospheric dust collected off the Atlantic coasts of North Africa and the Iberian Peninsula. *Marine Geology*, **11**, 251-260.

Chester, R., Elderfield, H., Griffin, J.J., Johnson, L.R. and Padgham, R.C. (1972) Eolian dust along the eastern margins of the Atlantic Ocean. *Marine Geology*, **13**, 91-105.

Chester, R., Baxter, G.G., Behairy, A.K.A., Connor, K., Cross, D., Elderfield, H. and Padgham, R.C. (1977) Soil sized dusts from the lower troposphere of the eastern Mediterranean Sea. *Marine Geology*, **24**, 201-217.

Chester, R., Griffiths, A.G. and Hirst, J.M. (1979) The influence of soil-sized atmospheric particulates on the elemental chemistry of deep-sea sediments of the northeastern Atlantic. *Marine Geology*, **32**, 141-154.

Chester, R., Sharples, E.J., Sanders, G.S. and Saydam, A.C. (1984) Saharan dust incursion over the Tyrrhenian Sea. *Atmospheric Environment*, **18**, 929-935.

Cheuey, J.M., Rea, D.K. and Pisias, N.G. (1987) Late Pleistocene paleoclimatology of the central equatorial Pacific : A quantitative record of eolian and carbonate deposition. *Quaternary Research*, **28**, 323-339.

Chowdhury, M.E.K., Naruse, T., Yoshikawa, S. and Toyoda, S. (2001) Eolian dust deposition in the last glacial stage (43-12 ka) in Tanigumi moor, Gifu Prefecture, central Japan. 第四紀研究, **40**, 211-218.

Clayton, R.N., Rex, R.W., Syers, J.K. and Jackson, M.L. (1972) Oxygen isotope abundance in quartz from Pacific pelagic sediments. *Journal of Geophysical Research*, **77**, 3907-3915.

Coudé-Gaussen, G. (1987) The preSaharan loess sedimentological characterization and palaeoclimatological significance. *Geojournal*, **15**, 177-183.

Cowie, J.D. (1964) Loess in the Manawatu district, New Zealand. *New Zealand Journal of*

Geology and Geophysics, **7**, 389-396.

Crocker, R.L. (1946) Post Miocene climatic and geologic history and its significance in relation to the genesis of the major soil groups of South Australia Council. *Science Ind. Res. Australia Bulletin*, **193**.

Dan, J. and Yaalon, D.H. (1980) Origin and distribution of soils and landscapes in the northern Negev. *Studies in the Geography of Israel*, **11**, 36-74.

Dan, J. and Bruins, H.J. (1981) Soils of the southern coastal plain. In Dan, J., Gerson, R., Koyumdjisky, H. and Yaalon, D.H. (eds.) *Aridic Soils of Israel*, 143-170, The Volcani Center.

Danhara, T., Okada, K., Matsufuji, T. and Hwang, S. (2002) What is the real age of the Chongokni paleolithic site. In Bae, K. and Lee, J. (ed.) *Paleolithic Archaeology in Northeast Asia*, 77-116, Hanyan Univ.

Danhara, T. (2003) Tephrochronology of Quaternary sediments in the Korean Peninsula: applications, significance and future possibilities. 第2回全谷里旧石器遺跡記念国際学術会議論文集, 125-134.

Dansgaard, W., White, J.W.C. and Johnsen, S.J. (1989) The abrupt termination of the Younger Dryas climate event. *Nature*, **339**, 532-534.

Dansgaard, W., Johnsen, S.J., Clausen, H.B., Dahl-Jensen, D., Gundestrup, N.S., Hammer, C. U., Hvidberg, C.S., Steffensen, J.P., Sveinbjornsdottir, A.E., Jouzel, J. and Bond, G. (1993) Evidence for general instability of past climate from 250-kyr ice-core record. *Nature*, **364**, 218-220.

Darby, D.A., Burckle, L.H. and Clark, D.L. (1974) Airborne dust on the Arctic pack ice, its composition and fallout rate. *Earth Planetary Science Letter*, **24**, 166-172.

Darwin, C. (1845) An account of the fine dust which often falls on vessels in the Atlantic Ocean. *Proceedings of the Geological Society*, **2**, 26-30.

Davitaya, F.F. (1969) Atmospheric dust content as a factor affecting glaciation and climatic change. *Annals of the Association of American Geographers*, **59**, 552-560.

Dawson, A.G. (1992) *Ice Age Earth*, Routledge, London, 293 p.

Delany, A.C., Parkin, D.W., Goldberg, E.D., Riemann, B.E.F. and Griffin, J.J. (1967) Airborne dust collected at Barbados. *Geochimica et Cosmochimica Acta*, **31**, 895-909.

Ding, Z., Rutter, N.W. and Liu, T. (1993) Pedostratigraphy of Chinese loess deposits and climate cycles in the last 2.5 Ma. *Catena*, **20**, 73-91.

Ding, Z., Yu, Z., Rutter, N.W. and Liu, T. (1994) Towards an orbital time scale for Chinese loess deposits. *Quaternary Science Reviews*, **13**, 39-70.

Ding, Z., Liu, T., Rutter, N.W., Yu, Z., Guo, Z. and Zhu, R. (1995) Ice-volume forcing of east Asian winter monsoon variations in the past 800,000 years. *Quaternary Research*, **44**, 149-159.

Ding, Z.L., Xiong, S.F., Sun, J.M., Yang, S.L., Gu, Z.Y. and Liu, T.S. (1999) Pedostratigraphy and paleomagnetism of 0～7.0 Ma eolian loess-red clay sequence at Lingtai, Loess Plateau, north-central China and the implications for palaeomonsoon evolution. *Palaeogeography, palaeoclimatology, Palaeoecology*, **152**, 49-66.

Ding, Z., Sun, J., Rutter, N.W., Rokosh, D. and Liu, T. (1999) Changes in sand content of loess deposits along a north-south transect of the Chinese Loess Plateau and the implications for desert variations. *Quaternary Research*, **52**, 56-62.

Dobson, M. (1781) An account of the Harmattan, a singular African wind. *Philosophical Transactions of the Royal Society of London*, **71**, 46-57.

Dodonov, A.E. (1979) Stratigraphy of the upper Pliocene Quaternary. Deposits of Tajikistan. *Acta Geologica Academiae Scientiarum Hungariae*, **22**, 63-73.

Dodonov, A.E. (1991) Loess of central Asia. *Geojournal*, **24**, 185-194.

Duce, R.A., Unni, C.K., Ray, B.J., Prospero, J.M. and Merrill, J.T. (1980) Long range atmospheric transport of soil dust from Asia to the tropical North Pacific: temporal variability. *Science*, **209**, 1522-1524.

Duce, R.A., Arimoto, R., Ray, B.J., Unni, C.K. and Harder, P.J.(1983) Atmospheric trace elements at Enewetak Atoll. concentrations, sources, and temporal variability. *Journal of Geophysical Research*, **88**, 5321-5342.

Duce, R.A. (1986) Aeolian mineral particles: effects on atmospheric and marine process. *EOS*, **67**, 898.

Dymond, J., Biscaye, P.E. and Rex, R.W. (1974) Eolian origin of mica in Hawaiian soils. *Geological Society of Ameica Bulletin*, **85**, 37-40.

Ehrenberg, C.G. (1847) On the Sirocco-dust that fell at Genoa on the 16 th May, 1846. *Quaterly Journal of Geological Society* of London, **3**, 25-26.

遠藤邦彦・閻　順・印牧もとこ・相馬秀廣・穆　桂金(1997)タリム盆地の環境変遷―タクラマカン沙漠を中心に．地学雑誌, **106**, 145-155.

遠藤邦彦（2002）タクラマカン沙漠．*Museum Kyushu*, **73**, 8-15.

Erol, O. (1978) The Quaternary history of the lake basins of central southern Anatolia. In Brice, W.C. (ed.) *The Environmental History of the Near East and Middle East since the Last Ice Age*, 111-139, Academic Press, London.

Fenner, C. (1915) Notes on an occurence of quartz in basalt. *Proceedings of Royal Society Victoria*, **28**, 124-132.

Ferguson, W.S., Griffin, J.J. and Goldberg, E.D. (1970) Atmospheric dusts from the North Pacific-a short note on a long-range eolian transport. *Journal of Geophysical Research*, **75**, 1137-1139.

Fink, J. and Kukla, G.J. (1977) Pleistocene climates in Central Europe: at least 17 interglacials after the Olduvai Event. *Quaternary Research*, **7**, 363-371.

Folger, D.W., Burckle, L.H. and Heezen, B.C. (1967) Opal phytolis in a North Atlantic dust fall. *Science*, **155**, 1243-1244.

Folger, D.W. (1970) Wind transport of land derived mineral, biogenic and industrial matter over the North Atlantic. *Deep-Sea Research*, **17**, 337-352.

淵　秀隆（1939）黄沙に就いて．気象集誌, **2**, 15-28.

福山博之・荒牧重雄（1973）大隅半島に分布する桜島火山起源火山灰土壌の^{14}C年代．火山, **18**, 35.

福澤仁之・小泉　格（1994）東アジアにおける更新世後期の気候変動を記録した日本海の深海

堆積物．月刊地球，**16**，678-684．

福澤仁之・小泉 格・岡村 真・安田喜憲（1994）福井県，水月湖の完新世堆積物に記録された歴史時代の地震・洪水・人間活動イベント．地学雑誌，**103**，127-139．

福澤仁之（1995）東アジアにおける過去100万年間の気候変動の高精度検出．月刊地球，**17**，276-279．

福澤仁之・小泉 格・岡村 真・安田喜憲（1995）水月湖細粒堆積物に認められる過去2,000年間の風成塵・海水準・降水変動の記録．地学雑誌，**104**，69-81．

福澤仁之・大井圭一・山田和芳・岩田修二・鳥居雅之（1997a）日本海―黄土地帯―地中海トランセクトにおける過去240万年間の大気循環変動―チベット・ヒマラヤの上昇史との関係．地学雑誌，**106**，240-248．

福澤仁之・藤原 治・大井圭一・山田和芳・加藤めぐみ・小野有五・伊勢明広・米田茂夫（1997b）湖沼・内湾・レス堆積物によるアジアモンスーン変動の高精度復元．月刊地球，**218**，463-468．

Gal, M., Amiel, A.J. and Ravikovitch, S. (1974) Clay mineral distribution and origin in the soil types of Israel. *Journal of Soil Science*, **25**, 79-89.

Game, P.M. (1964) Observations on a dust-fall in the eastern Atlantic, February, 1962. *Journal of Sedimentary Petrology*, **34**, 355-359.

鴈澤好博・柳井清治・八幡正弘・溝田智俊（1994）西南北海道―東北地方に広がる後期更新世の広域風成塵堆積物．地質学雑誌，**100**，951-965．

鴈澤好博・渡辺友東子・伴かおり・橋本哲夫（1995a）石英粒子の天然熱蛍光を利用したテフラ起源と風成塵起源堆積物の識別方法―上北平野，天狗岱面上の中期更新世の段丘堆積物を例として．地質学雑誌，**101**，705-716．

鴈澤好博・渡辺友東子・橋本哲夫（1995b）自然青色熱蛍光による風成塵堆積物中の石英のTL年代測定．フィッション・トラックニュースレター，**8**，11-16．

Gao, Y., Arimoto, R., Zhou. M.Y., Merrill, J.T. and Duce, R.A. (1992) Relationships between the dust concentrations over eastern Asia and the remote North Pacific. *Journal of Geophysical Research*, **97**, 9867-9872.

Gardner, R. (1989) Late Quaternary loess and paleosols, Kashimir valley, India. *Zeitschrift für Geomorphology, Supplement Band*, **76**, 225-245.

Gardner, R.A. and Rendell, H.M. (1994) Loess, climate and orogenesis: Implications of south Asian loesses. *Zeitschrift für Geomorphology*, **38**, 169-184.

Gasse, F., Stabell, B., Fourtanier, E. and Iperen, Y.V. (1989) Freshwater diatom influx in intertropical Atlantic: relationships with continental records from Africa. *Quaternary Research*, **32**, 229-243.

Gillette, D.A., Clayton, R.N., Mayeda, T.K., Jackson, M.L. and Sridhar, K. (1978) Tropospheric aerosols from some major dust storms of the southwestern United States. *Journal of Applied Meteorology*, **17**, 832-845.

Ginzbourg, D. and Yaalon, D.H. (1963) Petrography and origin of the loess of the Be'er Sheva basin. *Israel Journal of Earth Science*, **12**, 68-70.

Glaccum, R.A. and Prospero, J.M. (1980) Saharan aerosols over the tropical North Atlantic mineralogy. *Marine Geology*, **37**, 295-321.

Glasby, G.P.(1971) The influence of aeolian transport of dust particles on marine sedimentation in the south-west Pacific. *Journal of Royal Society of New Zealand*, **1**, 285-300.

Goldberg, E.D. and Koid, M. (1962) Geochronological studies of deep sea sediments by the ionium/thorium method. *Geochimic et Cosmochimca Acta*, **26**, 417-450.

Goldberg, E.D. and Griffin, J.J. (1970) The sediments of the northern Indian Ocean. *Deep-Sea Research*, **17**, 513-537.

Goodwin, A.M. (1991) *Precambrian Geology*. Academic Press, London, 666 p.

Goudie, A.S. (1978) Dust storms and their geomorphological implications. *Journal of Arid Environments*, **1**, 291-310.

Goudie, A.S., Cooke, R.U. and Doornkamp, J.C. (1979) The formation of silt from quartz dune sand by salt-weathering processes in deserts. *Journal of Arid Environments*, **2**, 105-112.

Goudie, A.S. (1983) Dust storms in space and time. *Progress in Physical Geography*, **7**, 502-530.

Goudie, A., Livingstone, I. and Stokes, S. (1999) *Aeolian Environments, Sediments and Landforms*. John Wiley & Sons, 325 p.

Grahmann, R. (1932) Der Loss in Europe. *Mitteilungen der Gescellschaft für Erdkunde zu Leipzig*, **1930-1**, 5-24.

Gregory, J.W.(1930) Australian origin of red rain in New Zealand. *Nature*, **125**, 410-411.

Griffin, J.J. and Goldberg, E.D. (1962) Clay mineral distribution in the Pacific Ocean. In Hill, M.N. (ed.) *The Sea*, *3*, 728-741, Interscience, New York.

Griffin, J.J., Windom, H. and Goldberg, E.D. (1968) The distribution of clay minerals in the world ocean. *Deep-Sea Research*, **15**, 433-459.

Haast, J. von (1878) On the geological structure of Banks Peninsula. *Transactions Proceedings of New Zealand Institute*, **11**, 495-512.

浜崎忠雄 (1972)種子島の火山灰土壌に関する2・3の問題について．ペドロジスト，**16**, 78-91.

浜崎忠雄 (1979) 西南諸島の母材と土壌．ペドロジスト，**23**, 43-57.

Hand, I.F. (1934) The character and magnitude of the dust cloud which passed over Washington DC May 11, 1934. *Monthly Weather Review*, **62**, 157-158.

長谷川正 (1967) 新潟県高田市に降ったレスについて．地質学雑誌，**73**, 463-467.

早川由紀夫 (1995) 日本に広く分布するローム層の特徴とその成因．火山，**40**, 177-190.

Hayashida, A. (2003) Magnetic properties of the Quaternary sediments at the Chongokni Paleolithic site: a preliminary result. 第2回全谷里旧石器遺跡記念国際学術会議論文集, 157-160.

Heller, F. and Liu, T. (1982) Magnetostratigraphical dating of loess deposits in China. *Nature*, **300**, 431-433.

Hermann, E. (1903) Die Straubfälle vom 19 bis 23 Februar über dem Nord-Atlantischen Ozean, Grossbritannien und Mitteleurope. *Annalen der Hydrographie*, **31**, 475-483.

Heslop, D., Langerereis, C.G. and Dekkers, M.J. (2000) A new astronomical timescale for the loess deposits of northern China. *Earth Planetary Science Lettter*, **184**, 125-139.

Hesse, P.P. (1994) The record of continental dust from Australia in Tasman Sea sediments. *Quaternary Science Review*, **13**, 257-272.

Hills, E.S. (1939) The physiography of north-western Victoria. *Proceedings of Royal Society of Victoria*, **51**, 297-323.

平井幸広（1995）タイ国南部ソンクラー湖周辺の地形と環境問題．愛媛大学教育学部紀要，**15**，1-16．

平野 俊(1938) 沖縄の土壌型に就て．日本土壌肥料学雑誌，**12**，577-586．

Hoffman, E.G. and Duce, R.A. (1974) The organic carbon content of marine aerosols collected on Bermuda. *Journal of Geophysical Research*, **79**, 4474-4477.

Holmes, Ch. D. (1944) Origin of loess—a criticism. *American Journal of Science*, **242**, 442-446.

Honjyo, S., Manganini, S.J. and Cole, J.J. (1982) Sedimentation of biogenic matter in the deep ocean. *Deep-Sea Research*, **29**, 609-625.

本間弘次（1983）火成岩の酸素同位体比．月刊地球，**5**，600-606．

Hovan, S.A., Rea, D.K., Pisias, N.G. and Shackleton, N.J. (1989) A direct link between the China loess and marine ^{18}O records: aeolian flux to the north Pacific. *Nature*, **340**, 296-298.

Hovde, M.R. (1934) The great dust storm of November 12, 1933. *Monthly Weather Review*, **62**, 12-13.

Hubert, H. (1943) A summery of knowledge of the sand and dust storms of French West Africa. *Bulletin American Meteorological Society*, **24**, 243-246.

Hwang, S. (2003) A tephra analysis in the pit E 55 S 20-IV of Chongokni paleothithic site. 第2回全谷里旧石器遺跡記念国際学術会議論文集，135-142．

Hwang, S.I., Yoon, S.O. and Park, H.S. (2003) The geomorphological development of coastal terraces at Jigyeong-ri, the areal boundary between Gyeongju and Ulsan. *Journal of the Korean Geographical Society*, **38**, 490-504.

池原 研（1998）海洋古環境変化と陸源物質供給パターンの変化．地質ニュース，**528**，19-28．

Imbrie, J., Hays, J.D., Martinson, D.G., McIntire, A., Mix, A.C., Morley, J.J., Pisas, N.G., Prell, W.L. and Shackleton, N.J. (1984) The orbital theory of Pleistocene climate: Support from a revised chronology of the marine $O^{18}\delta$ record. In Berger, A.L., et al., (eds.) *Milankovitch and Climate, Part I*, 269-305, Reidel.

Ing, G.T.K. (1972) A dust storm over central China, April, 1969. *Weather*, **27**, 136-145.

井上克弘・吉田 稔（1978）岩手県盛岡市に降った赤雪中のレスについて．日本土壌肥料学会雑誌，**49**，226-230．

井上克弘（1981）火山灰土壌中の14Å鉱物の起源—風成塵の意義—．ペドロジスト，**25**，97-118．

Inoue, K. and Naruse, T. (1987) Physical, chemical, and mineralogical characteristics of modern eolian dust in Japan and rate of dust deposition. *Soil Science Plant Nutrition*, **33**, 327-345.

井上克弘・溝田智俊（1988）黒ボク土および石灰岩・玄武岩台地上の赤黄色土の2：1型鉱物と微細石英の風成塵起源．粘土科学，**28**，30-47．

井上克弘・成瀬敏郎 (1990) 日本海沿岸の土壌および古土壌中に堆積したアジア大陸起源の広域風成塵. 第四紀研究, **29**, 209-222.

井上克弘・吉田 稔 (1990) 広域風成塵および土壌による酸性雨の中和機構, 酸性雨が陸域生態系におよぼす影響の事前評価とそれに基づく対策の検討 1987/89 年度研究成果報告. 文部省「人間環境系」重点領域研究 N 11-01「酸性雨」研究班編, 人間環境系研究報告集, 97-112.

Inoue, K. and Naruse, T. (1991) Accumulation of Asian long-range eolian dust in Japan and Korea from the late Pleistocene to the Holocene. *Catena supplement*, **20**, 25-42.

Inoue, K., Satake, H., Shima, T. and Yokota, N. (1991) Particle neutralization of acid rain by Asian eolian transported over a long distance. *Soil Science Plant Nutrition*, **37**, 83-91.

井上克弘・佐竹英樹・若松善彦・溝田智俊・日下部実 (1993) 南西諸島における赤黄色土壌群母材の広域風成塵起源―土壌, 基岩および海底堆積物中の石英, 雲母, 方解石の酸素および炭素同位体比―. 第四紀研究, **32**, 139-155.

Inoue, K., Saito, M. and Naruse, T.(1998) Physical, mineralogical, and geochemical characteristics of lacustrine sediments of the Konya basin, Turkey, and their significance in relation to climatic change. *Geomorphology*, **23**, 229-243.

入野智久・多田隆治 (1995) 西赤道太平洋のコア KH 92-1,5 bPC における過去 20 万年間の opal flux. 月刊地球, **27**, 447-452.

Irino, T. and Tada, R. (2000) Quantification of aeolian dust (kosa) contribution to the Japan Sea sediments and its variation during the last 200 ka. *Geochemical Journal*, **34**, 59-93.

Irino, T. and Tada, R. (2002) High-resolution reconstruction of variation in aeolian dust (kosa) deposition at ODP site 797, the Japan Sea, during the last 200 ka. *Global and Planetary Changes*, **35**, 143-156.

石井武政・磯部一洋・水野清秀・金井 豊・松久幸敬・溝田智俊・銭 亦兵・寺嶋 滋・奥村晃史(1995)中国砂漠地域の表層地質形成過程と堆積環境の研究―特に風成層の特徴とその起源について―. 地質調査所月報, **46**, 651-685.

石坂重次 (1979) 1979 年 4 月中旬の黄砂. 天気, **26**, 725-729.

石坂 隆・小野 晃・角脇 怜 (1981) 日本上空に飛来した砂塵の性状とその発源地. 天気, 651-665.

Ishizaka, Y. (1972) On materials of solid particles contained in snow and rain water : part 1. *Journal of Meteorological Society of Japan*, **50**, 362-375.

Ishizaka, Y. and Ono, A. (1982) Mass size distribution of the principal minerals of yellow sand dust in the air over Japan. *Időjárás*, **86**, 249-253.

Isono, K., Komabayashi, M. and Ono, A. (1959) The nature and the origin of ice nuclei in the atmosphere. *Journal of Meteorological Society of Japan*, **37**, 211-233.

伊藤友彦・伴かおり・両角 拓・當眞陽子・柳井清治・鴈澤好博 (2000) 北海道北部における後期更新世, 広域風成塵起源粘土層の層序と分布. 第四紀研究, **39**, 199-214.

岩佐 安 (1983) 奄美諸島徳之島の表層灰白化黄色土. ペドロジスト, **27**, 8-24.

岩坂泰信・箕浦宏明・長屋勝博・小野 晃 (1982) 黄砂の輸送とその空間的ひろがり―1979 年

4月にみられたる黄砂現象のレーザーデータ観測．天気，**29**，231-235．

Iwasaka, Y., Minoura, H. and Nagaya, K. (1983) The transport and spatial scale of Asian dust storm clouds: a case study of the dust storm event of April 1979. *Tellus*, **35B**, 189-196.

Iwasaka, Y., Yamato, M., Imasu, R. and Ono, A. (1988) Transport of Asian dust (Kosa) particles; importance of weak KOSA events on the geochemical cycle of soil particles. *Tellus*, **40B**, 494-503.

岩坂泰信・今須良一・箕浦宏明・長屋勝博 (1991) 黄砂のライダー観測．名古屋大学水圏科学研究所編『黄砂』37-44，古今書院．

Jackson, M.L. (1971) Geomorphological relationships of tropospherically derived quartz in soils of the Hawaiian Islands. *Soil Science Society of America Proceedings*, **35**, 515-525.

Jackson, M.L., Levelt, T.W.M., Syers, J.K., Rex, R.W., Clayton, R.N., Sherman, G.D. and Uehara, G. (1971) Geomorphological relationships of tropospherically derived quartz in the soils of the Hawaiian Islands. *Soil Science Society of America Proceedings*, **35**, 515-525.

Jackson, M.L., Gibbons, F.R., Syers, J.K. and Mokma, L. (1972) Eolian influence on soils developed in a chronosequence of basalts of Victoria, Australia. *Geoderma*, **8**, 147-163.

Jackson, M.L., Gillette, D.A., Danielson, E.F., Blifford, R.A. and Syers, R.K. (1973) Global dust-fall during the Quaternary as related to environments. *Soil Science*, **116**, 135-145.

Jackson, M.L. (1981) Oxygen isotopic ratios in quartz as an indication of provenance of dust. *Geological Society of America Special Paper*, **186**, 27-36.

Jackson, M.L., Clayton, R.N., Violante, A. and Violante, P. (1981) Eolian influence on terra rossa soils of Italy traced by quartz oxygen isotopic ratio. In van Olphen, H. and Veniale, F. (eds.) *International Clay Conference 1981, Development in Sediment*. **35**, 293-301, Elsevier.

Jaenicke, R. and Schutz, L. (1978) Comprehensive study of physical and chemical properties of the surface aerosols in the Cape Verde Islands region. *Journal of Geophysics Research*, **83**, 3585-3599.

Janecek, T.R. and Rea, D.K. (1985) Quaternary fluctuations in the northern Hemisphere trade winds and westerlies. *Quaternary Research*, **24**, 150-163.

Joseph, J.H., Manes, A. and Ashbel, D. (1973) Desert aerosols transported by Khamsinic depressions and their climatic efforts. *Journal Applied Meteorology*, **12**, 792-797.

Jouzel, J., Barkov, N.I., Barnola, J.M., Bender, M., Chappellaz, J., Genthon, C., Kotlyakov, V.M., Lipenkov, V., Lorius, C., Petiti, J.R., Raynaud, D., Raisbeck, G., Ritz, C., Sowers, T., Stievenard, M., Yiou, F. and Yiou, P. (1993) Extending the Vostok ice-core record of palaeoclimate to the penultimate glacial period. *Nature*, **364**, 407-412.

Kai, K. (2002) Kosa and dust storm event at western China. *Global Environmental Research*, **7**, 209-214.

叶内敦子 (1988) 福島県南部・矢の原湿原堆積物の花粉分析による最終氷期の植生変遷．第四紀研究，**27**，177-186．

亀山徳彦 (1968) 関門地方に見られる洪積世末期の二つの海進について．地質学雑誌，**74**，415

引用文献

-426.

鴨下　寛・横井時次・兼松四郎（1933）沖縄県土性調査報告，**1**，1-23.

葛西　攻（1992）青森県屛風山砂丘の形成．兵庫教育大学修士論文（未公刊）．

Kashiwaya, K., Yamamoto, A. and Fukuyama, K. (1987) Time variations of erosional force and grain size in Pleistocene lake sediments. *Quaternary Research*, **28**, 61-68.

加藤芳朗（1965）火山灰土壌の母材に関する問題．ペドロジスト，**9**，13-19.

加藤芳朗（1983）中部地方の火山灰起源土壌．火山灰と土壌編集委員会編『火山灰と土壌』253-258，博友社．

Katsnelson, J. (1970) Frequency of dust storms at Be'er Sheva. *Israel Journal of Earth Science*, **19**, 69-76.

河村公隆（1995）陸起源有機物の海洋への大気輸送とその歴史的変遷：深海堆積物からの復元．月刊地球，**27**，533-539.

河名俊男（1988）『琉球列島の地形』新星図書出版，170 p.

川崎　弘（1982）佐賀県北部上場台地の土壌とおんじゃく．九州農業試験場報告，**22**，321-341.

川島禄郎（1937）沖縄県の土壌生成型式について．日本土壌肥料学雑誌，**11**，143-154.

Kenwood 株式会社（1999）*World Meteorological Calender*.

Kenwood 株式会社（2000）*World Meteorological Calender*.

Kidson, E. and Gregory, J.W. (1930) Australian origin of red rain in New Zealand. *Nature*, **125**, 410-411.

木村純一・岡田昭明・中山勝博・梅田浩司・草野高志・麻原慶憲・館野満美子・檀原　徹（1999）大山―三瓶火山起源テフラのＦＴ年代と火山活動史．第四紀研究，**38**，145-155.

北川靖夫・成瀬敏郎・齋藤萬之助・黒崎督也・栗原宏彰（2003）北海道北部の重粘土における微細（3-20 μm）粒子および粘土鉱物の層位別分布―重粘土母材への風成塵の影響―．ペドロジスト，**47**，2-13.

Kitagawa, Y., Imoto, H., Saito, M., Kurihara, H., Fujie, K., Toyoda, S. and Naruse, T. (2005) Mineral composition of clay fractions and oxygen vacancies in silt-sized quartz in soils on the Ka-Etsu Plateau, Fukui, central Japan—possibility of eolian dust brought from northern Asia as parent material of soils. *Soil Science Plant Nutrition*, **51**, 999-1010.

北村伸治・玉城　宏（1959）1959 年 1 月 13 日の黄砂について．琉球気象調査報告特別号，105-113.

Kitoh, A., Murakami, S. and Koide, H. (2001) A simulation of the Last Glacial Maximum with a coupled atmosphere-ocean GCM. *Geophysics Research Letter*, **28**, 2221-2224.

Knight, A.W., Mctainsh, G.H. and Simpson, R.W. (1995) Sediment loads in an Australian dust storm: implications for present and past dust processes. *Catena*, **24**, 195-213.

Kobayashi, K., Tonouchi, S., Furuta, T. and Watanabe, M. (1980) Paleomagnetic results of deep sea sediment cores collected by the R.V. Hakuho Maru in a period 1968-1977 complied with associated information. *Bulletin of Ocean Research Institute of University of Tokyo*, **13**, 1-148.

小磯　学（1995）インダス文明と水のかかわり．日本南アジア学会第 8 回全国大会報告要旨集，

43-46.

小泉四郎（1934）黄砂ノ研究（第2報）．国民衛生，**10**，99-118.

国家文物局主編（1997）『中国文物地図集 湖南分冊』湖南地図出版社，542 p.

国家地図集編纂委員会（1999）『国家自然地図集』中国地図出版社．

Kolla, V. and Biscaye, P.E. (1977) Distribution and origin of quartz in the sediments of the Indian Ocean. *Journal of Sedimentary Petrology*, **47**, 642-649.

Kolla, V., Biscaye, P.E. and Hanley, A.F. (1979) Distribution of quartz in late Quaternary Atlantic sediments in relation to climate. *Quaternary Research*, **11**, 261-277.

駒林　誠・中村和郎（1976）日本の気候．科学，**46**，211-222.

近藤英夫（1991）南アジア麦作文化の展開．『南アジア文明の展開と重層構造』東海大学文明研究所．

小西正捷・近藤英夫（1996）南アジア暗黒時代の解明．安田喜憲・林　俊雄編（講座 文明と環境5）『文明の危機』112-126，朝倉書店.

Kronfeld, J., Vogel, J.C., Rosenthal, E. and Weinstein-Evron, M. (1988) Age and paleoclimatic implications of the Bet Shean travertines. *Quaternary Research*, **30**, 298-303.

Kubilay, N.N., Saydan, A.C., Yemenicioglu, S., Kelling, G., Kapur, S., Karaman, C. and Akça, E. (1997) Seasonal chemical and mineralogical variability of atmospheric particles in the coastal region of the northeast Mediterranean. *Catena*, **28**, 313-328.

Kukla, G.J. (1975) Loess stratigraphy of central Europe. In Butzer, K.W., Isaac, G. and Liu, T. (eds.) *After the Australopithecines*, 99-188, Mouton.

Kukla, G., Heller, F., Liu, X.M., Xu, T.C., Liu, T.S. and An, Z.S. (1988) Pleistocene climates in China dated by magnetic susceptibility. *Geology*, **16**, 811-814.

Kukla, G. and An, Z.S. (1989) Loess stratigraphy in central China. *Palaeogeography, Palaeoclimatology, Palaeoecology*, **72**, 203-225.

倉林三郎（1972）大山火山灰層の粘土鉱物学的特徴．地質学雑誌，**78**，1-11.

黒田登美雄・小澤智生（1996）花粉と海生動物化石からみた琉球列島の第四紀の環境変動．月刊地球，**18**，516-523.

黒鳥　忠・河田　弘・小野俊郎（1981）沖縄の主要な森林土壌の生成と分類について．林業試験場研究報告，**316**，47-90.

Laprade, K.E. (1957) Dust storm sediments of Lubbock area, Texas. *Bulletin American Association of Petroleum Geologists*, **41**, 709-726.

Larrasoaña, J.C., Roberts, A.P., Rohling, E.J., Winklhofer, M. and Wehausen, R. (2003) Three million years of monsoon variability over the northern Sahara. *Climate Dynamics*, **21**, 689-698.

Leigh, D.S. and Knox, J.C. (1994) Loess of the Upper Mississipi valley drift area. *Quaternary Research*, **42**, 30-40.

Leinen, M., Cwienk, D., Heath, G.R., Biscaye, P.E., Kolla, V., Thiede, J. and Dauphin, J.P. (1986) Distribution of biogenic silica and quartz in recent deep sea sediments. *Geology*, **14**, 19-203.

Leonhard, K. C. von (1824) *Charakteristik der Felsarten. 3*. Joseph Englemann Verlag, Heidelberg.

Lepple, F.K. and Brine, C.J. (1976) Organic constituents in eolian dust and surface sediments from North West Africa. *Journal of Geophysical Research*, **81**, 1141-1147.

Leverett, F. (1898) The weathered zone (Sangamon) between the Iowan loess and the Illinoian till sheet. *Journal of Geology*, **6**, 171-181.

Levin, Z., Joseph, J. and Mekler, Y. (1980) Properties of Sharva (Khamsin) dust composition of opitical and direct sampling data. *Journal of Atmosphere Science*, **37**, 882-891.

劉　民立 (1992) 東北地方日本海沿岸における砂丘中のレス質土壌. 岩手大学農学部修士論文, 69 p (未公刊).

Lieu, T. (1985) *Loess and the Environment*. China Ocean Press, Beijing, 251 p.

劉　東生・張　宗祜 (1962) 中国的黄土. 地質学報, **42**, 1-14.

劉　東生 (1964)『黄河中游黄土』科学出版社.

劉　東生 (1985)『黄土与環境』科学出版社.

Littmann, T. (1989) Atmospheric boundary conditions of recent Saharan dust index into Central Europe. *Geojournal*, **18**, 399-406.

Littmann, T. (1991) Dust storm frequency in Asia : climatic control and variability. *Inetrnational Journal of Climatology*, **11**, 393-412.

Liversidge, A. (1902) Meteoric dusts, New South Wales. *Journal Proc. Royal Society of N. S. W.*, **36**, 241-285.

Livingstone, I. and Warren, A. (1996) *Aeolian Geomorphology*. Longman, 211 p.

Loewe, F. (1943) Dust storms in Australia. *The Commonwealth Bureau of Meteorology Bulletin*, **28**.

Lu, H. and Sun, D. (2000) Pathways of dust input to the Chinese Loess Plateau during the last glacial and interglacial periods. *Catena*, **40**, 251-261.

Lyell, Ch. (1834) Observation on the loamy deposit called 'loess' in the valley of the Rhine. *Geological Society of London Proceedings*, **2**, 83-85.

町田　洋・新井房夫 (1979) 大山倉吉軽石層―分布の広域性と第四紀編年上の意義―. 地学雑誌, **88**, 311-330.

町田　洋・太田陽子・河名俊男・森脇　広・長岡信治 (2001)『日本の地形7　九州・南西諸島』東京大学出版会, 355 p.

町田　洋・大場忠道・小野　昭・山崎晴雄・河村善也・百原　新 (2003)『第四紀学』朝倉書店, 325 p.

町田　洋・新井房夫 (2003)『新編火山灰アトラス』東京大学出版会, 336 p.

Macleod, D.A. (1980) The origin of the red Mediterranean soils in Epirus, Greece. *Journal of Soil Science*, **31**, 125-136.

前島勇治・永塚鎮男・東　照雄 (1997) 南大東島の隆起サンゴ礁段丘上の土壌. ペドロジスト, **41**, 2-22.

Maher, B.A. and Thompson, R. (1992) Paleoclimatic significance of the mineral magnetic record of the Chinese Loess and paleosols. *Quaternary Research*, **37**, 155-170.

Makohonienko, M., Kitagawa, H., Naruse, T., Nasu, H., Momohara, A., Okuno, M., Liu, X., Yasuda, Y. and Yin, H. (2004) Late-Holocene natural and anthropogenic vegetation changes in the Dongbei Pingyuan (Manshurian Plain). *Quaternary International*, **123**-

125, 71-88.
Marshall, P. (1903) Dust storms in New Zealand. *Nature*, 68, 233.
Martin, J.H. and Gordon, R.M. (1988) Northeast Pacific iron distributions in relation to phytoplankton productivity. *Deep-Sea Research*, 35, 177-196.
Martinson, D.G., Pisas, N.G., Hays, J.D., Imbrie, J., Moore, T.C. and Shackleton, N.J. (1987) Age dating and the orbital theory of the ice ages: development of a high resolution 0-300,000 year chronostratigraphy. *Quaternary Research*, 27, 1-29.
松平康男 (1938) 神戸で観測した黄砂について．海洋気象台彙報, 113, 1-5.
Matsufuji, K. (2003) Origin of the Upper Paleolithic in northeast Asia. 第2回全谷里旧石器遺跡記念国際学術会議論文集, 63-88.
松藤和人・裵　基同・檀原　徹・成瀬敏郎・林田　明・兪　剛民・井上直人・黄　昭姫 (2005) 韓国全谷里遺跡における年代研究の新展開．旧石器考古学, 66, 1-16.
松井　健・加藤芳朗 (1962) 日本の赤色土壌の生成時期・生成環境に関する2・3の考察．第四紀研究, 2, 161-179.
松井　健 (1964) 古土壌学の動向と課題．第四紀研究, 3, 223-247.
松坂泰明・山田　裕・浜崎忠雄 (1971) 沖縄本島・久米島の土壌の分類について．農業技術研究所報告, B-22, 305-404.
McIntosh, P.D. (1984) Genesis and classification of a sequence of soils formed from aeolian parent materials in east Otago, New Zealand. *Australian Journal of Soil Research*, 22, 219-242.
McTanish, G.H. (1980) Harmattan dust deposition in northern Nigeria. *Nature*, 286, 587-588.
McTanish, G.H. and Walker, P.H. (1982) Nature and distribution of Harmattan dust. *Zeitschrift für Geomorphology*, 26, 417-435.
McTanish, G.H. (1984) The nature and origin of the aeolian mantles of central northern Nigeria.*Geoderma*, 33, 13-37.
McTainsh, G.H. (1987) Desert loess in northern Nigeria. *Zeitschrift für Geomorphology*, 31, 145-165.
McTainsh, G.H. and Pitblado, J.R. (1987) Dust storms and related phenomena measured from meteorological records in Australia. *Earth Surface Processes and Landforms*, 12, 415-424.
Melia, M.B. (1984) The distribution and relationship between palynomorphs in aerosols and deep-sea sediments off the coast of northwest Africa. *Marine Geology*, 58, 345-371.
Merrill, J.M., Uematsu, M. and Bleck, R. (1989) Meteorological analysis of long range transport of mineral aerosols over the North Pacific. *Journal of Geophysical Research*, 94, 8584-8598.
Milankovitch, M. (1930) Mathematische Klimalehre und Astronomische Theorie der Klimaschwankungen. In Köppen, W. and Geiger, R. (eds.) *Handbuch der Klimatologie*. Band 1, Teil A., 176 p, Gebruder Borntraeger.
蓑輪貴治 (2001) 福島県矢の原湿原におけるモンスーン変動の復元．兵庫教育大学修士論文 (未公刊).

三土正則・山田 裕・加藤好武 (1977) 沖縄本島に分布するフェイチシャ (灰白化赤黄色土) の生成について. ペドロジスト, **21**, 111-122.

三浦英樹(1990) 地形発達史からみた北海道羽幌付近の重粘土の堆積時代と成因. 日本地理学会予稿集, **38**, 196-197.

三浦英樹・平川一臣 (1995) 北海道・東部における化石凍結割れ目構造への起源. 地学雑誌, **104**, 189-224.

三浦 清・林 正久 (1991) 中国・四国地方の第四紀テフラ研究—広域テフラを中心として—. 第四紀研究, **30**, 339-351.

宮城豊彦・小岩直人・竹中 純 (1996) 東北地方南部低山帯における最終間氷期以降の環境変遷と斜面物質移動. 東北学院大学東北文化研究所紀要, **27**, 1-27.

三宅泰雄・杉浦吉雄・葛城幸雄 (1956) 1955年4月旭川地方に降った放射性の落下塵. 気象集誌, **34**, 226-230.

Miyoshi, N. (1989) Vegetational history of the Hosoike moor in the Chugoku Mountains, western Japan during the Late Pleistocene and Holocene. *Japanese Journal of Palynology*, **28**, 38-54.

溝端 朗・真室哲雄 (1978) 黄砂エアロゾルに関する二・三の知見. 大気汚染学雑誌, **13**, 289-297.

Mizota, C. (1982) Tropospheric origin of quartz in Ando soils and red yellow soils on basalts, Japan. *Soil Science Plant Nutrition*, **28**, 517-522.

溝田智俊・松久幸敬 (1984) 風成塵. 月刊地球, **6**, 553-557.

Mizota, C. and Matsuhisa, Y. (1985) Eolian additions to soils and sediments of Japan. *Soil Science Plant Nutrition*, **28**, 369-378.

溝田智俊・井上克弘 (1988) 風成石英粒子の酸素同位体組成—そのトレーサーとしての意義—. 粘土科学, **28**, 38-54.

Mizota, C. and Inoue, K. (1988) Oxygen isotope composition eolian quartz in soils and sediments. *Journal of Clay Science Society of Japan*, **28**, 38-54.

Mizota, C., Kusakabe, M. and Noto, M. (1990) Oxygen isotope composition of quartz in soils developed on late Quaternary volcanic ashes in Japan. *Geoderma*, **46**, 319-327.

Mizota, C., Endo, H., Um, K.T., Kusakabe, M., Noto, M. and Matsuhisa, Y.(1991) The eolian origin of silty mantle in sedimentary soils from Korea and Japan. *Geoderma*, **49**, 153-164.

Mizota, C., Izuhara, H. and Noto, M. (1992) Eolian influence on oxygen isotope abundance and clay minerals in soils of Hokkaido, northern Japan. *Geoderma*, **52**, 161-172.

溝田智俊・下山正一・窪田正和・竹村恵二・磯 望・小林 茂 (1992) 北部九州の緩斜面上に発達する風成塵起源の細粒質土層. 第四紀研究, **31**, 101-112.

水野 裕・堀田報誠・葛西良徳 (1967) 津軽屏風山砂丘の地形. 東北地理, **20**, 34-46.

Mokma, D.L., Syers, J.K., Jackson, M.L., Clayton, R.N. and Rex, R.W. (1972) Aeolian additions to soils and sediments in the South Pacific area. *Journal of Soil Science*, **23**, 147-162.

Muhs, D.R. (1983) Airborne dustfall on the California Channel Islands, USA. *Journal of Arid Environment*, **6**, 223-228.

Muhs, D.R., Bush, C.A. and Stewart, K.C. (1990) Geochemical evidence of Saharan dust parent material for soils developed on Quaternary limestones of Caribbean and western Atlantic Islands. *Quaternary Research*, **33**, 157-177.

Mullen, R., Darby, D.A. and Clark, D.L. (1972) Significance of atmospheric dust and ice rafting for Arctic Ocean sediment. *Bulletin of Geological Society of America*, **83**, 205.

村山信彦 (1980) 気象衛星から見た洋上の風じん. 海と空, **55**, 149-168.

村山信彦 (1987) 黄砂の発生と輸送. 天気, **34**, 176-179.

Murayama, N. (1988) Dust cloud "kosa" from the east Asian dust storms in 1982-1988 as observed by the GMS satellite. *Meteorological Satellite Center Technical Note*, **17**, 1-8.

長島佳菜・多田隆治・松井裕之 (2004) 過去14万年間のアジアモンスーン・偏西風変動―日本海堆積物中の黄砂粒径・含有率からの復原. 第四紀研究, **43**, 85-97.

永塚鎮男 (1975) 西南日本の黄褐色森林土および赤色土の生成と分類に関する研究. 農技研報告 B, **26**, 133-257.

永塚鎮男 (1984) 赤黄色土および類縁土壌. ペドロジスト, **28**, 153-164.

永塚鎮男 (1995) 赤色系土壌の生成速度と国際的対比に関する研究. 平成6年度科研報告書, 58 p.

名古屋大学水圏科学研究所編 (1991)『大気水圏の科学 黄砂』古今書院, 328 p.

Nakai, S., Halliday, A.N. and Rea, D.K. (1993) Provenance of dust in the Pacific Ocean. *Earth and Planetary Science Letters*, **119**, 143-157.

Nakajima, T., Tanaka, M., Yamano, M., Shiobara, M., Arao, K. and Nakanishi, Y. (1989) Aerosol optical characteristics in the yellow sand events observed in May, 1982 at Nagasaki-part II Models. *Journal of Meteorological Society of Japan*, **67**, 279-291.

Narcisi, B. (2000) Late Quaternary eolian deposition in Central Italy. *Quaternary Research*, **54**, 246-252.

成瀬敏郎 (1976) 北九州のヴュルム氷期の砂丘形成と古土壌. 第四紀研究, **15**, 35-46.

成瀬敏郎 (1980) 後期更新世の海岸砂丘の形成に関する諸問題. 地理科学, **33**, 41-50.

成瀬敏郎 (1982) 最終氷期以降の日本海沿岸域の風成堆積層. 第四紀研究, **21**, 223-227.

成瀬敏郎・井上克弘 (1982) 北九州および与那国島のレス―後期更新世の風成塵の意義―. 地学雑誌, **91**, 164-180.

成瀬敏郎・井上克弘 (1983) 山陰および北陸沿岸の古砂丘に埋没するレスについて. 地学雑誌, **92**, 116-129.

成瀬敏郎・井上克弘・金 萬亭 (1985 a) 韓国の低位段丘上に堆積するレス土壌. ペドロジスト, **29**, 108-117.

成瀬敏郎・井上克弘・井上隆治・上里美和・鈴木裕治 (1985 b) 宇部, 中位段丘上のレスと火山灰. 宇部市教育委員会編『長桝遺跡発掘調査概報』57-63.

Naruse, T. (1985) Aeolian geomorphology of the Punjab Plains and the north Indian desert. *Annals of Arid Zone*, **24**, 267-280.

Naruse, T., Sakai, H. and Inoue, K. (1986) Eolian dust origin of fine quartz in selected soils, Japan. 第四紀研究, **24**, 295-300.

成瀬敏郎・井上克弘 (1987) 喜界島の石灰質風成砂層の ^{14}C 年代. 地球科学, **41**, 198-201.

成瀬敏郎 (1989) 日本の海岸砂丘. 地理学評論, **62A**, 129-144.

成瀬敏郎・井上克弘（1990）大陸よりの使者—古環境を語る風成塵. サンゴ礁地域研究グループ編『日本のサンゴ礁地域1 熱い自然』248-267, 古今書院.

Naruse, T. and Sakuramoto, Y. (1991) Dating the paleosols in loessial deposits in Netivot, Israel by electron spin resonance. 兵庫教育大学研究紀要, **11**, 147-153.

成瀬敏郎（1993）東アジアにおける最終間氷期以降の広域風成塵の堆積量変化. 地形, **14**, 265-277.

成瀬敏郎・横山勝三・柳 精司（1994）シラス台地上のレス質土壌とその堆積環境. 地理科学, **49**, 76-84.

成瀬敏郎（1995）風成塵が記録する気候変動と文明. 小泉 格・安田喜憲編（講座 文明と環境1）『地球と文明の周期』145-154, 朝倉書店.

成瀬敏郎（1996 a）酸性雨と風成塵. 兵庫教育大学研究紀要, **16**, 85-93.

成瀬敏郎（1996 b）トルコ，アナトリア高原コンヤ盆地における古コンヤ湖堆積物の ^{14}C 年代とその気候学的意義. アナトリア考古学研究, **V**, 189-194.

成瀬敏郎・柳 精司・河野日出夫・池谷元伺（1996）電子スピン共鳴（ESR）による中国・韓国・日本の風成塵起源石英の同定. 第四紀研究, **35**, 25-34.

成瀬敏郎・小野有五・平川一臣・岡下松生・池谷元伺（1997）電子スピン共鳴(ESR)による東アジアの風成塵石英の産地同定—アイソトープステージ2の卓越風復元への試み—. 地理学評論, **70A**, 15-27.

成瀬敏郎・小野有五（1997）レス・風成塵からみた最終氷期のモンスーンアジアの古環境とヒマラヤ・チベット高原の役割. 地学雑誌, **106**, 205-217.

成瀬敏郎(1998)日本における最終氷期の風成塵堆積とモンスーン変動. 第四紀研究, **37**, 189-197.

成瀬敏郎・鹿島 薫（1999）トウズ湖南岸, アクサライ平野の地形発達. アナトリア考古学研究, **VIII**, 251-262.

Naruse, T., Bae, K., Yu, K., Matsufuji, K., Danhara, T., Hayashida, A., Hwang, S., Yum, J. and Shin, J. (2003) Loess-paleosol sequence in the Chongokni Paleolithic site. 第2回全谷里旧石器遺跡記念国際学術会議論文集, 143-156.

成瀬敏郎・北川靖夫・岡田昭明・豊田 新・矢田浩太郎・赤嶺和江（2005 a）鳥取県倉吉市桜における火山灰層間に埋没する古土壌の母材—風成塵の意義. 日本第四紀学会講演要旨集, 75 p.

成瀬敏郎・鈴木信之・井上伸夫・豊田 新・蓑輪貴治・安場裕史・矢田貝真一（2005 b）岡山県細池湿原にみられる過去3万年間の堆積環境. 地学雑誌, **114**, 811-819.

Nihlén, T. and Solyom, Z. (1986) Dust storms and eolian deposits in the Mediterranean area. *Geologiska Föreningens Stockholm Föëorhandlingar*, **108**, 235-242.

Nihlén, T. and Mattsson, J.O. (1989) Studies on eolian dust in Greece. *Geografisca Annala*, **71A**, 269-274.

Nihlén, T. and Solyom, Z. (1989) Possible influence of Saharan dust on soils in Crete. *Geologiska Föreningens Stockholm Föëorhandlingar*, **111**, 25-33.

Nihlén, T. and Olsson, S.(1995) Influence of eolian dust on soil formation in the Aegean area. *Zeitschrift für Geomorphology*, **39**, 341-361.

Nihlén, T., Mattsson, J., Rapp, A., Gagaoudaki, C., Kornaros, G. and Papageorgiou, J.

(1995) Monitoring of Saharan dust fallout on Crete and its contribution to soil formation. *Tellus*, **47B**, 365-374.
新妻信明 (1997) インド洋の海底コアからみたモンスーンの消長. 地学雑誌, **106**, 226-239.
Nizam, D. and Yoshida, M. (1997) Particle-size distribution of late Pleistocene loess-paleosol deposits in Attock basin, Pakistan : Its paleomagnetic implication. 第四紀研究, **36**, 43-54.
野村亮太郎・田中眞吾・柏谷健二・相馬秀廣・小倉博之・川崎輝雄 (1995) 岡山県北部, 細池湿原のテフラについて. 第四紀研究, **34**, 1-8.
Noriki, S. and Tsunogai, S. (1986) Particulate fluxes and major components of settling particles from sediment trap experiments in the Pacific Ocean. *Deep-Sea Research*, **33**, 903-912.
大場忠道・大村明雄・加藤道雄・北里 洋・小泉 格・酒井豊三郎・高山俊昭・溝田智俊 (1984) 古環境変遷史―KH-79-3, C-3 コアの解析を中心として―. 月刊地球, **63**, 571-574.
Oba, T., Kato, M., Kitazato, H., Koizumi, I., Omura, A., Sakai,T. and Takayama,T.(1991) Paleoenvironmental changes in the Japan Sea during the last 85,000 years. *Paleoceanography*, **6**, 499-58.
大場忠道・村山雅史・松本英二・中村俊夫 (1995) 日本海隠岐堆コアの加速器質量分析 (AMS) 法による ^{14}C 年代. 第四紀研究, **34**, 289-296.
Oba, T. and Pedersen, T.F. (1999) Paleoclimatic significance of eolian carbonates supplied to the Japan Sea during the last glacial maximum. *Paleoceanography*, **14**, 34-41.
落合浩志・福沢仁之・大場忠道・小泉 格 (1994) ジャワ島南方沖の後期更新世深海堆積物に記録された海洋大循環の変動. 月刊地球, **26**, 449-453.
呉 建煥 (1977) 韓半島南東部海岸の地形発達. 地理学評論, **50**, 689-699.
Oh, K.S. and Kim, N.S. (1994) Origin and post-depositional deformation of the superficial formations covering basalt plateau in Chongok area. *The Korean Journal of Quaternary Research*, **8**, 43-68.
大井圭一・福澤仁之・岩田修二・鳥居雅之 (1997) 中国内陸部のレス・古土壌堆積物と日本海深海堆積物の粘土鉱物からみた東アジアにおける過去 240 万年間のモンスーン・偏西風変動. 地学雑誌, **106**, 249-259.
岡田篤正・渡辺満久・佐藤比呂志・全 明純・曹 華龍・金 性均・田 正秀・池 憲哲・尾池和夫 (1994) 梁山断層 (韓国東南部) 中央部の活断層地形とトレンチ調査. 地学雑誌, **103**, 111-126.
岡田篤正・渡辺満久・鈴木康弘・慶 在福・曹 華龍・金 性均・尾池和夫・中村俊夫 (1998) 蔚山断層系 (韓国東南部) 中央部の活断層地形と断層露頭. 地学雑誌, **107**, 644-658.
岡田篤正・竹村恵二・渡辺満久・鈴木康弘・慶 在福・蔡 鐘勲・谷口 薫・石山達也・川畑大作・金田平太郎・成瀬敏郎(1999)韓国慶州市葛谷里における蔚山 (活) 断層のトレンチ調査. 地学雑誌, **108**, 276-288.
岡田菊夫・小林愛樹智・原田奈遠美・武田喬男 (1980) 大気中のエアロゾルによる光散乱係数の変動(I). 日本気象学会秋季大会講演予講集, p.189.
Okada, K., Kobayashi, A., Iwasaka, Y., Naruse, H., Tanaka, T. and Nemoto, O. (1987)

Features of individual Asian dust storm particles collected at Nagoya, Japan. *Journal of Meteorological Society of Japan*, **65**, 515-521.

岡田昭明 (1973) 支笏降下軽石堆積層中の粘土鉱物．地質学雑誌, **79**, 363-375.

岡田昭明 (1998) 強磁性鉱物の熱磁化特性によるテフラの同定．鳥取大学教育学部研究報告 (自然科学), **47**, 1-15.

岡田昭明・小玉芳敬・前田修司・入口大志・長畑佐世子 (2004) ボーリングコアからみた鳥取砂丘の砂粒組成と形成初期の古環境．鳥取地学会誌, **8**, 27-38.

岡本孝則・松本英二・川幡穂高 (1995) 太平洋中緯度域での風送塵と有機炭素沈積流量の変動．月刊地球, **27**, 558-561.

Okuda, S., Rapp, A. and Linyuan, Z. (ed.)(1991) Loess : Geomorphological Hazards and Processes. *Catena Supplement*, **20**, 145 p.

Oliver, F.W. (1945) Dust storms in Egypt and their relation to the war period, as noted in Maryut, 1939-45. *Geographical Journal*, **106**, 26-49.

大村明雄・太田陽子 (1992) サンゴ礁段丘の地形層序と構成層の^{230}Th/^{234}U年代測定からみた過去30万年間の古海面変化．第四紀研究, **31**, 313-328.

小野忠煕・河野通弘 (1964) 本州西端部の海岸段丘．第四紀研究, **3**, 249-263.

小野有五・堀　信行・遠藤邦彦・安田喜憲 (1983) 古環境による日本とその周辺の古気候復元．気象研究ノート, **147**, 21-46.

小野有五 (1988) 最終氷期における東アジアの雪線高度と古気候．第四紀研究, **26**, 271-280.

Ono, Y. (1991) Glacial and periglacial paleoenvironments in the Japanese Islands. 第四紀研究, **30**, 203-211.

小野有五・渡辺満久・寺井和雪・趙　元杰 (1995) タクラマカン沙漠西南部，ゲス川支流オイタック川の段丘とモレーン，レス．日本地理学会予稿集, **47**, 92-93.

Ono, Y. and Naruse, T.(1997) Snowline elevation and eolian dust flux in the Japanese islands during isotope stages 2 and 4. *Quaternary International*, **37**, 45-54.

Ono, Y., Naruse, T., Ikeya, M., Kohno, H. and Toyoda, S. (1997) Origin and derived courses of eolian dust quartz deposited during marine isotope stage 2 in East Asia, suggested by ESR signal intensity. *Global and Planetary Change*, **18**, 129-135.

Orbigny, A.D. (1842) *Voyage dans l'Amerique Meridional*. Paris, 298 p.

Orgill, M.M. and Sehmel, G.A. (1976) Frequency and diurnal variations of dust storms in the contiguous USA. *Atmospheric Environments*, **10**, 813-825.

太田陽子・成瀬敏郎・田中真吾・岡田篤正 (2004) 『日本の地形6　近畿・中国・四国』東京大学出版会, 383 p.

Overpeck, J., Rind, D., Lacis, A. and Healy, R. (1996) Possible role of dust-induced regional warming in abrupt climate change during the last glacial period. *Nature*, **384**, 447-449.

Page, L.R. and Chapman, R.W. (1934) The dustfall of December 15-16, 1933. *American Journal of Science* (ser.5), **28**, 288-297.

Park, C.S., Yoon, S.O., Hwang, S.I. and Naruse, T. (2005) The loess-paleosol stratigraphy of Daecheon area, west coast, south Korea. *The 4th International Symposium on Terrestrial Environmental Changes in West Eurasia and adjacent Areas, 2005, Gyeongju*. 19-21.

Park, D.W. (1987) The loess-like red yellow soil of the south western coastal area in comparison with the loess of China and Japan. *Geojournal*, **15**, 197-200.

Parkin, D.W., Delany, A.C. and Delany, A.C. (1967) A search for airbone cosmic dust on Barbados. *Geochimica et Cosmochimica Acta*, **31**, 1311-1320.

Parkin, D.W., Phillips, D.R., Sullivan, R.A.L. and Johnson, L.R. (1970) Airborne dust collections over the North Atlantic. *Journal of Geophysical Research*, **75**, 1782-1793.

Parkin, D.W., Phillips, D.R., Sullivan, R.A.L. and Johnson, L.R. (1972) Airbone dust collections down the Atlantic. *Quaterly Journal of Royal Meteorological Society*, **98**, 798-808.

Parrington, J.R., Zoller, W.H. and Aras, N.K. (1983) Asian dust : seasonal transport to the Hawaiian Islands. *Science*, **220**, 195-197.

Pécsi, M. (1995) The role of principles and methods in loess-paleosol investigation. *Geojournal*, **36**, 117-131.

Penk, A. and Brucknr, E. (1909) *Die Alpine im Eiszeitalter*. Leipzig Tauchnitz, Leipzig, 1199 p.

Peterson, J.T. and Junge, C.E. (1971) Sources of particulate matter in the atmosphere. In Matthews, W.H., Kellog, W.W. and Robinson, G.D. (eds.) *Man's Impact on the Climate*, 310-320, MIT Press, Cambridge, 594 p.

Petit, J.R., Mounier, L., Jouzel, J., Korotke-vich, Y.S., Kotlyakov, V.I. and Lorius, C. (1990) Palaeoclimatological and chronological implications of the Vostok core dust record. *Nature*, **343**, 56-58.

Petit, J.R., Jouzel, J., Raynaud, D., Barkov, N.I., Barnola, J.M., Basile, I., Bender, M., Chappellaz, J., Davis, M., Delaygue, G., Delmotte, M., Kotlyakov, V.M., Legrand, M., Lipenkov, V.Y., Lorius, C., Pepin, L., Ritz, C., Saltzman, E. and Stievenard, M. (1999) Climate and atmospheric history of the past 420,000 years from the Vostok ice core, Antarctica. *Nature*, **399**, 429-436.

Péwé, T.L.(1951) An observation on wind-blown silt. *Journal of Geology*, **59**, 399-401.

Pillans, B. and Wright, I. (1990) 500,000-year paleomagnetic record from New Zealand loess. *Quaternary Research*, **33**, 178-187.

Pisias, G.N. and Delaney, M. L. (eds.) (1999) *Report of Complex Conference on Multiple Platform Exploration of the Ocean*. Vancouver, 2210 p.

Pitty, A.F. (1968) Particle size of the Saharan dust which fell in Britain in July 1968. *Nature*, 220, 364-365.

Pokras, E.M. and Mix, A.C. (1985) Eolian evidence for spatial variability of Late Quaternary climates in Tropical Africa. *Quaternary Research*, **24**, 137-149.

Porter, S.C. and An, Z.(1995) Correlation between climate events in the north Atlantic and China during the last glaciation. *Nature*, **375**, 305-308.

Prodi, F. and Fea, G.(1979) A case of transport and deposition of Saharan dust over the Italian peninsula and southern Europe. *Journal of Geophysical Research*, **84**, 6951-6960.

Prospero, J.M.(1968) Atmospheric dust studies on Barbados. *Bulletin of the American Meteorological Society*, **49**, 645-652.

Prospero, J.M. and Bonatti, E. (1969) Continental dust in the atmosphere of the eastern

equatorial Pacific. *Journal of Geophysical Research*, **74**, 3362-3371.
Prospero, J.M., Bonatti, E., Schubert, C. and Carlson, T.N. (1970) Dust in the Caribbean atmosphere traced to an African dust storm. *Earth and Planetary Science Letters*, **9**, 287-293.
Prospero, J.M. and Carlson, T.N. (1972) Vertical and areal distribution of Saharan dust over the western equatorial North Atlantic ocean. *Journal of Geophysical Research*, **77**, 5255-5265.
Prospero, J.M. and Nees, R.T. (1977) Dust concentrations in the atmosphere of the equatorial North Atlantic: possible relationship to the Sahelian drought. *Science*, **196**, 1196-1198.
Prospero, J.M. (1979) Mineral and sea salt aerosol concentrations in various ocean regions. *Journal of Geophysical Research*, **84**, 725-731.
Prospero, J.M. (1981) Arid regions as sources of mineral aerosols in the marine atmosphere. *Geological Society of American Special Paper*, **186**, 71-86.
Prospero, J.M., Nees, R.T. and Uematsu, M. (1987) Deposition rate of particulate and dissolved aluminum derived from Saharan dust in precipitation at Miami, Florida. *Jouranl of Geophysical Research*, **92**, 14723-14731.
Prospero, J.M., Uematsu, M. and Savoie, D.L. (1989) Mineral aerosol transport to the Pacific Ocean. In Riley, J.P., Chester, R. and Duce, R.A. (eds.) *Chemical Oceanography*, vol. 10, 188-218, Academic, San Diego, CA.
Pye, K. (1987) *Aeolian dust and deposits*. Academic Press, London, 334 p.
Pye, K. and Zhou, L.P.(1989) Late Pleistocene and Holocene aeolian dust deposition in North China and the Northwest Pacific Ocean. *Palaeogeography, Palaeoclimatology, Palaeoecology*, **73**, 11-23.
Radczewski, O.E. (1939) Eolian deposits in marine sediments. In Trask, P.D. (ed.) *Recent Marine Sediments*, 496-502, American Association of Petroleum Geologists, Tulsa.
Raemdonck, H., Maenhaut, W. and Andreae, M.O. (1986) Chemistry of marine aerosol over the tropical and equatorial Pacific. *Journal of Geophysical Research*, **91**, 8623-8636.
Rahn, K.A., Borys, R.A. and Shaw, G.E. (1977) The Asian sources of Arctic haze bands. *Nature*, **268**, 712-714.
Rapp, A. (1984) Are terra rossa soils in Europe eolian deposits from Africa? *Geologiska Föreningens Stockholm Föëorhandlingar*, **105**, 161-168.
Rapp, A and Nihlén, T. (1986) Dust storms and eolian deposit in North Africa and the Mediterranian. *Geoökodynamik*, **7**, 41-62.
Rapp, A and Nihlén, T. (1991) Desert dust-storms and loess deposits in north Africa and south Europe. In Okuda, S., Rapp, A. and Zhang, L. (eds.) *Loess-Geomorphological Hazards and Processes, Catena Supplement*, **20**, 43-55.
Ravikovitch, S. (1953) The aeolian soils of the northern Negev. *Res. Council Israel Publication*, **2**, 404-433.
Rea, D.K., Leinen, M. and Janecek, T.R. (1985) Geologic approach to the long-term history of atmospheric circulation. *Science*, 227, 721-725.

Rex, R.W. and Goldberg, E.D. (1958) Quartz contents of pelagic sediments of the Pacific Ocean. *Tellus*, **10**, 153-159.

Rex, R.W., Syers, J.K., Jackson, M.L. and Clayton, R.N. (1969) Eolian origin of quartz in soils of Hawaiian Islands and in Pacific pelagic sediments. *Science*, **163**, 277-279.

Richthofen, F. von (1877) *China, 1*. Dietrich Reimer, Berlin.

Roberts, N. (1983) Age, palaeoenvironmentals and climate significance of late Pleistocene Konya Lake. *Quaternary Research*, **19**, 154-171.

Rognan, P. and Coudé-Gaussen, G. (1996) Paleoclimates of Northwest Africa (28°-35°) about 18,000 yr B.P. based on continental eolian deposits. *Quaternary Research*, 46, 118-126.

Rutter, N.W., Ding, Z.L., Evans, M.E. and Liu, T.S. (1990) Baoji-type pedostratigraphic section, Loess Plateau, North-central China. *Quaternary Science Reviews*, **10**, 1-22.

斎藤文紀 (1998) 東シナ海陸棚における最終氷期の海水準．第四紀研究，**37**，235-242．

阪口　豊(1977) ダスト論序説．地理学評論，**50**，354-361．

笹嶋貞雄・王　永焱編 (1983)『黄土と第四紀編年に関する諸問題―陝西省洛川の黄土断面を中心として―』京都大学地質学教室，128 p.

佐瀬　隆・井上克弘・張　一飛 (1995) 洞爺火山灰以降の岩手火山テフラ層の植物珪酸体群集と古環境．第四紀研究，**34**，91-100．

佐藤任弘 (1969)『海底地形学』丸善，191 p.

佐藤晴生訳 (1940 a) Richthofen, F. von: Verbreitung abflussloser-und lössbedeckter Gebieten anderer Teilen der Erde. 152-189 (黄土の成因に関する諸説の批判)．満鉄調査月報，**20**，53-106．

佐藤晴生訳 (1940 b) Richthofen, F. von(1877) *China, 1*, Berlin. Die Loss-Landschaften in Nordlichen China und ihre Beziehungen zu Central-Asian (支那黄土)．満鉄調査月報，**20**，113-173．

Scheidig, A. (1934) *Der Loss und sein geotechniscene Eigenschafter*. Steinkopf, Dresden, 233 p.

Schramm, C.T. and Leinen, M.S. (1987) *Eolian transport to Hole 595A from the late Cretaceous through Cenozoic*. Initial Reports of DSDP, Washington, 469-473.

Schwartberg, J.E. (ed.) (1982) *A Historical Atlas of South Asia*. Oxford University Press, New York, 376 p.

Shackleton, N.J., Berger, A. and Peltier, W.R. (1990) An alternative astronomical calibration of the lower Pleistocene timescales based on ODP Site 677. *Transactions of the Royal Society of Edinburgh : Earth Sciences*, **81**, 251-261.

Shackleton, N.J., Crowhurst, S., Hagelberg, T., Pisas, N. and Schneider, D.A. (1995 a) A new late Neogene timescale : application to leg 138 sites. *Proceedings of the Ocean Drilling Program, Scientific Results*, **138**, 73-101.

Shackleton, N.J., Hall, M.A. and Pate, D. (1995 b) Pliocene stable isotope stratigraphy of ODP site 846. *Proceedings of the Ocean Drilling Program, Scientifin Results*, **138**, 337-353.

Shaw, G. E. (1980) Transport of Asian desert aerosol to the Hawaiian Island. *Journal of*

Applied Meteorology, **19**, 1254-1259.
式　正英（1984）『地形地理学』古今書院，240 p.
下山正一・溝田智俊・新井房夫（1989）福岡平野周辺で確認された広域テフラについて．第四紀研究，**28**，199-206．
Shin, J.B., Naruse, T. and Yu, K.M. (2005) The application of loess-paleosol deposits on the development age of river terraces at the midstream of Hongcheon river. *Journal of the Geological Society of Korea*, **41**, 323-334.
新堀友行・郷原保真・野村　哲（1964）北九州の玄海砂丘の意義—そのレス状層について—．資源科学研究彙報，**63**，49-63．
Singer, A. (1967) Mineralogy of the non-clay fractions from basaltic soils in the Galilee, Israel. *Israel Journal of Earth Science*, **16**, 215-228.
Sirocko, F., Sarnthein, M., Lange, H. and Erlenkeuser, H. (1991) Atmospheric summer circulation and coastal upwelling in the Arabian Sea during the Holocene and the last glaciation. *Quaternary Research*, **36**, 72-93.
Smalley, I.J. and Vita-Finzi, C. (1968) The formation of fine particles in sandy deserts and the nature of desert loess. *Journal of Sedimentary Petrology*, **38**, 766-774.
Smalley, I.J. (1978) The New Zealand loess and the major categories of loess classification. *Search*, **241**, 281.
Smalley, I.J. and Krinsley, D.H. (1978) Loess deposits associated with deserts. *Catena*, **5**, 53-66.
Smith, R.M., Twiss, P.C., Krauss, R.K. and Brown, M.J. (1970) Dust deposition in relation to site, season, and climatic variables. *Soil Science Society of America Proceedings*, **34**, 112-117.
Soergel, W. (1919) *Losse, Eiszeiten und Palaolithische Kulturen*. Eine Gliederrung und Altersbestimmung der Losse, Jena, 177 p.
相馬秀廣・遠藤邦彦・渡辺満久・印牧もとこ・藤川格司・浜田誠一・夏　訓誠・曹　京英・穆　桂金・趙　元木（1993）タクラマカン沙漠の段丘形成と砂丘地形からみた更新世末期以降の古環境—ケリヤ河を例として．地形，**14**，245-263．
角田清美（1975）日本海および東シナ海沿岸の主な海岸砂丘地帯の形成期と固定期について．第四紀研究，**14**，251-276．
Sun, D., Bloemendal, J., Rea, D.K., Vandenberghe, J., Jiang, F., An, Z. and Su, R. (2002) Grain-size distribution function of polymodal sediments in hydraulic and Aeolian environments, and numerical partitioning of the sedimentary components. *Sedimentary Geology*, **152**, 263-277.
Sun, J. and Ding, Z. (1998) Deposits and soils of the past 130,000 years at the desert-loess transition in northern China. *Quaternary Research*, **50**, 148-156.
Sun, J. and Liu, T. (2000) Stratigraphic evidence for the uplift of the Tibetan Plateau between ~1.1 and ~0.9 myr ago. *Quaternary Research*, **54**, 309-320.
Sun, J. (2002) Source regions and formation of the loess sediments on the high mountain regions of northwestern China. *Quaternary Research*, **58**, 341-351.
鈴木　宏・成瀬敏郎・小野有五・豊田　新・池谷元伺（1998）太平洋西岸域における MIS 2 の

風成塵の供給源と古風系.日本地理学会発表要旨集, **53**, 94-95.

鈴木利孝・角皆静男 (1987) 大気圏を経由する陸から海洋への化学物質の輸送.海洋科学, **19**, 657-662.

Suzuki, T. and Matsukura, Y. (1992) Pore-size distribution of loess from the Loess Plateau, China. 地形, **13**, 169-184.

鈴木裕治・成瀬敏郎・池谷元伺・岡下松生・黄　清華・安田喜憲 (1997) 福井県敦賀、中池見湿原泥炭層中の風成塵からみた古気候変動.月刊地球, **218**, 521-525.

Swap, R., Garstang, M. and Greco, S. (1992) Saharan dust in the Amazon Basin. *Tellus*, **44B**, 133-149.

Syers, J.K., Jackson, M.L., Berkheiser, V.E., Clayton, R.N. and Rex, R.W. (1969) Eolian sediment influence on pedogenesis during the Quaternary. *Soil Science*, **107**, 421-427.

Syers, J.K., Mokma, D.L., Jackson, M.L. and Dolcater, D.L. (1972) Mineralogical composition and cesium-137 retention properties of continental aerosolic dusts. *Soil Science*, **113**, 116-123.

多田文男 (1941)：黄土の分布と成因に関する諸説.地学雑誌, **53**, 107-129.

多田隆治・入野智久 (1994) 第四紀後期における日本海の海洋環境変化.月刊地球, **16**, 668-677.

多田隆治 (1996) 第四紀中央アジアの乾燥化と大気循環変動の解明.平成7年度科研成果報告書, 105 p.

多田隆治 (1997) 最終氷期以降の日本海および周辺域の環境変遷.第四紀研究, **36**, 287-300.

多田隆治 (1998) ダンスガード・サイクル，突然かつ急激な気候変動と日本海洋変動.科学, **67**, 597-605.

多田隆治・小泉　格・入野智久・佐藤宗平・松井裕之 (1998) 数百～数千年スケールの汎世界的気候変動に応答した日本海古海洋環境変動の復元（代表者：多田隆治）.平成9年度文部省科学研究費補助金（基盤研究B(2)), 6-19.

Tada, R., Irino, T. and Koizumi, I. (1999) Land-ocean linkages over orbital and millennial timescales recorded in late Quaternary sediments of the Japan Sea. *Paleoceangraphy*, **14**, 236-247.

Tada, R. (2004) Onset and evolution of millennial-scale variability in the Asian monsoon and its impact on paleoceanography of the Japan Sea, continent-ocean interactions within East Asian marginal seas. In American Geophysical Union (ed.) *Geophysical monograph series*, **149**, 283-298.

高山四郎 (1920) 大正10年4月13日～17日の黄砂に就きて.海と空, **1**, 4-8.

竹迫　紘・加藤哲郎 (1983) 東京西部に分布する黒ボク土の土壌生成環境について.『火山灰と土壌』博友社, 310 p.

田中　茂・田村定義・橋本芳一・大蔵恒彦 (1983) 黄砂現象によるアジア大陸からの土壌粒子の移動とわが国に及ぼす影響（NASAデータによる考察）.大気汚染学会誌, **18**, 263-270.

田中豊顕 (1987) 氷晶核としての黄砂.天気, **34**, 189-194.

田崎和江・森川真理子・中男　充・富田克利 (1990) 黄土および黄砂中の粘土鉱物.島根大学地質学研究報告, **9**, 17-27.

Teilhard de Chardin, P. and Young, C.C. (1930) Preliminary observations on the preloessic and post-pontian formations in Western Shansi and Northern Shensi. *Memoirs of the Geological Survey of China*, Ser.A, **8**.

渡久山章(1984)石灰岩の島.木崎甲子郎・目崎茂和編『琉球の風水土』88-100, 築地書館.

鳥居厚志・河室公康・吉永秀一郎(1987)八甲田山の火山灰土壌に見られるA層の発達様式について.ペドロジスト, **31**, 26-38.

鳥居厚志(1990)近畿・山陽地方の花崗岩土壌中のテフラ起源粒子と母材の堆積状態.ペドロジスト, **34**, 104-118.

鳥居雅之・福間浩司(1998)黄土層の初磁化率:レビュー.第四紀研究, **37**, 33-45.

Toyoda, S., Ikeya, M., Morikawa, J. and Nagatomo, T. (1992) Enhancement of oxygen vacancies in quartz by natural external β and γ ray dose : a possible ESR a geochronometer of Ma-Ga range. *Geochemical Journal*, **26**, 111-115.

Toyoda, S. and Hattori, M. (2000) Formation and decay of the E_1' center and of its precursor. *Applied Radiation and Isotopes*, **52**, 1351-1356.

Toyoda, S. and Naruse, T. (2002) Eolian dust from the Asian deserts to the Japanese Islands since the last Glacial maximum : the basis for the ESR method. 地形, **23**, 811-820.

豊島吉則(1975)山陰の海岸砂丘.第四紀研究, **14**, 221-230.

塚本すみ子(1995)電子スピン共鳴(ESR)年代測定の現状と問題点.第四紀研究, **34**, 239-248.

Tsunogai, S. and Kondo, T. (1982) Sporadic transport and deposition of continental aerosols to the Pacific Ocean. *Journal of Geophysical Research*, **87**, 8870-8874.

Tsunogai, S., Suzuki, T., Kurata, T. and Uematsu, M. (1985) Seasonal and areal variation of continental aerosol in the surface air over the western North Pacific region. *Journal of Oceanographical Society of Japan*, **41**, 427-434.

Udden, J.A. (1898) The mechanical composition of wind deposits. *Rock Island, 1*, Publications of Augustana College Library, 69 p.

Uematsu, M., Duce, R.A., Prospero, J.M., Chen, L., Merril, J.T. and McDonald, R.L. (1983) Transport of mineral aerosol from Asia over the North Pacific Ocean. *Journal of Geophysical Research*, **88**, 5343-5352.

Uematsu, M., Duce, R.A. and Prospero, J.M.(1985) Deposition of atmospheric mineral particles in the North Pacific Ocean. *Jornal of Atmospheric Chemistry*, **3**, 123-138.

植松光夫(1987)大気を通して海洋に輸送される陸起源物質に関する研究.*Journal of the Oceanographical Society of Japan*, **43**, 395-401.

鵜野伊津志(2002)黄砂の飛来とその予測.*Museum Kyushu*, **73**, 30-35.

Urushibara-Yoshino, K. (1992) The red soils on a limestone area on Kikai Island of Nansei Islands, Southwest Japan. *Tübinger Geographische Studen*, **H109**, 71-80.

Veklich, M.F. (1979) Pleistocene loesses and fossil soils of the Ukraine. *Acta Geological Academy of Scientist Hungary*, **22**, 35-62.

Virlet-d'Aoust, P.H. (1857) Observations sur un terrain d'origine meteorique ou de transport aerien qui existe au Mexique, et sur le phenomene des trombees de poussiere auquel il doit principalement son origine. *Geological Society of France Bulletin*, 2 nd ser., **16**, 417-431.

Walker, P.H. and Costin, A.B. (1971) Atmospheric dust accession in southeastern Australia. *Australian Journal of Soil Research*, **9**, 1-5.

Wang, L. and Oba, T. (1998) Tele-connections between east Asian monsoon and the high latitude climate : a comparison between the GISP 2 ice core record and the high resolution marine records from the Japan and the south China Seas. 第四紀研究, **37**, 211-220.

Wang, P. and Sun, X. (1994) Last glacial maximum in China : comparison between land and sea. *Catena*, **23**, 341-353.

Wang, X., Dong, Z., Zhang, J., Qu, J. and Zhao, A. (2003) Grain size characteristics of dune sands in the central Taklimakan sand sea. *Sedimentary Geology*, **161**, 1-14.

Wang, X., Dong, Z., Yan, P., Yang, Z. and Hu, Z. (2005) Surface sample collection and dust source analysis in northwestern China. *Catena*, **59**, 35-53.

渡辺満久・鈴木康弘・岡田篤正 (1998) 太和江（彦陽〜蔚山）の河成段丘面. 尾池和夫編『韓半島とその周辺における地震活動と活断層』平成3・4年度文部省国際学術研究報告書, 67-78.

Watanuki, T., Murray, A.S. and Tsukamoto, S. (2005) Quartz and polymineral luminescence dating of Japanese loess over the last 0.6 Ma : comparison with an independent chronology. *Earth and Planetary Science Letters*, **240**, 774-789.

Wentworth, C.K., Wells, R.C. and Allen, V.T. (1940) Ceramic clay in Hawaii. *American Mineralogy*, **25**, 1-33.

Whalley, W.B. and Smith, B.J. (1981) Mineral content of Harmattan dust from northern Nigeria examined by scanning electron microscopy. *Journal of Arid Environments*, **4**, 21-30.

Winchell, A.N. (1918) Further notes on the dust fall of March 9, 1918. *American Journal of Science*, **278**, 10-11.

Windom, H.L. (1969) Atmospheric dust records in permanent snowfields : Implications to marine sedimentation. *Geological Society of America Bulletin*, **80**, 761-782.

Windom, H.L. (1975) Eolian contribution to marine sediments. *Journal of Sedimentary Petrology*, **45**, 520-529.

Windom, H.L. and Chamberlin, C.F. (1978) Dust-storm transport of sediments to the North Atlantic Ocean. *Journal of Sedimentary Petrology*, **48**, 385-388.

Xiao, J., Zheng, H. and Zhao, H. (1992) Variation of winter monsoon intensity on the loess plateau, Central China during the last 130,000 years : evidence from grain size distribution. 第四紀研究, **31**, 13-19.

Xiao, J., Porter, S.C., An, Z., Kumai, H. and Yoshikawa, S. (1995) Grain size of quartz as an indicator of winter monsoon strength on the Loess Plateau of central China during the last 130,000 yr. *Quaternary Research*, **43**, 22-29.

Xiao, J., Inouchi, Y., Kumai, H., Yoshikawa, S., Kondo, Y., Lie, T. and An, Z. (1997) Eolian quartz flux to Lake Biwa, central Japan, over the past 145,000 years. *Quaternary Research*, **48**, 48-57.

Yaalon, D.H. (1965) *Source and sedimentary history of loess in the Beer Sheva Basin, Israel*. Abstract 7 th INQUA Congress, 514 p.

Yaalon, D.H. and Ginzbourg, D. (1966) Sedimentary characteristics and climate analysis of easterly dust storms in the Negev (Israel). *Sedimentology*, **6**, 315-322.

Yaalon, D.H. and Ganor, E.(1973) The influence of dust on soils during the Quaternary. *Soil Science*, **116**, 146-155.

Yaalon, D.H. and Dan, J. (1974) Accumulation and distribution of loess derived deposits in semi-desert and desert fringe areas of Israel. *Zeitschrift für Geomorphology, Supplement Band*, **20**, 91-105.

Yaalon, D.H. (1987) Saharan dust and desert loess: effect on surrounding soils. *Journal of African Earth Science*, **6**, 569-571.

矢田浩太郎(2006) 西日本と韓国におけるレスの起源とその特性．兵庫教育大学修士論文，95 p (未公刊)．

山田　裕・木村　悟・松坂泰明・加藤好武 (1973) 石垣島・宮古島および与那国島の農耕地の土壌調査と分類．農業技術研究所報告，**B-24**，265-365.

Yanchou, L., Mortlock, A.J., Price, D.M. and Readhead, M.L. (1987) Thermoluminescene dating of coarse-grain quartz from the Malan loess at Zhaitang section, China. *Quaternary Research*, **28**, 356-363.

Yang, S.Y., Li, C.X., Yang, D.Y. and Li, X.S. (2004) Chemical weathering of the loess deposits in the lower Changjing valley, China, and paleoclimatic implications. *Quaternary International*, **117**, 27-34.

安場裕史 (2003) 東アジアの風成塵からみた環境変動．兵庫教育大学修士論文，85p (未公刊)．

安田喜憲 (1987) モンスーン大変動．科学，**57**，708-715.

安田喜憲 (1990) 『森林の荒廃と文明の盛衰』思索社，277 p.

安田喜憲・三好教夫編 (1998) 『図説日本列島植生史』朝倉書店，302 p.

安田喜憲編 (2004) 『環境考古学ハンドブック』朝倉書店，706 p.

安成哲三・藤井理行 (1983) 『ヒマラヤの気候と氷河―大気圏と雪氷圏の相互作用―』東京堂出版，254 p.

安成哲三 (1991) 地球気候システムにおけるモンスーンの役割．科学，**61**，697-704.

Yatagai, S., Takemura, K., Naruse, T., Kitagawa, H., Fukusawa, H., Kim, M. and Yasuda, Y. (2002) Monsoon changes and eolian dust deposition over the past 30,000 years in Cheju Island, Korea. 地形，**23**，821-831.

八幡正弘・五十嵐八枝子・藤原嘉樹・西戸裕嗣 (1997) 湖沼性堆積物中の粘土粒子の起源と堆積環境―中央北海道名寄地域の剣淵盆地の鮮新―更新統を例にして―．地下資源調査所報告，**68**，57-79.

Yokoo, Y., Nakano, T., Nishikawa, M. and Quan, H. (2004) Mineralogical variation of Sr-Nd isotopic and elemental compositions in loess and desert sand from the central Loess Plateau in China as a provenance tracer of wet and dry deposition in the northwestern Pacific. *Chemical Geology*, **204**, 45-62.

横山勝三 (1985) 大規模火砕流堆積物の地形―その特性と問題点．地形，**6**，131-152.

横山勝三 (1989) 笠野原台地の生成過程. 地形, **10**, 66.

Yokoyama, S., Matsukura,Y. and Suzuki, T. (1991) Topography of Shirasu ignimbrite in Japan and its similarity to the loess landforms in China. *Catena Supplement*, **20**, 107-118.

Yoon, S.O., Hwang, S.I. and Ban, H.K. (2003) The geomorphic development of marine terraces at Jeongdongjin-Daejin area on the east coast, central part of Korean Peninsula. *Journal of the Korean Geographical Society*, **38**, 156-172.

吉永秀一郎・鳥居厚志・河室公康 (1988) 粘土鉱物からみた八甲田山周辺に分布する火山灰土壌の母材の起源. ペドロジスト, **32**, 2-15.

吉永秀一郎 (1995 a) 気候変動の指示者としての十勝ローム層の諸性質の変化. 第四紀研究, **34**, 345-358.

吉永秀一郎 (1995 b) 風化火山灰の母材の起源. 火山, **40**, 153-166.

Yoshinaga, S. (1996) Variations in rates of accumulation of troposheric fine quartz in tephra, loess, and associated paleosols since the last interglacial stage, Tokachi Plain, northern Japan, and paleoclimatic inferences. *Quaternary International*, **34-36**, 139-146.

吉永秀一郎(1998)日本周辺における第四紀後期の広域風成塵の堆積速度. 第四紀研究, **37**, 205-210.

張 一飛・井上克弘・佐瀬 隆 (1994) 洞爺火山灰以降に堆積した岩手火山テフラ層中の広域風成塵. 第四紀研究, **33**, 131-152.

鄭 祥民 (2002) 中国東南方に広がった黄土. *Museum Kyushu*, **73**, 22-29.

Zhang, X.Y., An, Z.S., Chen, T., Zhang, G.Y., Arimoto, R. and Ray, B.J. (1994) Late Quaternary records of the atmospheric input of eolian dust to the center of the Chinese Loess Plateau. *Quaternary Research*, **41**, 35-43.

曹 華龍 (1978) 韓国浦項周辺海岸平野の地形発達. 東北地理, **30**, 152-160.

索　引

あ　行

INQUA　40
アイオワ州　35
アウトウォッシュ　8,10
赤　雨　2,6,17
赤　霧　4,62
赤　雪　2,17,21
亜間氷期　127,134
秋吉台　55,59,83
アジア　26
アジア大陸　1,4,6,12,15,
　20,22,25,40,42,50,89,
　121,123,127,135,157
アジア大陸内陸部　38
アジア風成塵　20,22
アジアモンスーン　25
芦辺町諸吉東触　75
芦屋砂丘地　76
Aso-4　9,75,82,83,120,121
Ata　9,75
アナトリア高原　31,143,160
亜熱帯ジェット気流　4,112,
　136,159
亜氷期　135
アフガニスタン　12
アフリカ　6,21
アフリカ西岸沖　16
アフリカ大陸　1,19
アマゾン流域　26
網　野　55,58,119,121
網野砂丘地　80
アメリカ合衆国　20,35
アメリカ大陸　6
アーヤマ　62
アラスカ　12,17
アラビア海　122

アラビア半島　12,19
Rb年代測定　28
アルベト　19
アロフェン　24,42
アロフェン質黒ボク土　44
アロフェン様成分　42
阿　波　69
芦　原　56
芦原層　81
アンデス山脈　12

揚　塵　3
雨　沙　3
雨　土　3
ESR　152,157
ESR酸素空孔量　100
ESR酸素空孔量分析法　47
ESR年代測定　140
ESR分析　47
ESR補正値　50
壱岐島　74,75
イギリス　18
石垣島　4,62
出　雲　42,79,119,121
イスラエル　13,15,17,19,
　26,137,141,143,145
イタリア　19,28,144
移動砂丘　149,150
犬迫町荒磯　71
イベリア半島沖　19
イモゴライト　24,42
イライト　24,40,42,67,72,
　84,133
イラン　12
西表島　55,60,65,67
E_1'中心　48
インダス河　137,147,149

インダス文明　137,149,150
インダス文明期　151
インド　12
インド型農耕　151
インド洋　26,27
インド洋海底堆積物　20

ウィスコンシン　36
渭　河　57
武　威　33
ウクライナ　12,45
牛　潟　55,56,59,82
ウズベキスタン　13
宇　谷　58
午　城　104
午城黄土　105,107
武　漢　34
宇部砂礫互層　83
海の中道　76
浦内川河口　67
蔚　山　96,97
蔚山断層　90
ウルムチ　55
雲　母　40,42,149
雲母類　72

永久凍土地帯　93
hmp 2　87
AT　29,53,69,75,80,81,
　83,84,85,89,92,93,95,
　97,118,120,121,129,132
eolian dust　1
エーゲ海　26
エジン　33
SiO_2/Al_2O_3モル比　42,44,
　65
SK　79,81,120

索　引

Spfa-1　56
SUk　129
X線回折　41,64
X線回折法　49
エニウエトク環礁　22,63
NOAA　26
Nwf　87
エルジエス火山　144
塩酸不溶解物質　62
塩類風化　12,18,20,45

オアフ島　5,20
黄色土　68
OSL　152
OSL年代　92
沖縄　4,57,62,65,67,159
沖縄本島　55,56,59,63,67,
　68,154,159
オーストラリア　17,20,23
オーストラリア沙漠　17
オーストラリア大陸　2
オーストラリア風成塵　23
オーストリア　15,154
オセアニア　6,16,23,25
帯　広　55,56,58,59
おんじゃく　23,74,75
彦　陽　52,57,90,97,103

か　行

貝殻状構造　11
貝殻状破断面　45
海岸砂丘地　79
海成段丘　54,82,94,96
海洋酸素同位体ステージ　2
加越台地　81
カオリナイト　24,40,42,66,
　72,87
夏季亜熱帯ジェット気流
　159
夏季偏西風ジェット気流　72
夏季モンスーン　135,136,
　147,156
角閃石　40
火山灰質レス　2,15,25,55,
　59,71,73,86
カシミール　26

カシュガル　50,57
河成段丘　52,54,55,84,90,
　97
化石アイスウェッジ　94
化石砂丘　147
潟　町　119,121
片山津　81
加　戸　81
加東市　4,34,45,55,59,84
カナンの地　145
下部離石　104
上嘉鉄　66
上ギニア　16
唐　津　55,123
鷲鑾鼻　52
カリウム（K_2O）/ケイ酸
　（SiO_2）モル比　42,44,
　65
カリブ海　19,26
葛谷里　97,103
カルサイト　40,118,138,148
カルサイトノジュール　137
カンカル　148
韓　国　12,15,29,34,38,42,
　43,50,52,57,61,65,89,
　154,157
韓国レス　23,29,40,42,45
完新世　77,118,121,127
完新世高温期　110
完新世段丘　100
完新世レス　53,94,103
寒帯前線ジェット気流　135,
　159
間氷期　100
岩　粉　7,10,154
冠　山　84

鬼界アカホヤ　75,120
鬼界葛原　92
喜界島　55,56,59,65,68,70
北アフリカ　22
北アフリカ沖　19
北アメリカ大陸　22
北アメリカ中央部　12
北九州　23,25,47,74,77,
　121,122

北九州海岸　18,78
北大西洋　19
北大西洋海底　13,21,111
北太平洋　20,34,37,42,63
北太平洋海底　12,17,22,25
北太平洋海底堆積物　22,34
北ナイジェリア　22
北日本　122
北熱帯大西洋海域　21
北メキシコ沖　18
吉南層　83
キブーブ　144
金堤市　89
九　州　12,42,65,119
旧石器　90,91,115,117
旧石器文化　29
旧約聖書　147
九龍浦　53,57,96,98,100
極東風　39
鋸歯状変化　133,135
慶　州　89,90,94,97
喜良原　66
ギリシャ　66,147

関　山　52
国頭段丘　67,69
固　原　52
クライストチャーチ　15
倉吉海岸　80
倉吉市　154
倉吉市桜　15,56,86
クリストバル石　72
グリーンランド　16,24,155
車　69
クレタ島　22,26,144
グレートプレーンズ　12
クレムス　153
クレムスレス　13,15,152
クロスナ　58,77,80,121,123
黒　田　55
黒田盆地　50
黒ボク土　23,42,44,55,83,
　84,85
クロライト　40,42,74,84
粉　雨　62

索　引

K-Ah　69,75,80,81,83,84,120,129,130
ケイ酸（SiO_2）/アルミナ（Al_2O_3）モル比　42,44,65
K_2O/SiO_2 モル比　42,44,65
K-Tz　29,92,93
ゲズ川　50
ゲータイト　68
結晶化指数　69
玄界砂丘地　74
玄海町今村　75
玄武岩台地　2,55,74,90
剣淵　55,125,133,156
剣淵コア　134

広域風成塵　1,28
高緯度コース　59
黄河　137
黄海　12,90,123,127
黄河流域　32
黄砂　1,2,4,17,21,24,25,29,32,33,34,40,41,46,62,63,89,124,159
黄砂現象　3,4
黄砂日数　4,38
黄砂粒　45
紅色土　104
更新世レス　94,95
高精度分解能　160
黄土　8,23,27,34,57,59,67,104,106,111,114,115,117,118,152
黄土高原　8,12,25,27,28,30,34,52,57,83,104,109,118,121,122,127,152,155,159
黄土-古土壌　116
黄土-古土壌層序　104,106
黄土台地　115
黄土地帯　137
黄土フラックス　110,122
黄土分布図　105
高野　67
黒色土　45,111,115,117
黒土　12,137,147,160

古砂丘　2,9,23,39,47,54,55,58,61,74,77,79,80,82,123,137,149
古砂丘地　81,119
湖成粘土　115,117,143,144
古代文明　137,160
古地磁気　105
古地磁気測定　13,152
古地磁気編年　13
固定砂丘　149
古土壌　7,8,9,10,12,13,14,18,45,53,65,70,74,86,91,93,95,97,107,111,137,141,144,149,152,153
ゴビ　2,22,32,47,56,68,87,104,122,127,159
古風系　157
小向　55,58,85
古モンスーン変動　134
コリマ川　50,55
cold-periglacial loess　9,18
ゴルムド　52,57
コロンビア高原　13
コンヤ盆地　143
崑崙山脈　31,57,122

さ　行

最終間氷期　74,79,80,94,117,118,119,121,123,143,148
最終氷期　25,61,63,68,70,76,77,89,111,117,118,120,122,124,127,143,147,148,155,157
最終氷期最盛期　71,73,110,113,126,136
阪手　129
桜島薩摩テフラ　71
ザクロス山脈　147
サザンアルプス　11
砂質レス　40
砂塵暴　3
サトレジ川　149
讃岐岩　56
沙漠砂　34

沙漠レス　8,9,12,17,18,20,21,22,26,50,57,137,142,143,144,147,148,150,154,160
サハラ　12,18,21
サハラ沖合　6
サハラ沖上空　18
サハラ沙漠　2,12,13,16,19,21,63,137,142,144,147,154
サハラ風成塵　2,6,16,18,19,21,25,28,142,144
サヘル　12,154
申川　55,56,58
山陰　23,42,44,74,79
酸化セリウム　49
酸性雨　26,161
酸性汚染物質　160
酸素空孔量　28,47,49,50,52,55,56,57,67,72,74,83,85,87,89,103,112,126,130,133,135,157,159
酸素同位体比　6,18,20,23,24,27,45,47,58,60,67,74,84,89,107,121,123,144,154
酸素同位体比曲線　108
酸素同位体比分析　20,60
3.3Å　42
三瓶木次　79,120
三瓶浮布　129
三里松原　77,119,120,121,123

GISP 2　26
下蜀黄土　10,42,111,153
GRIP　26
西安　33,41,52,57
ジェッダ　21
ジェット気流　30,39,157
瀋陽　52,57
死海　142
支笏降下軽石　21
西吉　52
シチリア　144

シナイ半島　141
cpm　86,88
西　峰　107
シベイユアン　52
シベリア　12,50,157
シベリア高気圧　135,157
島尻マージ　62,64,65
縞模様　9,77
下北半島　86
斜長石　40
Jaramillo　106
ジャワ島沖　25
10Å　41
重粘土　83,85,86,133
14Å　41
14Å鉱物　66,72
上部離石　104
初磁化率　23
亭子里　53,94,103
シラス　25,72
シラス台地　25,55,59,71
シロッコ　2,19,144
深海底コア　22,154
新ドリアス期　112,115,117,126
新　民　115

水月湖　27
水天宮　66,70
水天宮砂丘　65
砂沙漠　110
スプ　52
スメクタイト　24,40,42
スモールバンク　147
ズンガリア盆地　32

世界のレス分布図　7,16
石　英　40,42,66,67,72,74,84,89
石英含有率　5
石英表面形状　46
石英粒　50
赤黄色土　2,25,29,59,60,62,65,67,68,89
赤色土　1,18,68,85,97
赤道太平洋　22

石灰岩台地　2,52,55,60,83
石灰質砂　70
瀬戸内海　57,59,159
先インダス文化　150
先カンブリア紀岩　50,55,68,87,103,112,127,135,157,159
先カンブリア紀岩石　57
先カンブリア紀岩地域　55,157
先カンブリア紀岩被覆地域　59
潜　水　116

ソイルウェッジ　93,96
総被爆線量　140
宗谷岬　55
ソウル　52,89,100
西帰浦マール　53,126,156
楚州　65,67,69
ソンクラー湖　27

た　行

帯磁率　9,13,23,25,27,29,91,92,97,106,107,108,153
大西洋　6,18,19,20,26,144
大西洋海底　19
大西洋海底コア　127
大　山　41,86,88
大山火山灰　21,44,56
大山倉吉軽石　9,118,120
大山新期火山灰　58
大山東大山　129
大山松江　79,120
大　坪　115
太平洋　1,22,25
太平洋海域　18,20,22,39,60
太平洋中緯度地域　27
大陸棚　63,123,127,136
台　湾　12,15,50,52,57
Darwin　6,16
ダウンバースト　30
太和江　97
タクラマカン　2,27,32,47,56,68,87,104,122,127,159

タジキスタン　13,14,153
ダストボウル　17
タスマン海　25
タスマン海底　17
脱ケイ酸作用　42,66
大同市　106
種子島　4,20
大　連　52,57
タリム盆地　27,31,50,55,57,61
タルク　40
タール沙漠　137,147,151
炭酸カルシウム集積層　45,149
ダンスガード-エーシュガーサイクル　111

チェコ　154
済州島　29,53,125,127,133,135,156
済州島コア　133
チェルノーゼム　12,45,160
地中海　14,19,21,26,142,145
地中海沿岸　2,12,63,137,154
チベット高気圧　151
チベット高原　12,28,57,104,105,112,153,159
Chasmanigar　13,14,153
チャネル諸島　23
長　春　52,57
長春レス　45
中緯度コース　59
中央アジア　12,13,14,28
中　国　2,6,13,20,35,39,50,89,104,160
中国黄土　17,23,25,33,40,42,43,44,50,56,104,105
――の編年　105
中国黄土分布図　106
中国黄土分布地域　111
中国大陸　4,57,63,67,72,121
中国東部　34

索　　引

中国東北部 52,157
中国内陸沙漠 63,72,136,
　　159
中国南部 52
チュニジアレス 22,144
長　江 42
長江中流域 111,137
長　石 40,72
全谷玄武岩 90
全谷里 29,90,92,94,120
全谷里遺跡 29,90
青海湖 32

ツアイダム 56

低緯度コース 59
DHg 129,130
DMP 79,120
TL 106
DKP 9,80,81,118,120,
　　121,132
泥　炭 50,125,127,128,
　　132,133
ティレニアン海 21
DYE 3 コア 24,155
デカン高原 12
テキサス州 17
天塩砂丘 121
テラロッサ 2,21,62,63,66,
　　137,144,154
電子スピン共鳴分析 157
天山山脈 12,104,122
天北海岸 123

ドイツ 154
東海地方 44
冬季亜熱帯ジェット気流
　　159
冬季北西季節風 135
冬季モンスーン 27,29,122,
　　127,156
凍結風化作用 11
東尋坊 55
トウズ湖 143
東　北 24,25,44,74
東北地方 47,135

Toya 82,120
泥　雨 4,62
徳　沼 100
トシャン 148
土壌母材 17,20,23,25,26,
　　37,72,121,144,152,160
鳥　取 55,58,80,119,121
鳥取砂丘 9
ドニエプル 13,153
苫　前 55,56,58,59,82
豊浦町辻 83
トラ斑 96,84
ドラムリン 37
トルコ 26
トルネード 36
トルファン 55
敦　煌 52
洞庭湖 111,114,115

な　行

中池見盆地 29,55,59
長　崎 4
長　野 44
7Å 41
七ツ釜 75
ナミブ砂漠 137
名寄盆地 55,85,132
名和火砕流 87
南　京 154
南西諸島 2,12,23,25,29,
　　42,55,62,63,67,68
南西太平洋 20
南東オーストラリア 20
南東ヨーロッパ 28
南　米 12,26

新潟県 47
西アジア 137,147,160
西海士 58
西大西洋諸島 26
2:1型鉱物 21,24,44,89
2:1〜2:1:1中間種鉱物
　　42
2:1:1型中間種鉱物 24,
　　89
日月山 52,57

日射量変動 107
泥河湾 94
日　本 3,15,20,33,39,43,
　　50
日本海 23,29
日本海沿岸 44,74,119,121,
　　123
日本海海底コア 27,29
日本近海コア 22
日本列島 2,4,8,17,21,25,
　　33,38,40,50,54,61,67,
　　89,121,123,154
ニュージーランド 2,6,12,
　　13,17,23,
ニュージーランド南島 7,
　　11,15,46,
ニュージーランド風成塵 23
ニュージーランドレス 40

ネゲブ沙漠 142
熱蛍光カラー・天然熱蛍光分
　　析 24
熱帯アフリカ海底コア 21
熱ルミネッセンス 27,105,
　　106,152
ネティボツ 137
年間線量率 40
粘土質レス 40

能　代 119,121

は　行

霾 3,4,6,16
ハイデルベルグ 6
ハインリヒイベント 70,
　　126,133,155
宝　鶏 14,107,153
宝鶏黄土 107
パキスタン 12,150
パキスタンレス 26
白雲母 66
バダインジャラン沙漠 33
八幡平 34,41
ハドレー循環 141
灰　西 4,62
ハブーブ 137

索引

羽幌　55, 56, 59, 119, 121
浜頓別砂丘　121
浜湯山　58
バーミキュライト　24, 40, 42, 84
バーミキュライト-クロライト中間種鉱物　84
バミューダ島　19
ハムシン　19, 137, 144
ハムラ土壌　137
ハムラレス　13
ハラッパ　150
Parna　17
パルナレス　20
バルバドス島　1, 18
ハルマッタン　2, 21, 22, 144, 154
ハワイ　30
ハワイ諸島　1, 4, 18, 22, 33, 34, 35, 63, 67
ハンガリー　154
バンク　147
パンジャーブ平原　147, 151
漢灘江　90, 91
パンパ土　12, 160
パンパレス　7, 40

非アロフェン質黒ボク土　24, 44
非火山灰性黒ボク土　24, 44
非火山灰物質レス　21
東アジア　12, 15, 17, 23, 25, 28, 29, 37, 122, 154, 157
東シナ海　12, 27, 123, 127
東地中海　19
東平安岬　60
東松浦半島　55, 59, 74
比　川　65, 67
ビーグル号　6
微細石英　1, 2, 4, 5, 17, 18, 20, 23, 24, 35, 42, 45, 47, 50, 56, 57, 58, 59, 60, 67, 72, 83, 86, 87, 89, 100, 112, 121, 123, 126, 130, 133, 135, 144, 157, 159
ヒストグラム　130

飛　驒　44
ヒプシサーマル期　151
ヒマラヤ山脈　153
氷河レス　8, 10, 12, 16, 17, 18, 21, 40, 46, 154
氷晶核物質　41, 42
氷床コア　24, 152
屏風山　59, 120, 121, 123
屏風山砂丘地　82, 119, 122
肥沃な三日月地帯　147
ビールシェバ　145
琵琶湖　27
琵琶湖コア　28

フィッショントラック年代　90
V 28-239 深海底コア　107
風系　158
風成塵　135
　　──の飛来ルート　59
風成塵石英　20
風成塵堆積量　5, 25, 27, 39, 118, 119, 121, 123, 126, 140, 155
風成塵フラックス　22, 23, 25, 27, 38, 118, 121, 125
風成塵輸送コース　59
フェイチシャ　68
ブエノスアイレス　26
福井　123
不純物　64
浮塵　3
護城　115, 117
湖南省　57
湖南省黄土　60
扶餘　52, 57, 89
フラックス変化　111
フラッドローム　97
プラヤ　142
フランス　154
プレーリー土　12, 160
不連続的永久凍土地帯　93
frost weathering　11
粉雨　4
粉末X線回折法　72

黒災　2
ベイシェヒール湖　143
黒風　2
凡西面　97
北京　57
ベツレヘム　147
ヘマタイト　68
ベルデ岬諸島　16
偏西風　1, 2, 8, 9, 12, 20, 22, 31, 34, 38, 42, 47, 63, 68, 154, 157
偏西風効果　111

黄風　3
貿易風　8, 9, 12, 19, 22, 39, 157
灃水　111, 115, 117
灃陽平野　111, 113, 114, 116
北西アフリカ沖合　21
北西インド　160
北西季節風　39, 135
北西ヨーロッパ　19
北東大西洋　6, 19
北東貿易風　34
北米　7, 8, 13, 26, 35
北米大陸　20, 34, 67
北米中西部レス　35
北陸　23, 42, 44, 74
ボストークコア　16, 24, 28, 107, 122, 155
細池湿原　55, 56, 59, 125, 127, 129, 135, 156, 159
北海道　12, 24, 25, 44, 47, 54, 57, 59, 74, 78, 86, 119, 121, 133, 135, 159
北極海海底堆積物　20
北極圏　24
hot-desert loess　9, 18
北方アジア大陸　42
浦項　96
埔里　52
ポーラーフロント　14, 136, 137, 141, 143, 159
ボーリングコア　125, 128, 134
本州　12, 65

索　引

洪川川　100
洪川盆地　29,90,100
ポンドサイクル　111,127

ま　行

マウナロア　22
マディソン　37
マナワツレス　13
馬　蘭　104
馬蘭黄土　8,52,104,107,
　　111,113
マール　126,135
末法里　52,57

ミシガン湖　36
ミシシッピー川　7, 37
ミズーリ川　35
溝口凝灰角礫岩　86
三苫海岸　9,79
湊　町　75
南アジア　26
南イタリア　2
南大東島　68
南太平洋　20
南太平洋海底　17
南中央太平洋海底　17
宮古島　55,57,60,62,65,67,
　　159
ミルウォーキー　36,37
ミルクウォーター　10
ミルロード　37

無機物量　129

鳴砂山砂丘　52

木　浦　94
モハーベ沙漠　23
モヘンジョダロ　150
盛岡黄砂　42

盛岡市　34,40
モーリタニア　2
モンゴル　50
モンゴル高原　50
モンスーン地域　15
モンスーン変動　25,27,125,
　　135,155,160

や　行

谷　汲　29
屋　島　55,56,59
矢の原湿原　55,59,125,132,
　　135
山　霧　4
山村上ノ原　83

雄　武　55,85
輸送距離　32
湯山砂層　80
ユーラシア大陸　14

余呉湖底　55
与那国島　4,54,57,60,62,
　　65,67
霾ぐもり　4,62
ヨルダン山地　147
ヨーロッパ　6,12,26
ヨーロッパレス　13,40
　──の分布図　7,16

ら　行

Lyell　6
ライダー　32
ライン地溝帯　6
ライン地方　6
蘭　州　37,52,107

離石黄土　8,105,113
リビア　142
リビア沿岸　2

Richthofen　6,17,104
梁山断層　90
リャンフー平野　111,116
龍河洞　55,59
琉球石灰岩　62,64,65,66,68
粒度組成　26,27,28,34,87,
　　106,110,155
粒度分析　100
林　口　52

洛　川　37,107,122,123,153
洛川黄土　23,31,104,105,
　　109,111,118,152
ルンカランサール湖　151

礫沙漠　110
loess　6
löss　6
レス-古土壌　13,15,29,90,
　　95,97,99,103,152,154
レス-古土壌層序　9,13
レス-古土壌編年　100,142,
　　153
レス質土壌　2,34,37,47,50,
　　53,59,74,75,83,84,85,
　　158
レス状砂　18,74
レス状物質　40
レス風成説　6
レス編年　13,14
レナ川　50,55

ロシア　50
六ヶ所村　55,58
ローム　24,28,71
ローリンググラウンド　37

わ　行

ワイタキ川　11
ワ　ジ　34,52,57,142

著者略歴

成瀬敏郎
（なるせとしろう）

1942 年　島根県に生まれる
1970 年　広島大学大学院文学研究科博士課程修了
現　在　兵庫教育大学大学院教授

風成塵とレス　　　　　　　　定価はカバーに表示

2006 年 7 月 10 日　初版第 1 刷

著者　成　瀬　敏　郎
発行者　朝　倉　邦　造
発行所　株式会社　朝　倉　書　店
　　　東京都新宿区新小川町6-29
　　　郵便番号　162-8707
　　　電　話　03(3260)0141
　　　FAX　03(3260)0180
　　　http://www.asakura.co.jp

〈検印省略〉

Ⓒ 2006〈無断複写・転載を禁ず〉　　壮光舎印刷・渡辺製本

ISBN 4-254-16048-8　C 3044　　Printed in Japan

町田　洋・大場忠道・小野　昭・
山崎晴雄・河村善也・百原　新編著

第 四 紀 学

16036-4　C3044　　　B 5 判　336頁　本体7500円

現在の地球環境は地球史の現代(第四紀)の変遷史研究を通じて解明されるとの考えで編まれた大学の学部・大学院レベルの教科書。〔内容〕基礎的概念／第四紀地史の枠組み／地殻の変動／気候変化／地表環境の変遷／生物の変遷／人類史／展望

法大　田渕　洋編著

自然環境の生い立ち（第3版）
―第四紀と現在―

16041-0　C3044　　　A 5 判　216頁　本体3000円

地形、気候、水文、植生などもっぱら地球表面の現象を取り扱い、図や写真を多く用いることにより、第四紀から現在に至る自然環境の生い立ちを理解することに眼目を置いて解説。第3版。〔内容〕第四紀の自然像／第四紀の日本／第四紀と人類

前北大　小泉　格・国際日本文化研究センター　安田喜憲編
講座 文明と環境1

地 球 と 文 明 の 周 期

10551-7　C3340　　　A 5 判　280頁　本体5200円

地球環境の変動と文明の周期性を解明し、地球のリズムと文明とのかかわりを論じる。〔内容〕宇宙の周期性／深海底に記録された周期性／火山・地震活動の周期性／湖沼に記録された周期性／同位体に記録された周期性／文明興亡の周期性

国際日本文化研究センター　安田喜憲・創価大　林　俊雄編
講座 文明と環境5

文　明　の　危　機
―民族移動の世紀―

10555-X　C3340　　　A 5 判　292頁　本体5200円

気候変動を契機とする文明の興亡は世界で同時多発的に引き起こされる場合が多い。この同時多発性に深く関わっているのが民族移動である。本書はこの関係について考察する。〔内容〕西ユーラシア／モンスーンアジア／東アジア／日本

国際日本文化研究センター　安田喜憲編

環境考古学ハンドブック

18016-0　C3040　　　A 5 判　724頁　本体28000円

遺物や遺跡に焦点を合わせた従来型の考古学と訣別し、発掘により明らかになった成果を基に復元された当時の環境に則して、新たに考古学を再構築しようとする試みの集大成。人間の活動を孤立したものとは考えず、文化・文明に至るまで気候変化を中心とする環境変動と密接に関連していると考える環境考古学によって、過去のみならず、未来にわたる人類文明の帰趨をも占えるであろう。各論で個別のテーマと環境考古学のかかわりを、特論で世界各地の文明について論ずる。

加藤碵一・脇田浩二総編集
今井　登・遠藤祐二・村上　裕編

地質学ハンドブック

16240-5　C3044　　　A 5 判　712頁　本体23000円

地質調査総合センターの総力を結集した実用的なハンドブック。研究手法を解説する基礎編、具体的な調査法を紹介する応用編、資料編の三部構成。〔内容〕<基礎編：手法>地質学／地球化学(分析・実験)／地球物理学(リモセン・重力・磁力探査)／<応用編：調査法>地質体のマッピング／活断層(認定・トレンチ)／地下資源(鉱物・エネルギー)／地熱資源／地質災害(地震・火山・土砂)／環境地質(調査・地下水)／土木地質(ダム・トンネル・道路)／海洋・湖沼／惑星(隕石・画像解析)／他

堆積学研究会編

堆 積 学 辞 典

16034-8　C3544　　　B 5 判　480頁　本体24000円

地質学の基礎分野として発展著しい堆積学に関する基本的事項からシーケンス層序学などの先端の分野にいたるまで重要な用語4000項目について第一線の研究者が解説し、五十音順に配列した最新の実用辞典。収録項目には堆積分野のほか、各種層序学、物性、環境地質、資源地質、水理、海洋水系、海洋地質、生態、プレートテクトニクス、火山噴出物、主要な人名・地層名・学史を含み、重要な術語にはできるだけ参考文献を挙げた。さらに巻末には詳しい索引を付した

上記価格（税別）は 2006 年 6 月現在